让纳若尔碳酸盐岩带气顶油藏油气协同开发技术

张宝瑞　张宪存　羊玉平　戴雄军　郑　强◎著

中国石化出版社

·北　京·

内 容 提 要

本书介绍了哈萨克斯坦共和国让纳若尔油气田层状碳酸盐岩带气顶油气藏精细描述方法、数值模拟方法、剩余油气刻画方法、优势通道识别方法、注水优化方法、气顶气与油环协同开发技术及油气田治理对策，为读者了解和掌握气顶气与油环协同开发技术提供参考。本书可供从事油气田开发的技术人员参考，也可作为相关院校师生阅读学习用书。

图书在版编目（CIP）数据

让纳若尔碳酸盐岩带气顶油藏油气协同开发技术 / 张宝瑞等著 . — 北京：中国石化出版社，2024.4
ISBN 978-7-5114-7502-2

Ⅰ . ①让… Ⅱ . ①张… Ⅲ . ①碳酸盐岩油气藏 – 油气田开发 – 研究 – 哈萨克斯坦 Ⅳ . ① TE344

中国国家版本馆 CIP 数据核字（2024）第 085280 号

中国石化出版社出版发行

地址：北京市东城区安定门外大街 58 号
邮编：100011 电话：（010）57512500
发行部电话：（010）57512575
http：//www.sinopec-press.com
E-mail：press@sinopec.com
北京富泰印刷有限责任公司印刷
全国各地新华书店经销
*
787 毫米 ×1092 毫米 16 开本 14.75 印张 285 千字
2024 年 4 月第 1 版 2024 年 4 月第 1 次印刷
定价：98.00 元

本书编写人员

张宝瑞　张宪存　羊玉平　戴雄军

郑　强　张　锦　王苗苗　易传俊

艾尼·买买提　余　伟　张有印

王　言　周德阳　娜菲莎·买买提

何　超　赵　斌　王　宁　叶　勇

肖寿恒　苏慧敏　王　娜　季卫民

祝恒东　李晓峰

前言

哈萨克斯坦共和国让纳若尔碳酸盐岩油气藏为上有大气顶、下有边底水的层状碳酸盐岩凝析油油气藏，于1983年投入开发。1997年中方接管该油气田后，通过不断加强基础研究，编制切实可行的开发调整方案，狠抓新井投产，大力开展调层补孔，充分利用气顶能量，坚持抓好注水及注采结构调整工作，改变举升方式，做好低渗透碳酸盐岩油藏储层改造，全面更新、改造钻机，提高钻井、完井、投产速度，应用油层保护新技术和深穿透射孔工艺等手段，油田油气产量快速增加，到2004年原油产量达到最高，是接管时的1.77倍，与2000年开发方案指标相符。

随着“一带一路”国家能源政策的发展，为满足中哈石油天然气管道输送的能源需求，2014年阿克纠宾公司决定开发气顶。由于气顶油环处于统一的水动力系统，二者开发互相影响，气顶气窜将导致油井大量产气，产油下降，而油环的油侵也将造成巨大的浪费，影响原油采收率，因此此类油气藏的开采需要兼顾油气，对油藏开发管理来说是很大的挑战。自2014年开始油气并举，А ю 气藏连续五年年产气顶气稳产，实现了油气协同开发高效开采，不仅获得了显著的经济效益，而且积极支持了当地的经济和社会发展，成为中哈经济合作的典范。多年来，大量的专家、科研人员在该油气田的开发上贡献智慧，建言献策，这些经过实践检验的宝贵技术、经验一定能够为国内外同类型油气藏的开发提供深远的参考价值与借鉴意义。为此，笔者结合多年的工作经验，翻阅大量的前人研究报告，将让纳若尔油气协同开发中涉及的关键技术总结收录，形成这本书，希望能够为同行业的研究人员提供参考。

本书共分五章，第一章为碳酸盐岩油藏精细描述，从层状碳酸盐岩储层成因、精细小层对比、沉积储层特征研究、油藏类型及碳酸盐岩储层建模等方面系统地描述了让纳若尔油气田的地质特征，并在其中详尽地讲述了重建碳酸盐岩速度场、碳酸盐岩孔洞缝解释、流动单元划分等多项油藏精细描述技术，由戴雄军、张锦、娜菲莎·买买提编著完成。第二章至第五章主要为开发部分的内容，第二章以数值模拟研究内容为主，讲述了让纳若尔油气藏剩余油研究使用的技术与研究方法和目前研究前提下该油气田的剩余油气分布，由羊玉平、易传俊编著完成。第三章与第四章都以第二章中提到的技术与研究内容为承接，第三章聚焦 KT-Ⅰ层、Д ю 、Гс 油藏注水开发历程及其中遇到的实际生产问题，介绍让纳若尔油气田在注水开发 30 余年间形成的包含小井距加密、分层注水、周期注水及流线模拟辅助精细动态配注等碳酸盐岩优化注水特色技术与方法，由张宪存、王苗苗、王言编著完成。第四章为本书的重要章节，是对让纳若尔油气协同开发成功经验的提炼总结，包含油气协同开采机理与油气协同开采参数优化，由张宝瑞、张有印、何超编著完成。在此章中，十分感谢北京中油锐思技术开发有限公司范子菲等在气顶油环协同开发物理模拟机理研究中做出的贡献，为油气协同开采提供了坚实理论支撑。事物的发展是螺旋上升的，在油气协同开发实施的 10 年间，随着地层压力下降，不可避免地出现了气井产量下降、凝析油损失加重、气井见水、剩余油气挖潜困难等问题，但这也正是开发管理的精神与魅力所在，通过不断地摸索与尝试，科研人员在油气协同开发的调整对策上也形成了一系列科学且行之有效的方法，笔者将其归纳总结为屏障注水优化、气井动态差异调控、科学布井等并放在了第五章，由郑强、易传俊编著完成。

回首漫漫开发路，从头越，“二次创业”开新局。让纳若尔油气田由中方接手至今已有 26 年，感谢一路上给予支持帮助的各位专家、学者。希望在今后的工作中，大家也能群策群力，为油田的稳产提供源源不断的助力。另外，感谢中国石油新疆油田公司提供的大力帮助，特别感谢中国石油新疆油田公司勘探开发研究院中亚油气研究所对本书进行总结。最后，对于本书所引用学术论著的作者表示感谢！由于时间与编者水平等因素，书中难免有疏漏之处，恳请读者批评指正。

目 录

第一章
碳酸盐岩油藏精细描述

第一节　区域地质概况

一、油田概况

让纳若尔油气田为大型复杂碳酸盐岩凝析油气田，是中国石油在中亚油气合作区经营开采的第一个油气田，分为 KT-Ⅰ和 KT-Ⅱ两个油气藏，分别于 1983 年、1986 年投入开发。

1991 年苏联解体后，至 1997 年中方接管前 6 年间，受资金紧张等因素的影响，围绕油田开发基本没有再投资，在让纳若尔油气田仅钻了很少量的新井，且对部分油井进行了对应转注。油气处理、油田管网、注水水质处理等地面基础设施陈旧老化，油井天然举升能量衰竭殆尽后只能关井停产，基本没有挽救措施，更谈不上增产措施，油井基本维持自喷开采方式。1997 年该油田原油产量占阿克纠宾项目总产量的 89.35%，原油采出程度 6.60%，采油速度仅 0.59%。

到 2017 年，让纳若尔油气田走过了 20 年发展历程。在历届董事会、管理层、中哈方全体员工及各技术支持单位的共同努力下，依靠科技进步，坚持技术创新，20 年来油田产量持续稳产，2015 年开始油气并举，油田油气当量占总项目的 57%，有力支撑了阿克纠宾项目油气产量达到 1000×10^4t 规模，实现了油田持续有效开发。油田于 2005 年实现全部前期投资的回收，即使是近三年油价断崖式下跌，仍然能够盈利。不仅获得了显著的经济效益，而且积极支持了当地的经济和社会发展，成为中哈经济合作的典范，为中哈原油管道、中亚天然气管道提供了油源、气源保障。

二、油田地质简况

让纳若尔油气田位于哈萨克斯坦共和国阿克纠宾市正南方向 250~300km，在构造位置上属于滨里海盆地东部斜坡带中部（图 1-1-1、图 1-1-2）。

油田整体构造形态为南、北两个穹隆组成的长轴背斜，中间以鞍部相连。储集层分为中上石炭统上碳酸盐岩层（KT-Ⅰ层）和中下石炭统下碳酸盐岩层（KT-Ⅱ层），中间以 200~400m 陆源层相隔。储层岩性以生物灰岩为主，分布具有较强的非均质性，储集空间以孔隙型、裂缝型—孔隙型为主，平均渗透率为（13.1~138.0）$\times10^{-3}\mu m^2$，平均孔隙度为 10.6%~13.7%。整个储层具有层状特点。KT-Ⅰ层、KT-Ⅱ层分别为两套油气水系统，均有各自的油气界面和油水界面。KT-Ⅰ层三个油层组（А、Б、В）具有统一的油气界面和相近的油水界面，油气性质一致，属于平衡的饱和油气藏。KT-Ⅱ层两个油层组（Г、Д）除北穹隆为带气顶的饱和油藏外，其他各单元均为未饱和油藏，油气性质不一致。

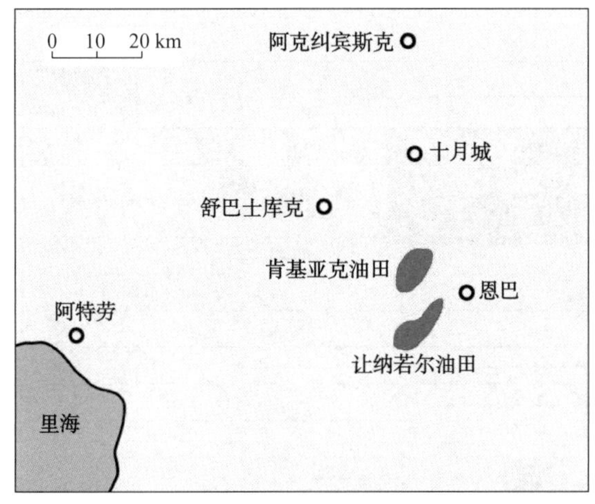

图 1-1-1　滨里海盆地东缘油气田分布

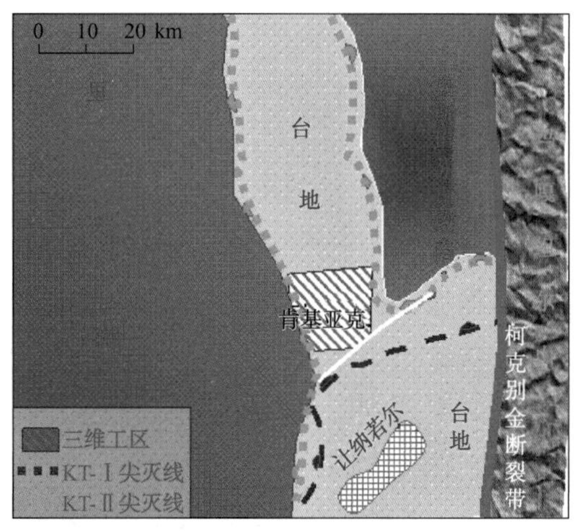

图 1-1-2　让纳若尔油气田构造位置

第二节　地层划分与对比

一、层状碳酸盐岩储层孔隙成因模式

让纳若尔油气田石炭系碳酸盐岩厚度近千米，由于沉积环境和后期地质作用的差异，地层没有经过抬升剥蚀，经历的沉积—成岩模式为海底成岩环境→大气淡水、混合水成岩环境→浅埋藏成岩环境→中、深埋成岩环境（表 1-2-1），碳酸盐岩发育三期孔隙，即原生孔、同生期溶蚀孔洞和埋藏期溶蚀孔洞。浅层白云岩化作用和中、深埋藏期的非选择性溶解作用是储层形成的主控因素，未充填的构造缝和溶蚀缝等成岩微裂缝明显提高储层渗透性[1、2]（图 1-2-1）。

表 1-2-1　孔隙充填序列统计表

充填序列	发育程度	孔隙成因类型及其有效性
纤柱状方解石→等轴粒状方解石→他形粗晶方解石	常见	溶扩孔，差，胶结作用强
等轴粒状方解石→他形粗晶方解石	偶见	溶蚀孔洞，差，填充程度大
晶芽状方解石→等轴粒状方解石→半自形→他形粗晶方解石	丰富	埋藏溶蚀孔洞，很好

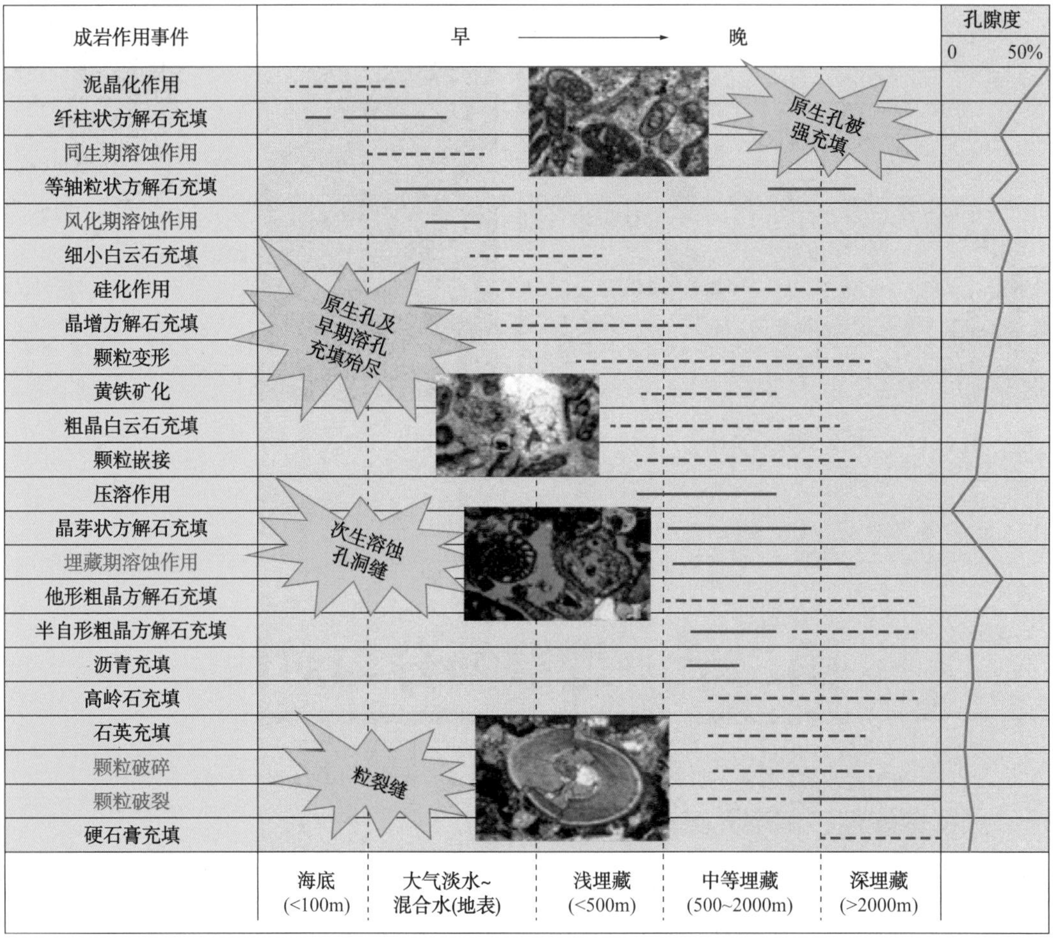

成岩作用事件
早　→　晚
孔隙度
0　50%
泥晶化作用
纤柱状方解石充填
同生期溶蚀作用
等轴粒状方解石充填
风化期溶蚀作用
细小白云石充填
硅化作用
晶增方解石充填
颗粒变形
黄铁矿化
粗晶白云石充填
颗粒嵌接
压溶作用
晶芽状方解石充填
埋藏期溶蚀作用
他形粗晶方解石充填
半自形粗晶方解石充填
沥青充填
高岭石充填
石英充填
颗粒破碎
颗粒破裂
硬石膏充填
原生孔被强充填
原生孔及早期溶孔充填殆尽
次生溶蚀孔洞缝
粒裂缝
海底(<100m)
大气淡水~混合水(地表)
浅埋藏(<500m)
中等埋藏(500~2000m)
深埋藏(>2000m)

图 1-2-1　滨里海盆地碳酸盐岩储层成岩演化序列

对于 KT-Ⅰ层而言，沉积时期海平面升降频繁，低水位期油田北部与广海隔离，蒸发台地相主要通过蒸发白云石化作用形成白云岩，局限台地相则主要通过渗流—回流白云石化作用形成白云岩，高水位期则主要形成石灰岩[3]，沉积—成岩模式如图 1-2-2 所示。KT-Ⅱ层沉积时期水位整体较高，以灰岩沉积为主，在潟湖环境通过渗流—回流白云石化作用局部形成少量云质灰岩[4]，沉积—成岩模式如图 1-2-3 所示。

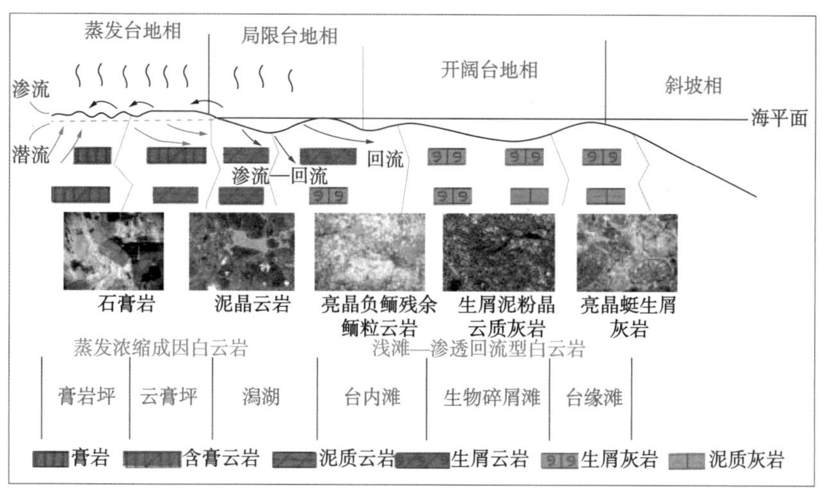

图 1-2-2 KT-Ⅰ层碳酸盐岩储层沉积—成岩模式

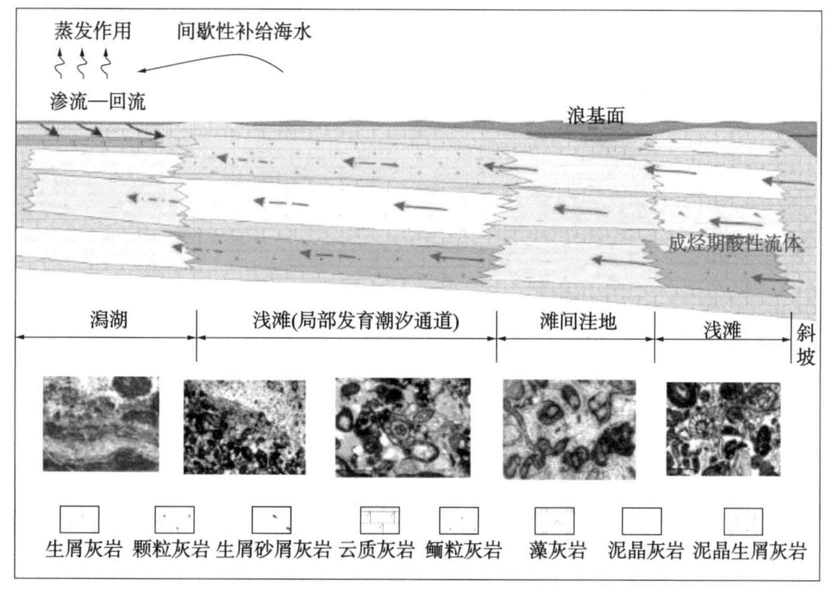

图 1-2-3 KT-Ⅱ层碳酸盐岩储层沉积—成岩模式

二、层状碳酸盐岩储层成因模式

灰岩储集层主要为生物碎屑灰岩或者颗粒灰岩，并且发育相对疏松层与致密层的互层结构，相对疏松层孔隙较发育，主要为粒间、粒内溶孔，岩石抗张强度较小，在构造应力作用下，通过颗粒破碎释放应力而形成微裂缝，在成岩过程中形成溶蚀缝和成岩收缩缝，对不同类型的孔隙起着很好的沟通作用，改善了储集层渗透性[5~6]。而较致密层，孔隙度一般小于 6%，由于岩石抗张强度大，在构造应力聚集到一定程度时以岩层破碎形成高角度裂缝的形式释放应力，裂缝纵向延伸长度一般在 20~30cm，与储层中形成的微

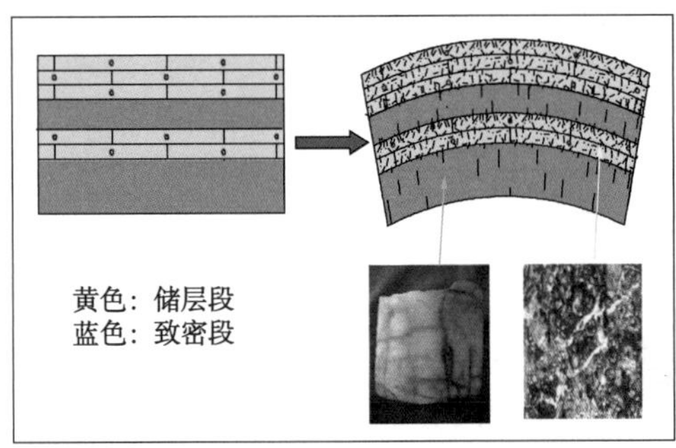

图 1-2-4 滨里海盆地东缘裂缝形成机制示意图

裂缝相比，裂缝密度也小，这种裂缝不足以沟通致密层上部和下部的储层，从而形成了滨里海盆地东缘让纳若尔等具有层状特征的碳酸盐岩油藏[7~9]（图 1-2-4）。

三、二级分层追踪对比

KT-Ⅰ层细分为 A、Б、B 三个油层组，KT-Ⅱ层细分为 Γ、Д 两个油层组，石炭系在 2600~3800m，中间有一段泥页岩地层 MKT（2900~3300m）将石炭系 KT-Ⅰ层、KT-Ⅱ层目的层隔开，细分层如表 1-2-2 所示。A_3底部、$Б_2$底部、$Γ_1$底部、$Γ_3$底部及 $Д_3$底部沉积广泛的泥岩，展布稳定，为全区标志层（图 1-2-5、图 1-2-6），电性特征表现为高自然伽马（GR）、低电阻率（RD）。通过标志层的追踪对比，完成全区老井二级分层核实及新井地层划分。

表 1-2-2 让纳若尔油气田沉积地层表

<table>
<tr><th colspan="5">地层</th><th colspan="3">油层</th></tr>
<tr><th>统</th><th>阶（组）</th><th>亚阶</th><th colspan="2">段（层）</th><th colspan="2">油层组</th><th>油组</th></tr>
<tr><td>P_1</td><td></td><td></td><td colspan="2"></td><td colspan="3"></td></tr>
<tr><td rowspan="6">C_3</td><td rowspan="4">格热尔阶 C_3g</td><td rowspan="6"></td><td colspan="2">陆源岩段</td><td colspan="3">盐下第一陆源岩层</td></tr>
<tr><td colspan="2" rowspan="3">硫酸盐—碳酸盐岩段</td><td rowspan="10">KT-Ⅰ</td><td rowspan="3">A</td><td>A_1</td></tr>
<tr><td>A_2</td></tr>
<tr><td>A_3</td></tr>
<tr><td rowspan="2">卡西莫夫阶 C_3k</td><td colspan="2" rowspan="2"></td><td rowspan="2">Б</td><td>$Б_1$</td></tr>
<tr><td>$Б_2$</td></tr>
<tr><td rowspan="12">C_2</td><td rowspan="12">莫斯科阶 C_2m</td><td rowspan="6">上亚阶 C_2m_2</td><td colspan="2" rowspan="3">米亚奇科夫段
$C_2m_2m_C$</td><td rowspan="5">B</td><td>B_1</td></tr>
<tr><td>B_2</td></tr>
<tr><td>B_3</td></tr>
<tr><td rowspan="3">波多利段
C_2m_2po</td><td rowspan="2">碳酸盐岩段</td><td>B_4</td></tr>
<tr><td>B_5</td></tr>
<tr><td>陆源岩段</td><td colspan="3">盐下第二陆源岩层</td></tr>
<tr><td rowspan="6">下亚阶 C_2m_1</td><td colspan="2" rowspan="4">卡什尔段 C_2m_1k</td><td rowspan="6">KT-Ⅱ</td><td rowspan="6">Γ</td><td>$Γ_1$</td></tr>
<tr><td>$Γ_2$</td></tr>
<tr><td>$Γ_3$</td></tr>
<tr><td>$Γ_4$</td></tr>
<tr><td colspan="2" rowspan="2">维莱段 C_2m_1v</td><td>$Γ_5$</td></tr>
<tr><td>$Γ_6$</td></tr>
</table>

续表

地层				油层		
统	阶（组）	亚阶	段（层）	油层组		油组
C_2	巴什基尔阶 C_2b	下亚阶 C_2b_1	北凯尔特敏段 C_2b_1b	KT−Ⅱ	Д	$Д_1$
			克拉斯若波良段 C_2b_1k	KT−Ⅱ		$Д_2$
						$Д_3$
C_1	谢尔普霍夫阶 C_1s	上亚阶 C_1s_2	普罗特文段 C_1S_2Pr			$Д_4$
						$Д_5$
			斯切舍夫段 C_1S_2st		C	C_1S_2st
		下亚阶 C_1s_1	塔鲁克斯段 C_1S_1tr			C_1S_1tr
	维宪阶 C_1v	上亚阶 C_1v_3	奥克斯段 C_1v_3ok			C_1v_3ok
		中下亚阶 C_1v_{1+2}	陆源岩段	盐下第三陆源岩层		
	杜内阶 C_1d					

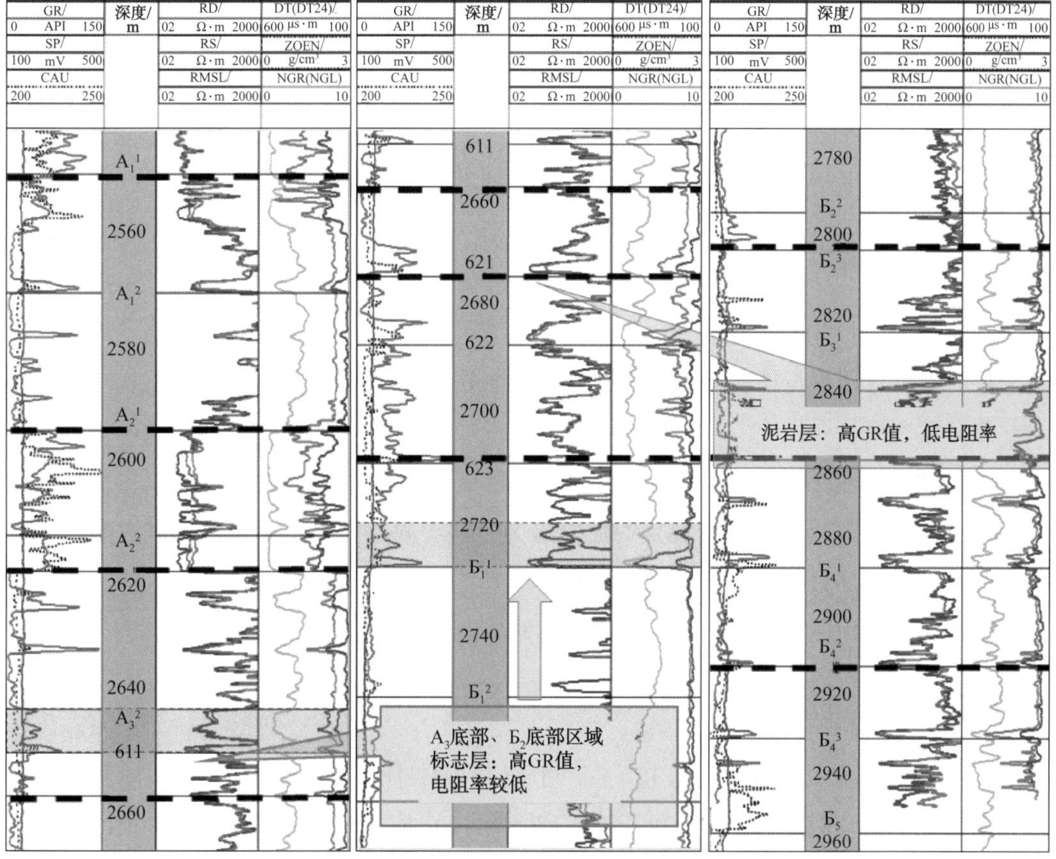

图 1-2-5 让纳若尔油气田 KT-Ⅰ层标志层特征（3324 井）

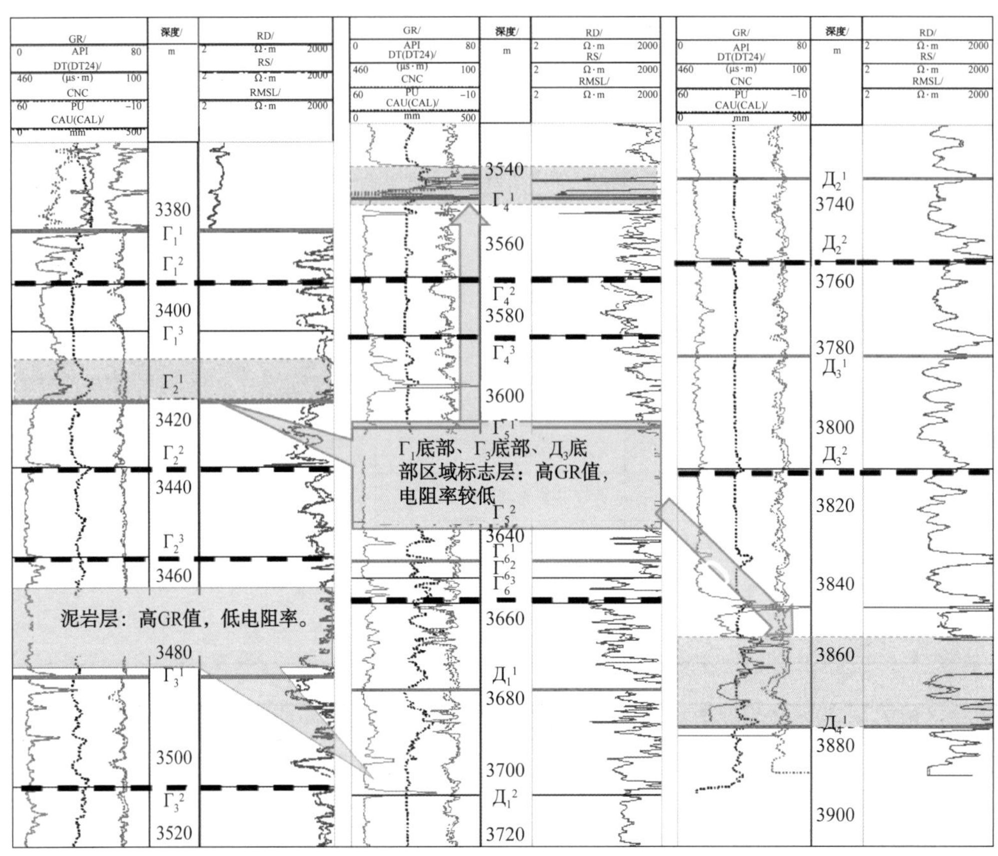

图 1-2-6 让纳若尔油气田 KT-Ⅱ层标志层特征（3319 井）

四、细分层研究

通过二级分层内部地层对比，每个小层底部均有一个高伽马值的泥岩层，依据这些标志层对老井分层进行核实并对新井进行地层细分。

细分层原则：

（1）细分层在二级分层内进行，分层界限尽量不进行大的调整。

（2）以每个亚小层底部较稳定的泥岩层为分层界限；对于不明显的井点，参考邻井的小层厚度进行划分。

（3）兼顾油田原有分层习惯，尽可能不劈分油层[10]。

五、精细小层对比研究

通过剖面对比，对 А、Б、В、Г、Д 层井进行小层对比划分，KT-Ⅰ层共细分为 22 个亚小层，KT-Ⅱ层共细分为 27 个亚小层（表 1-2-3、表 1-2-5、图 1-2-7~图 1-2-9）。地层对比划分后，统计单井小层沉积厚度如表 1-2-4、表 1-2-6 所示。

表 1-2-3　KT-Ⅰ细分层表

油层			
油层组		油组	亚小层
盐下第一陆源岩层			
KT-Ⅰ层	A	A$_1$	A$_1^1$
			A$_1^2$
		A$_2$	A$_2^1$
			A$_2^2$
		A$_3$	A$_3^1$
			A$_3^2$
	Б	Б$_1$	Б$_1^1$
			Б$_1^2$
		Б$_2$	Б$_2^1$
			Б$_2^2$
			Б$_2^3$
	B	B$_1$	B$_1^1$
			B$_1^2$
		B$_2$	B$_2^1$
			B$_2^2$
			B$_2^3$
		B$_3$	B$_3^1$
			B$_3^2$
			B$_3^3$
		B$_4$	B$_4^1$
			B$_4^2$
			B$_4^3$

表 1-2-4　KT-Ⅰ各小层沉积厚度　m

亚小层	地层厚度	平均厚度
A$_1^1$	0~29.8	16.1
A$_1^2$	0~32.6	17.4
A$_2^1$	0~24.2	13.2
A$_2^2$	0~21.4	8.4
A$_3^1$	0~54.7	24.5
A$_3^2$	0~19.2	9.8
Б$_1^1$	0~18.7	8.2
Б$_1^2$	5.6~28.1	14.2
Б$_2^1$	7.5~41.9	21.2
Б$_2^2$	8.6~40.8	16.7
Б$_2^3$	8.6~37.3	18.3
B$_1^1$	13.8~33.9	22.2
B$_1^2$	12.4~35.4	21.0
B$_2^1$	12.2~44.3	30.4
B$_2^2$	5.7~20.6	9.5
B$_2^3$	12.3~30.5	20.8
B$_3^1$	10.1~29.8	17.2
B$_3^2$	8.0~32.8	16.6
B$_3^3$	10.9~38.7	26.5
B$_4^1$	13.8~42.3	26.7
B$_4^2$	12.2~45.0	20.2
B$_4^3$	9.4~34.3	23.6

表 1-2-5　KT-Ⅱ细分层表

油层			
油层组		小层	亚小层
KT-Ⅱ层	Г	$Г_1$	$Г_1^1$
			$Г_1^2$
			$Г_1^3$
		$Г_2$	$Г_2^1$
			$Г_2^2$
			$Г_2^3$
		$Г_3$	$Г_3^1$
			$Г_3^2$
		$Г_4$	$Г_4^1$
			$Г_4^2$
			$Г_4^3$
		$Г_5$	$Г_5^1$
			$Г_5^2$
		$Г_6$	$Г_6^1$
			$Г_6^2$
			$Г_6^3$
	Д	$Д_1$	$Д_1^1$
			$Д_1^2$
		$Д_2$	$Д_2^1$
			$Д_2^2$
		$Д_3$	$Д_3^1$
			$Д_3^2$
		$Д_4$	$Д_4^1$
			$Д_4^2$
			$Д_4^3$
			$Д_4^4$
		$Д_5$	$Д_5$

表 1-2-6　KT-Ⅱ各小层沉积厚度　m

亚小层	地层厚度	平均厚度	备注
$Г_1^1$	4.5~23.0	15.1	南部有缺失
$Г_1^2$	4.4~20.5	12.6	
$Г_1^3$	4.4~22.8	12.4	
$Г_2^1$	8.4~26.1	15.4	
$Г_2^2$	5.8~26.0	15.4	
$Г_2^3$	9.9~38.6	21.9	
$Г_3^1$	11.5~42.5	25.0	
$Г_3^2$	16.3~49.3	31.0	
$Г_4^1$	6.2~26.6	16.3	
$Г_4^2$	6.5~30.3	17.0	
$Г_4^3$	7.4~36.2	22.1	
$Г_5^1$	9.3~34.2	17.8	
$Г_5^2$	5.2~25.4	13.8	
$Г_6^1$	3.7~16.9	8.1	南部有缺失
$Г_6^2$	4.5~19.6	10.9	
$Г_6^3$	6.5~36.9	15.6	
$Д_1^1$	14.5~41.9	27.0	
$Д_1^2$	20.8~48.4	32.7	
$Д_2^1$	11.6~34.7	21.1	
$Д_2^2$	14.0~30.7	21.5	
$Д_3^1$	13.5~36.4	20.5	
$Д_3^2$	13.8~69.5	46.0	
$Д_4^1$	8.3~20.9	14.1	
$Д_4^2$	11.9~25.6	17.9	
$Д_4^3$	15.1~27.6	21.7	
$Д_4^4$	13.2~44.2	25.4	
$Д_5$	26.8~49.6	37.8	

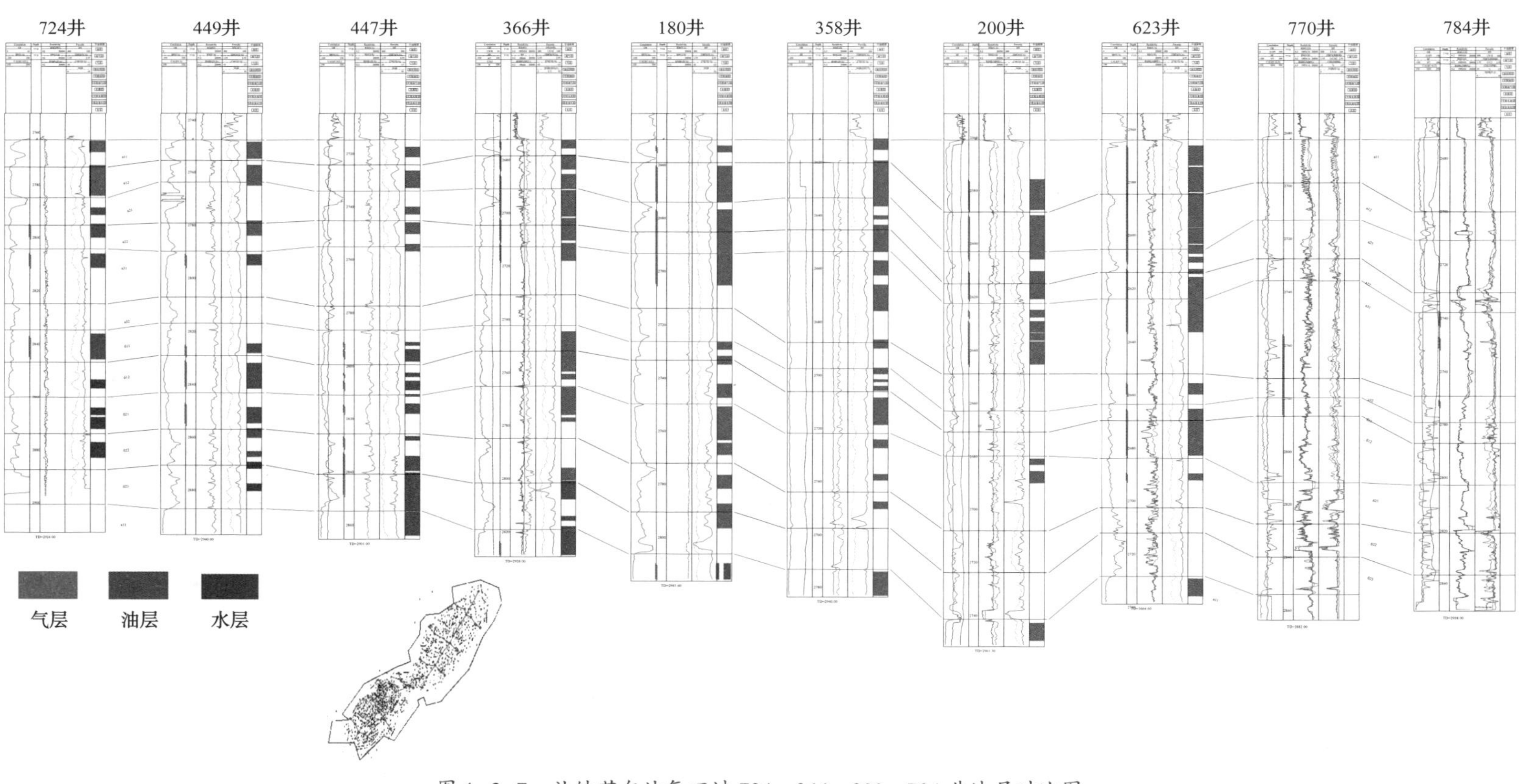

图 1-2-7 让纳若尔油气田过 724—366—200—784 井地层对比图

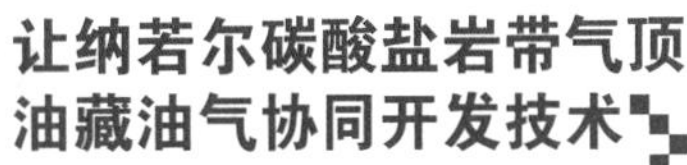

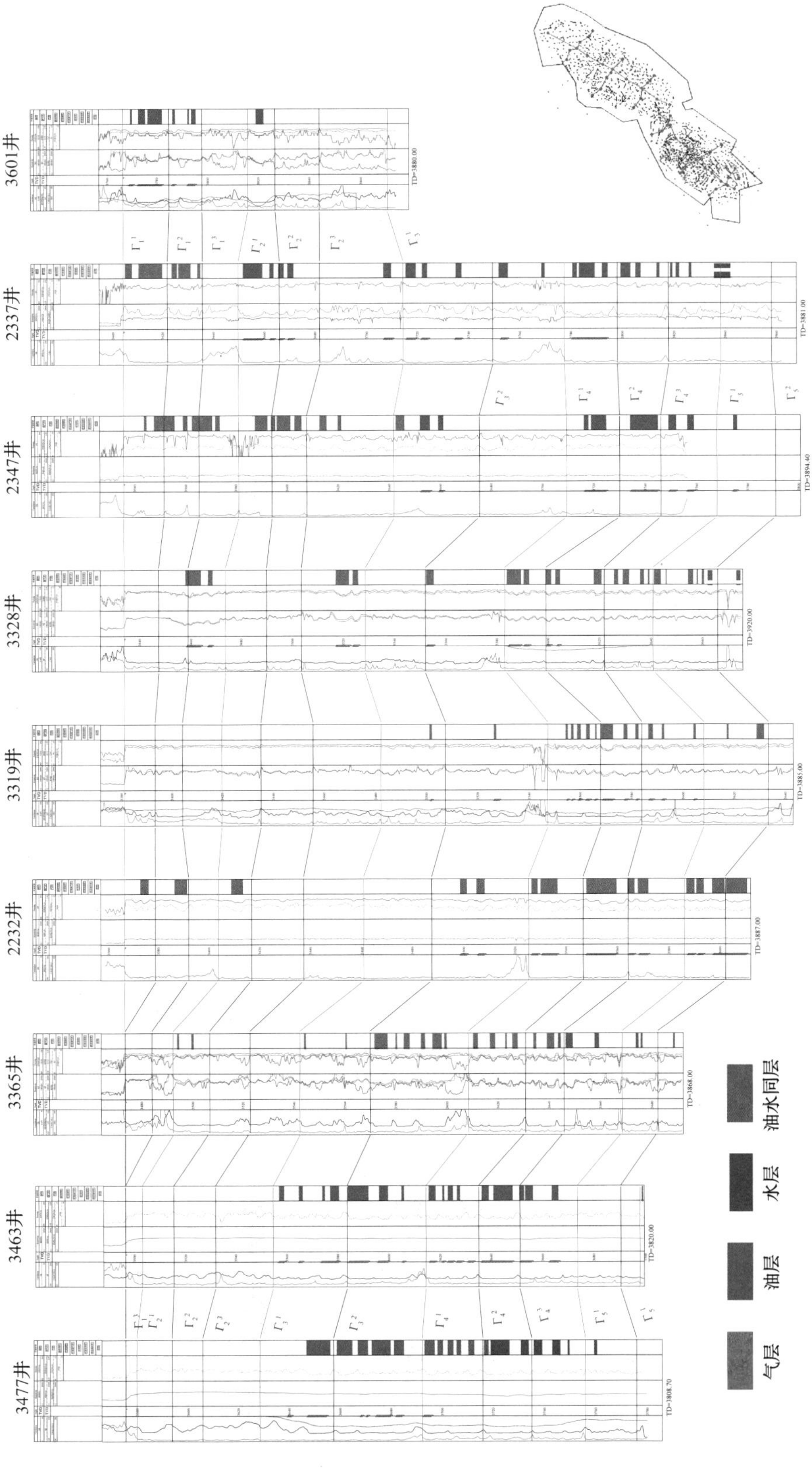

3601井

2337井

2347井

3328井

3319井

2232井

3365井

3463井

3477井

气层　油层　水层　油水同层

图 1-2-8　让纳若尔油气田过 3477—2232—2347—3601 井地层对比图

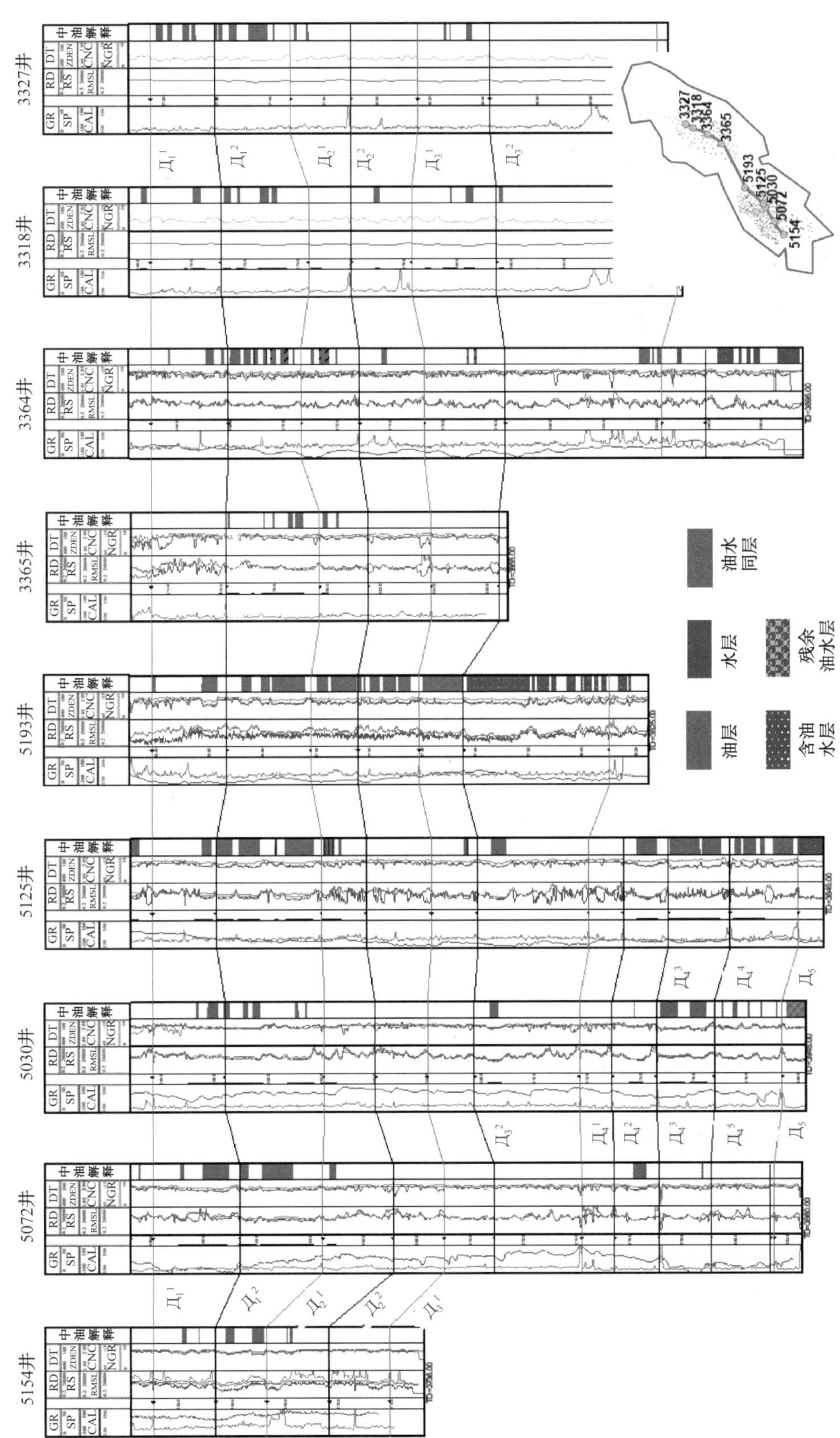

图 1-2-9　让纳若尔油气田过 5154—5193—3327 井地层对比图

第三节　构造特征

一、重建碳酸盐岩速度场

应用盐丘的时间厚度与钻遇盐丘的 VSP 井位层速度进行曲线拟合的方式，获得研究区域内盐丘的层速度（图 1–3–1），用于替换地震速度中盐丘层速度，非盐丘处应用地震速度趋势，得到全区盐岩层速度。利用处理后各层层速度对时间模型进行层速度回填，获得研究区平均速度场。

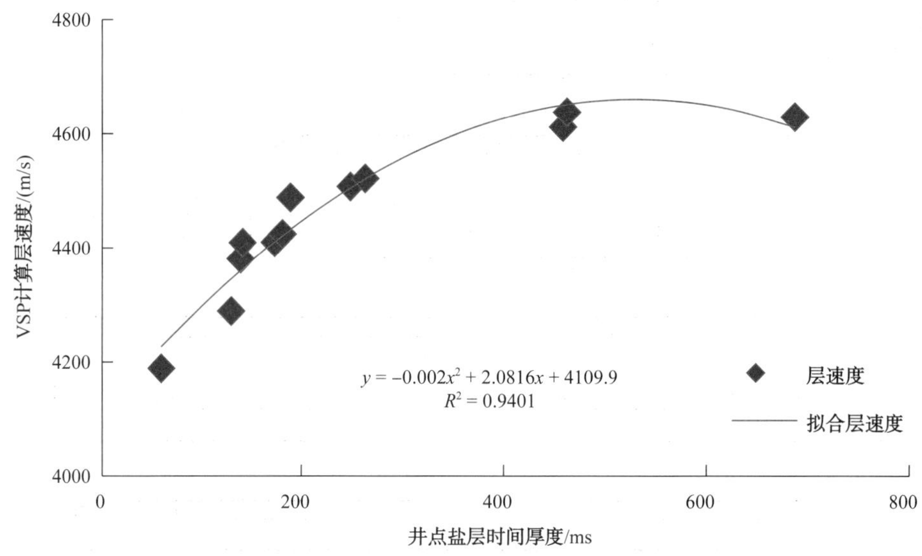

图 1–3–1　VSP 井点盐丘时间厚度与层速度关系曲线

二、深度模型转换

速度场中沿时间层位提取平均速度，结合 T0 解释层位转换为深度，获得深度构造图，速度场转深构造图与钻井分层直接网格插值构造图进行形态对比（图 1–3–2），多井区形态基本一致，无井、少井区速度场转深构造图更接近地震构造形态。经统计 KT–Ⅰ层顶部有 867 口井，应用速度场对目的层进行时深转换得到 KT–Ⅰ层深度构造图，有 84% 的井深度与钻井深度误差控制在 1% 以内，其余井误差均小于 2.45%，达到速度的预期要求。

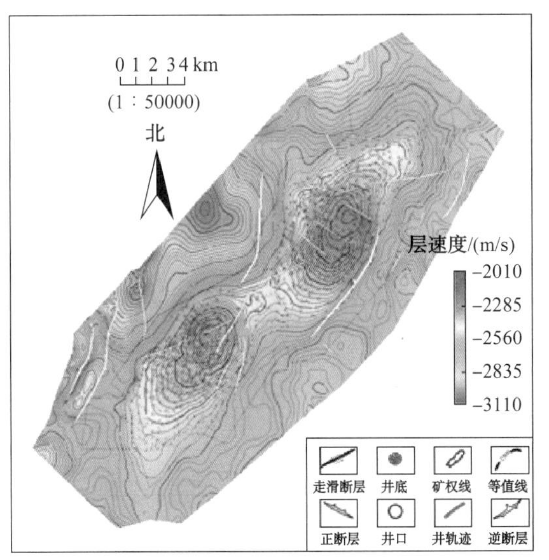

(a)速度场成图

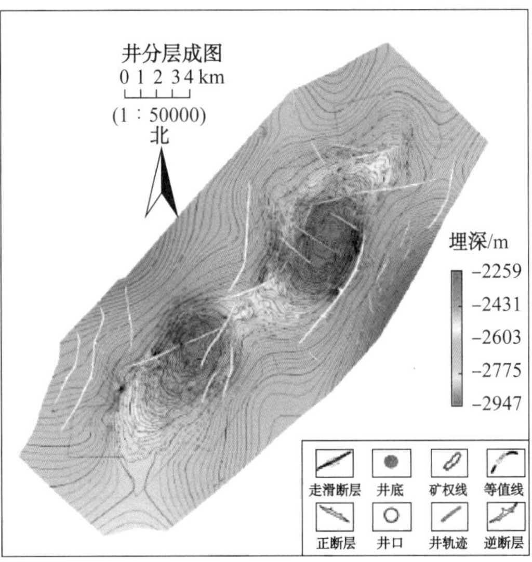

(b)井分层成图

图 1-3-2 让纳若尔油田 KT-Ⅰ层顶面构造图

三、断裂体系刻画

本区断裂系统为在挤压应力背景下伴随着剪切、张应力作用，而形成的一系列逆断裂、走滑断裂、正断裂。通过运用沿层相干属性提取、三维自动追踪解释技术，根据地层产状、断扭程度对断裂进行了精细解释和组合。其中，正断裂和逆断裂在平面上与相干属性吻合程度较好，走滑断裂因倾角大、断距小、断点不清晰，剖面解释和常规属性无法识别，综合利用剖面和三维可视化自动追踪技术，对此类断裂进行综合解释。

共解释断裂 51 条，其中复查断裂 7 条，新发现与原断裂组合有较大区别的 45 条（图 1-3-3），断裂延伸长度 0.4~14.7km。正断裂在北部穹隆较发育、断面平直、倾角较大，断开 KT-Ⅰ层、KT-Ⅱ层，起调节构造作用；逆断裂上陡下缓、断距较大，对构造起主控作用。鞍部附近区域走滑断裂断点不清晰，对南、北穹隆构造的形成起调整作用。

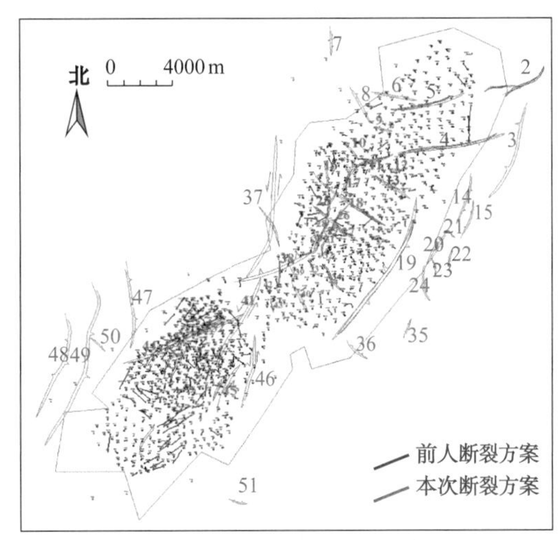

图 1-3-3 让纳若尔油气田过 KT-Ⅰ层新老断裂对比图

四、构造精细解释

让纳若尔油气田整体构造形态为南、北两个穹隆组成的长轴背斜，中间以鞍部相连，各层构造继承性较好。两个穹隆北高南低，呈现东西陡，南北缓的特点；鞍部中间发育一个局部凸起。工区内存在两个圈闭，北穹隆 KT-Ⅰ层顶面高点海拔 -2250m，闭合高度 412m，闭合面积 102.7km^2；KT-Ⅱ层顶面高点海拔 -3065m，闭合高度 685m，闭合面积 120.1km^2。南穹隆 KT-Ⅰ层顶面高点海拔 -2320m，闭合高度 351m，闭合面积 92.6km^2；南穹隆 KT-Ⅱ层顶面高点海拔 -3100m，闭合高度 650m，闭合面积 134.5km^2（表 1-3-1、图 1-3-4、图 1-3-5）。

表 1-3-1　让纳若尔油气田圈闭要素表

层位	北高点			南高点		
	闭合高度 /m	高点海拔 /m	圈闭面积 /km^2	闭合高度 /m	高点海拔 /m	闭合面积 /km^2
KT-Ⅰ层顶	412	-2250	102.7	351	-2320	92.6
KT-Ⅱ层顶	685	-3065	120.1	650	-3100	134.5

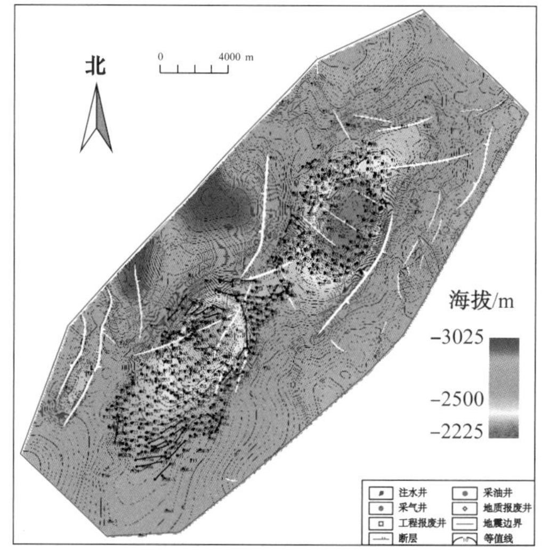

图 1-3-4　让纳若尔油气田 KT-Ⅰ层顶构造图

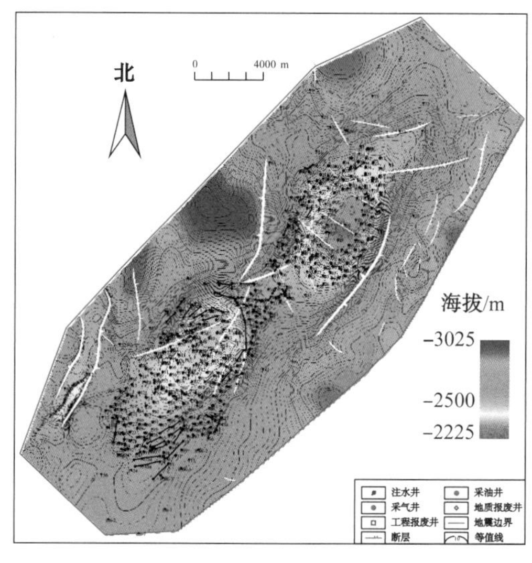

图 1-3-5　让纳若尔油气田 KT-Ⅱ层顶构造图

第四节　台地相碳酸盐岩沉积模式

一、滨里海东缘石炭纪古地理背景

里菲代—早文德世，早伏尔加构造作用形成了帕切尔马、新阿列克谢耶夫和萨尔宾坳拉谷，构造活动期大量的陆源碎屑物质进入槽状的坳拉谷中（徐克强，2011）。

奥陶纪—早泥盆世，以碎屑岩碳酸盐岩沉积为主，东南部坳陷由于受到南恩巴高地中部所限制，发育一个特殊的泥盆纪冒地槽，阿斯特拉罕—阿克纠宾基底隆起带在这一时期形成，并将盆地南北的构造单元和岩性岩相划分开；中泥盆世—早二叠世阿斯特拉罕—阿克纠宾基底大致已具有现今的轮廓，呈近东西向延伸，南北坡不对称。在沉积最后的特梅尔和让纳若尔隆起，紧靠乌拉尔海西褶皱处，泥盆纪和石炭纪沉积厚度在 5~6.5km。

早石炭世，随着海侵规模扩大，非补偿沉积的范围不断向盆地南部推进，北部隆起带的上泥盆统陆棚碳酸盐岩逐渐被深水沉积所代替，古陆棚日益萎缩，因此在一些大型的平缓隆起上形成了生物灰岩。生物群落为珊瑚、苔藓、海绵、蠕形动物、有孔虫类、腕足类、海百合、藻类和其他生物。

继晚石炭世之后，整个滨里海盆地由于构造抬升，气候变得干旱，海水变浅，至空谷期已相变为潮上蒸发岩，以盐岩、硬石膏等岩石类型为主。

石炭纪晚期开始，随着临近海西褶皱带的不断形成，整个滨里海盆地的区域构造发生了很大的变化，石炭系的礁石灰岩地层顶面发现了风化壳成因的泥岩和泥质碳酸盐岩。不同地区不同程度缺失石炭统和下二叠统。风化壳被下二叠统空谷阶含盐层系所覆盖，两者呈角度不整合。

二、岩石类型及特征

岩化分析结果表明，KT-Ⅰ层 B_4 小层为质纯、泥质含量低、不含硫酸盐的灰岩和少量云质灰岩。B_{2+3} 小层岩性变化大，灰岩、白云岩交互出现，局部夹泥岩层。B_1 和 A 层岩性变化大，灰岩、白云岩交互出现。KT-Ⅱ层则主要为质纯性脆的灰岩，云质含量低（表 1-4-1）。

根据让纳若尔和邻区北特鲁瓦井的岩芯岩化分析，KT-Ⅰ层从下至上，白云岩含量逐步增加，灰岩含量逐渐减小。B 层下部以灰岩为主，上部岩性变化较大，灰岩、白云岩交互出现，局部夹泥岩层；A 层以硬石膏、白云岩为主，上部夹灰岩、泥岩薄层。与 KT-Ⅱ层相比，KT-Ⅰ层云质含量增加，反映沉积—成岩环境发生了明显变化。

表 1-4-1 让纳若尔油气田岩芯化学分析结果统计表 %

地层	化学成分		矿物成分		
	CaO	MgO	方解石	白云石	酸不溶物
B_4	47.3~55.2	0~7.2	66.5~98.5	0~33.7	0.1~2.6
平均值	53.8	1.2	92.5	6.6	0.4
B_{2+3}	1.2~54.8	0~20.7	0.6~97.8	0~94.7	0.4~89.3
平均值	34.7	12	33.8	54.6	11

续表

地层	化学成分		矿物成分		
	CaO	MgO	方解石	白云石	酸不溶物
Д	53.9~55.5	0~1.0	94.0~98.4	0~4.1	0.04~1.7
平均值	54.6	0.3	96.7	1.4	0.5
Γ	38.1~56.1	0~2.4	65.9~100	0~11.0	0~30.2
平均值	54.7	0.6	96.4	2.5	0.5

白云岩、灰质云岩主要为晶粒结构，包括泥粉晶结构和细—中晶结构；灰岩主要为颗粒灰岩，以粒屑结构为主、泥晶结构较少，粒屑中生屑占优势，泥质含量少。不同层位颗粒类型差异较大，以生物颗粒为主，常见生物为有孔虫、蜓、藻类、棘屑，非生物成因的颗粒为次，主要有鲕粒、内碎屑和少量球粒（图 1-4-1、图 1-4-2）。

(a)粉晶云岩(2815.75m，ϕ=11.8%)

(b)细晶云岩(2821.46m，ϕ=8.2%)

(c)中晶云岩(2830.31m，ϕ=10.1%)

(d)粗晶云岩(2836.49m，ϕ=10.0%)

图 1-4-1　晶粒结构（2092 井）

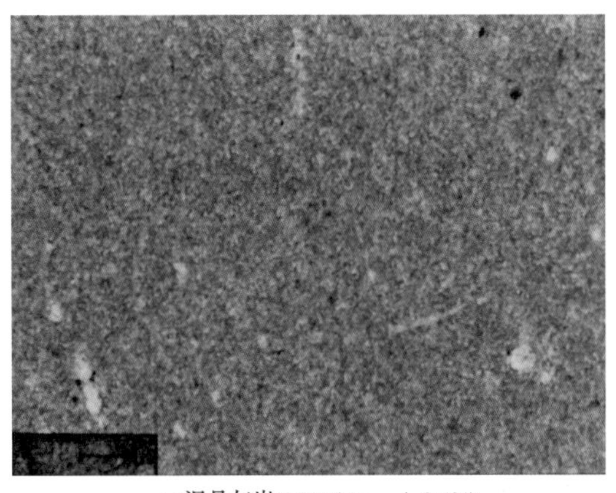

(a)泥晶灰岩(3064.95m，ϕ=2.4%)

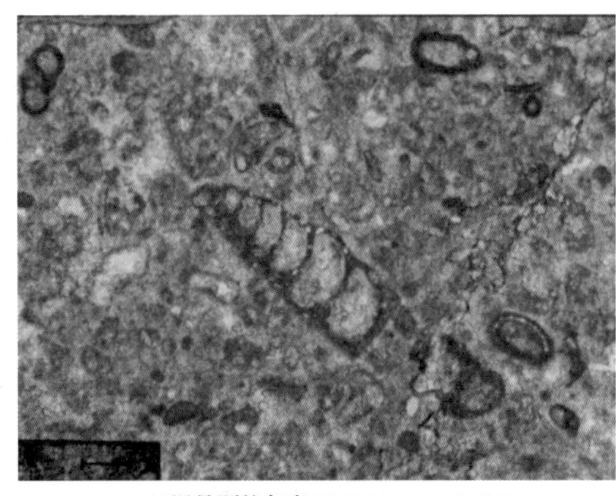

(b)泥晶颗粒灰岩(3061.24m，ϕ=2.6%)

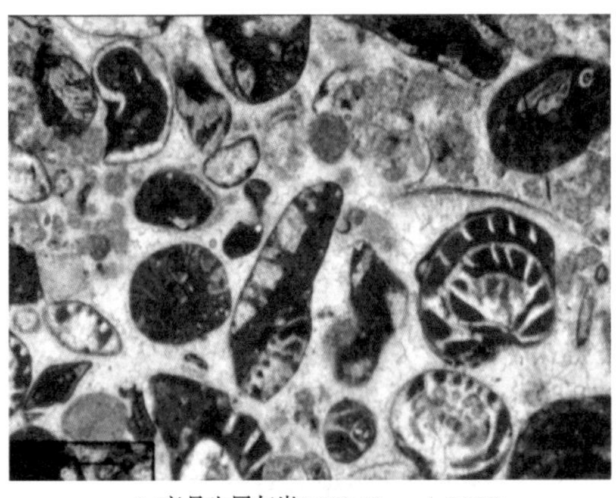

(c)亮晶生屑灰岩(3052.40m，ϕ=2.3%)

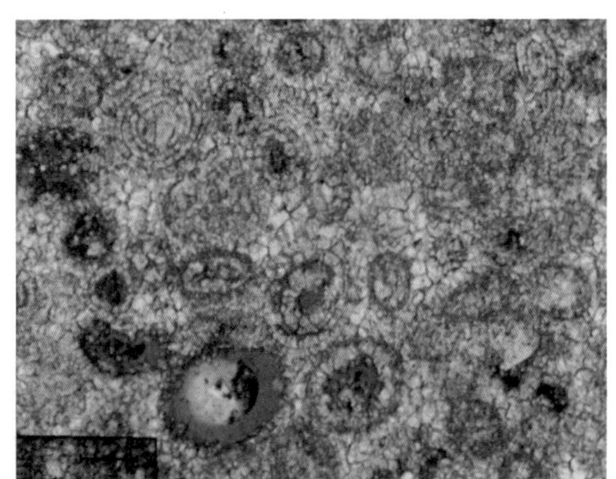

(d)亮晶鲕粒灰岩(3053.37m，ϕ=14.0 %)

图 1-4-2　颗粒、碎屑结构（3477 井）

三、沉积环境与模式

据让纳若尔油气田部分井（2399A 井、2092 井）和中区块部分取芯井（CT-4、CT-1、A-1、A-2、H-1、KB-1 井）薄片资料统计结果，KT-Ⅰ层的生物化石含量平均为 56.47%，KT-Ⅱ层为 78.94%（表 1-4-2），颗粒灰岩是石炭系碳酸盐岩最主要的岩石类型，占碳酸盐岩的 90% 以上，表明该区为有利于生物生长的浅海环境。

滨里海盆地东缘在石炭纪经历了多次较大规模的海侵和海退旋回。根据石炭系的沉积特点和区域研究成果，结合碳酸盐岩标准沉积相带模式，建立了滨里海盆地东缘台地石炭纪沉积模式[11-12]，如图 1-4-3 所示。本区碳酸盐台地相主要分布于石炭系的 KT-Ⅰ、KT-Ⅱ层系中，可进一步细分为蒸发台地、局限台地、开阔台地、台缘滩和斜坡 5 种类型[13-16]，各相带的主要特征如表 1-4-3 所示。石炭系沉积相的控制因素一是受构造隆起带的影响，形成条带状岩隆型碳酸盐台地沉积；二是水体能量和海平面升降则控制台地和沉积物类型。

表 1-4-2　中区块及让纳若尔部分井碳酸盐岩颗粒含量对比表

地区	层位	薄片数	颗粒含量 /%			备注
			生屑	非生屑	合计	
CT-4 井	KT-Ⅰ	83	49.48	0.98	50.46	A$_3$、Б$_1$ 层
	KT-Ⅱ	212	65.16	17.28	82.44	Г$_{2、3、4、5、6}$ 层
CT-1 井	KT-Ⅰ	71	32.67	5.75	38.42	В 层
	KT-Ⅱ	83	65.96	10.52	76.48	Г$_{1、2、3、4、5、6}$；Д$_{1、2}$ 层
A-1 井	KT-Ⅰ	22	9.20	66.10	75.30	В$_4$ 层
	KT-Ⅱ	177	58.90	21.00	79.90	Г$_{2、3}$ 层
A-2 井	KT-Ⅰ	37	60.08	1.00	61.08	Б$_2$、В 层
	KT-Ⅱ	85	72.52	4.15	76.67	Г$_2$、Д$_1$、C_1s_2st、C_1s_1tr、C_1v_3ok 层
H-1 井	KT-Ⅰ	45	34.80	16.40	51.20	В$_{3、4、5}$ 层
	KT-Ⅱ	131	71.00	8.40	79.40	Г$_{2、3、4、5、6}$；Д$_1$ 层
KB-1 井	KT-Ⅰ	35	47.23	15.14	62.37	Б$_1$、В$_{4、5}$ 层
	KT-Ⅱ	30	49.10	29.73	78.83	Г$_{2、3、4、5、6}$；Д$_{1、2、3、5}$；C_1s_2st、C_1s_1tr、C_1v_3ok 层
让纳若尔（2399A 井、2092 井）	KT-Ⅱ	328	58.67	20.16	78.83	Г$_{4、6}$；Д$_{1、2、3}$ 层

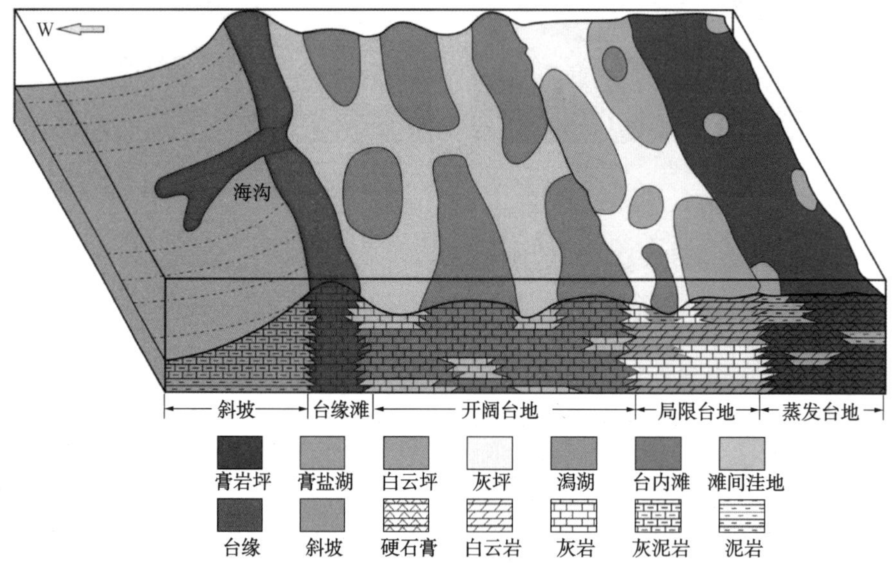

图 1-4-3　滨里海盆地东缘沉积相模式

表 1-4-3　滨里海盆地东缘石炭纪沉积相类型特征简表

相带	蒸发台地	局限台地	开阔台地	陆棚
微相	膏岩湖、膏岩坪	白云坪、灰坪、潟湖	台内滩、滩间洼地、潮坪	上陆棚、下陆棚
水深 /m	0	0~30	0~50	
水动力特征	潮上低能带	潮间—潮下带，低能带	潮下浅水低能带，浪基面之下	浪基面之下，低能带

续表

相带	蒸发台地	局限台地	开阔台地	陆棚
沉积特征	石膏、岩盐灰泥岩与粉晶白云岩互层等，藻席、藻丛、藻纹层十分发育	灰泥、球粒、藻团块、骨屑、藻屑（常发生白云化）	藻骨架、骨屑、藻屑、鲕粒、藻包粒、藻团块和砂屑等颗粒岩变至泥岩	生物碎屑粉屑灰岩，灰泥岩，生物碎屑粒泥状灰岩，泥岩
生物种类	极为稀少，可有蓝细菌活动	棘皮类、介形虫、苔藓虫、蜓类和单射钙质骨针	蜓、腕足、苔藓虫、有孔虫、棘屑、介形虫，局部发育点滩	贝壳
沉积构造	具纹层、鸟眼、膏盐假晶、帐篷构造等	具纹层、鸟眼、递变层理	生物潜穴、钻孔丰富	
储集性能	含膏粉晶云岩可因差异溶蚀作用形成储集岩	中等、好、差	好、中等	
分布层位	$А_3$—$Б_2$	$В_{1-3}$	$В_{4-5}$、$Г_{2-6}$	MKT

四、岩相类型

根据岩芯描述、镜下鉴定和统计分析，识别出以下几种主要岩相。

1. 藻屑滩岩相

是指主要由藻类的碎屑或个体堆积而成的浅滩，岩石类型主要为亮晶藻屑灰岩、亮晶有孔虫灰岩和层纹泥晶灰岩（图 1-4-4）。颗粒类型较多，以藻屑为主（59.13%），其次有球粒（5.00%）、骨屑（3.75%）、内碎屑（3.38%）和鲕粒（0.50%）等。岩石类型有亮晶藻屑灰岩（90.10%）和泥晶藻屑灰岩（9.90%）。

2. 包粒滩岩相

包粒主要是藻团块和核形石，粒径较大，圆度高（图 1-4-5）。包粒滩颗粒类型比较复杂，包粒平均占 59.00%，次要颗粒有内碎屑（16.00%）、骨屑（4.00%）和鲕粒（2.50%）。岩石类型主要是包粒灰岩（88.50%）和亮晶砂屑灰岩（11.50%）。

图 1-4-4 德薇拉藻灰岩
（3477 井，3049.57m）

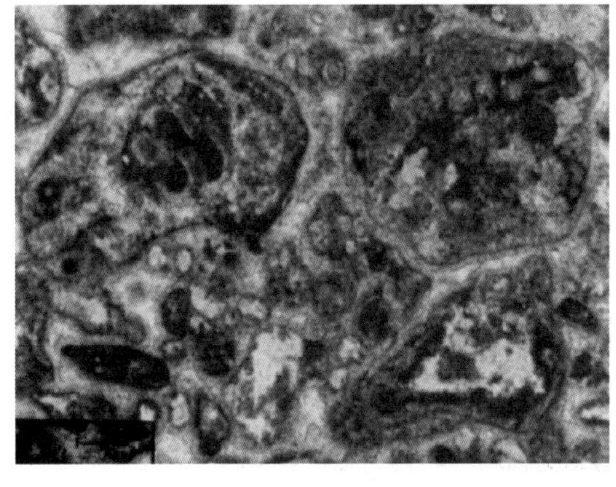

图 1-4-5 包粒灰岩
（3477 井，3065.65m）

3. 砂屑滩岩相

砂屑滩岩相颗粒类型较单一（图 1–4–6），主要为细小的砂屑（58.40%），混有部分骨屑（17.70%）、鲕粒（5.80%）、藻屑（2.10%）和包粒（0.20%）。岩石类型单一，亮晶砂屑灰岩占 92.39%，亮晶砂砾屑灰岩占 7.61%。

4. 杂屑滩岩相

颗粒类型多、分选差，以骨屑为主（图 1–4–7），占 47.67%；其次为球粒（16.60%）、砂屑（8.70%）、包粒（8.30%）和藻屑（0.30%）。岩石类型多，频繁交互，主要有泥晶球粒灰岩（48.90%）、亮晶生屑灰岩（30.50%）、亮晶颗粒灰岩（20.60%）。

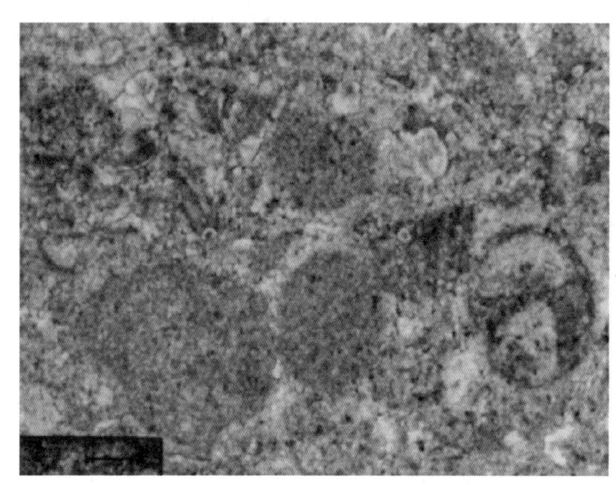

图 1–4–6　砂屑灰岩
（3477 井，3047.3m）

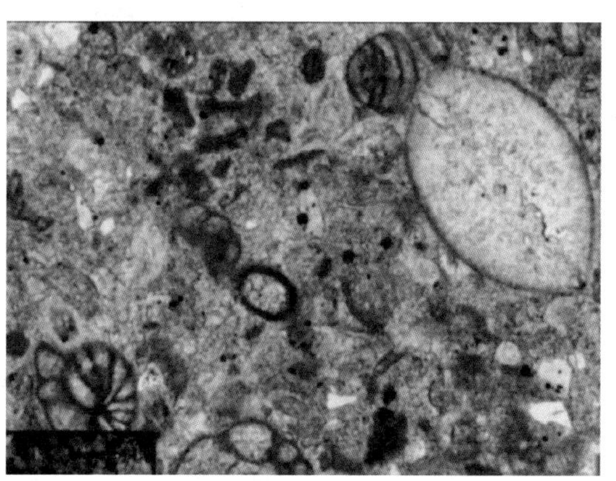

图 1–4–7　含有孔虫碎屑灰岩
（3477 井，3052.73m）

5. 鲕粒滩岩相

鲕粒滩岩相颗粒类型较单一（图 1–4–8），具条带状构造，主要为细小的鲕粒（53.56%），混有部分骨屑（4.51%）、内碎屑（8.97%）、球粒（0.64%）。岩石类型单一，亮晶鲕粒灰岩占 80.81%，其次为泥晶鲕粒灰岩（12.79%）、亮晶砂屑灰岩（2.90%）、泥晶砂屑灰岩（1.80%）和亮晶生屑灰岩（1.70%）。

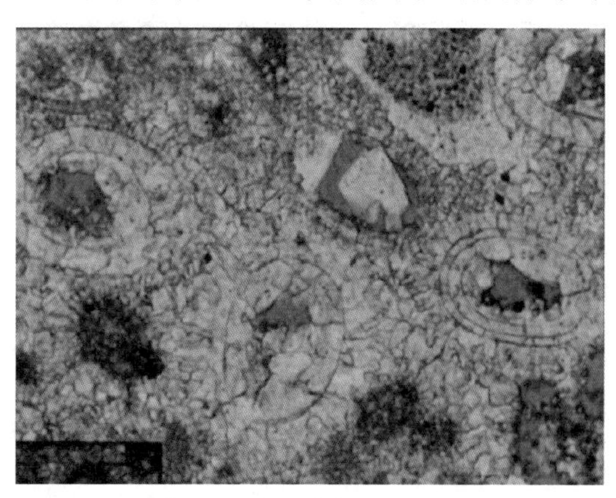

图 1–4–8　鲕粒灰岩
（3477 井，3063.85m）

6. 生屑滩岩相

指主要由动物硬壳组成颗粒滩（图 1–4–9），颗粒主要有有孔虫、棘屑等生物碎屑占 59.60%，红藻、绿藻占 3.70%，此外见少量包粒（5.60%）、鲕粒（1.60%）和内碎屑（11.00%）。岩石类型有亮晶有孔虫灰岩（71.93%）、亮晶包粒灰岩（15.07%）、亮晶颗粒灰岩（5.04%）、亮晶鲕粒灰岩（4.63%）、泥晶有孔虫灰岩（3.33%）等。

五、亚相与微相特征

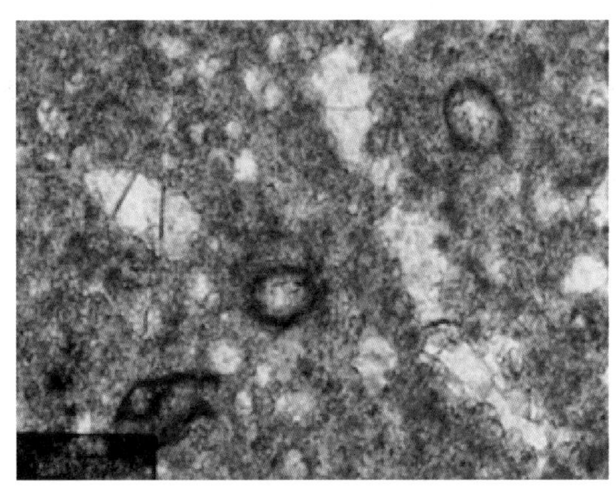

图 1-4-9　泥晶有孔虫灰岩
（3477 井，3067.74m）

通过分析认为，研究区主要发育开阔台地、局限台地和蒸发台地三种亚相，通过岩芯描述、薄片观察以及测井曲线的分析，进一步识别出台内滩、滩间洼地、灰坪、白云坪、潟湖、膏岩坪和膏盐湖共七种微相，台内滩微相又划分出藻屑滩、生屑滩、包粒滩、砂屑滩、鲕粒滩五种岩相，各微相岩性特征如表 1-4-4 所示，各种微相的测井响应特征如表 1-4-5 所示。

表 1-4-4　让纳若尔油气田沉积微相划分类型

相	亚相	微相	岩性特征
台地相	蒸发台地	膏岩湖	以泥质和粉砂为主，含少量膏质和云质
		膏岩坪	以膏岩为主，夹薄层粉—细晶结构的白云岩
	局限台地	白云坪	以粉—细晶结构的白云岩为主
		灰坪	发育砂屑灰岩、生屑灰岩等各种类型灰岩，粒间孔及粒内孔发育
		潟湖	泥岩、泥晶灰岩、具白云化作用，含少量广盐生物群
	开阔台地	台内滩	发育各种类型亮晶、泥晶灰岩，富含有机质及放射虫，粒间孔及粒内孔发育
		滩间洼地	泥晶颗粒灰岩和泥粉晶灰岩，生物碎屑含量少

表 1-4-5　让纳若尔油气田沉积微相曲线形态及测井响应特征

微相类型	典型特征	自然伽马 GR/gAPI	充电指数 Pe	密度 ZDEN/（g/m³）	声波 DT/（μs/ft）	岩芯照片
膏岩湖	深度/m；自然伽马/gAPI 0—80；ZDEN/(kg/m³) 1750—2950；PEF 5—15；DT/(μs/ft) 500—120；2730	＞16	＞6	＞2.1	＞155	
			＜13	＜2.9	＜400	
膏岩坪	深度/m；自然伽马/gAPI 0—80；ZDEN/(kg/m³) 1750—2950；PEF 5—15；DT/(μs/ft) 500—120；2730	＞8.0	＞5.8	＞2.7	＜200	
		＜25	＜7.9			

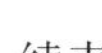

续表

微相类型	典型特征	自然伽马 GR/gAPI	充电指数 Pe	密度 ZDEN/（g/m^3）	声波 DT/（μs/ft）	岩芯照片
白云坪	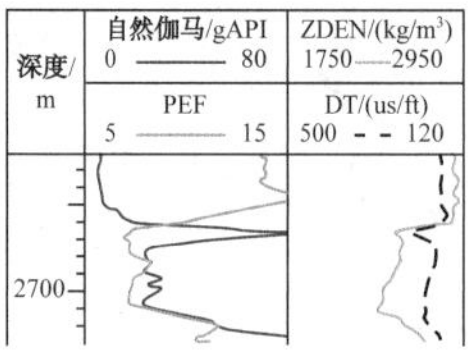	＞ 12.8	＞ 1.9	＞ 2.5	＞ 150	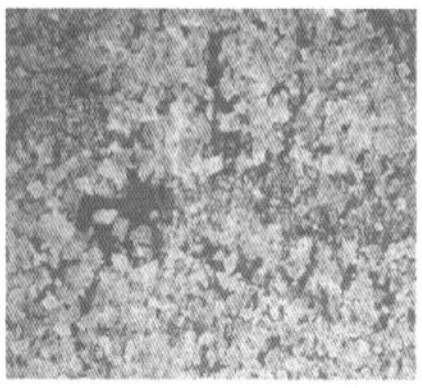
		＜ 24.5	＜ 3.1	＜ 2.7	＜ 190	
灰坪	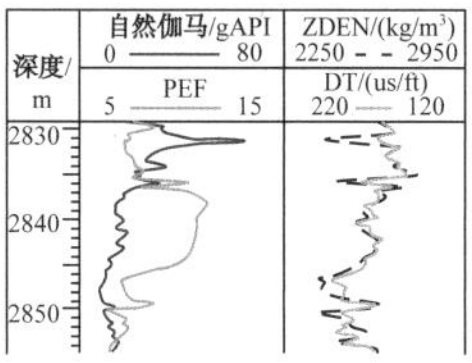	＞ 9.5	＞ 8	＞ 2.4	＞ 155	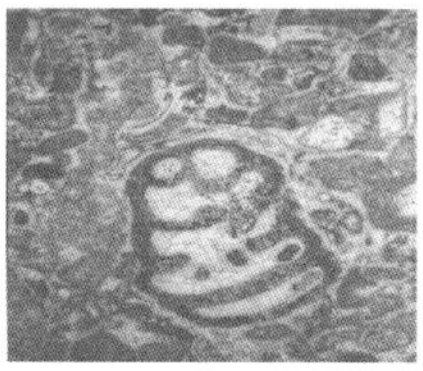
		＜ 30	＜ 12.5	＜ 2.7	＜ 190	
潟湖	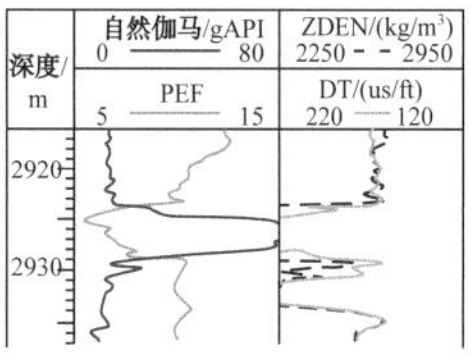	＞ 22	＞ 2.3	＞ 2.6	＞ 150	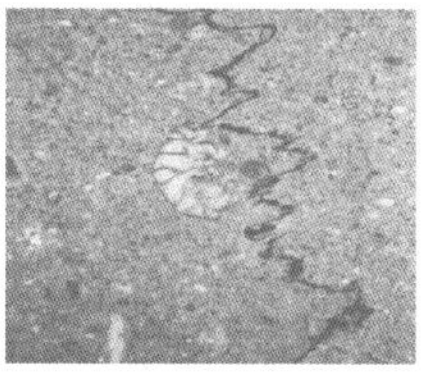
		＜ 40	＜ 3.2	＜ 2.7	＜ 162	
台内滩	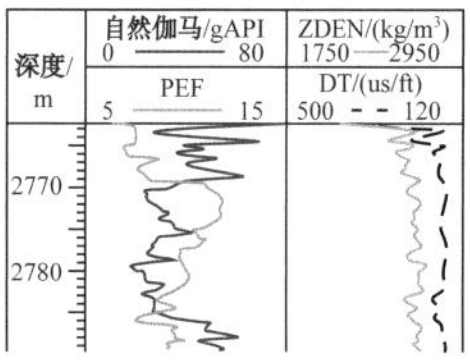	＞ 7.2	＞ 4.9	＞ 2.3	＞ 155	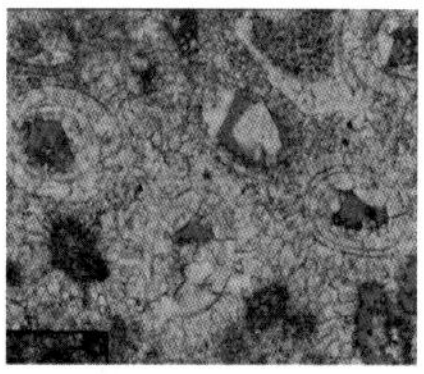
		＜ 17.4	＜ 6.5	＜ 2.7	＜ 210	
滩间洼地	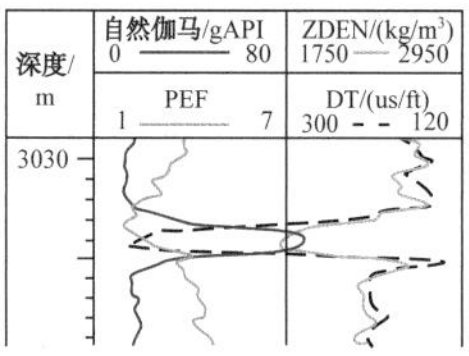	＞ 36	＞ 2.5	＞ 2.1	＞ 162	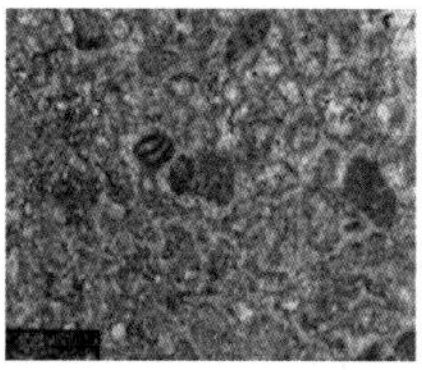
		＜ 72	＜ 3.7	＜ 2.4	＜ 340	

1. 蒸发台地

蒸发台地亚相属于浅水环境，通常位于浪基面以上的低能带，海水循环差，能量较弱。气候干旱，水体蒸发量大，含盐度很高，多形成硬石膏层。该环境持续时间较长、分布范围广，主要分布在 KT-Ⅰ层的 А—Б 层内。

蒸发台地亚相可分为膏盐湖和膏岩坪两种微相（图 1-4-10）。膏盐湖发育在处于暴露蒸发的干旱环境中的局部凹陷，沉积成分复杂，由灰色、浅灰色的膏岩、膏质泥粉晶白云岩、泥粉晶白云岩和颗粒灰岩夹泥岩组成，未见生物碎屑，自然伽马（GR）较低，（在 10gAPI 以下），光电子数 Pe 在 8b/e 左右，密度高（2.9g/cm^3）和电阻率高（20000Ω·m）（图 1-4-11）。膏岩坪多由海退沉积序列组成，一般由灰泥岩到白云坪向上过渡为膏盐坪。主要岩石类型为硬石膏岩、泥质膏岩、泥岩及粉晶白云岩，不含生物化石（图 1-4-12）。

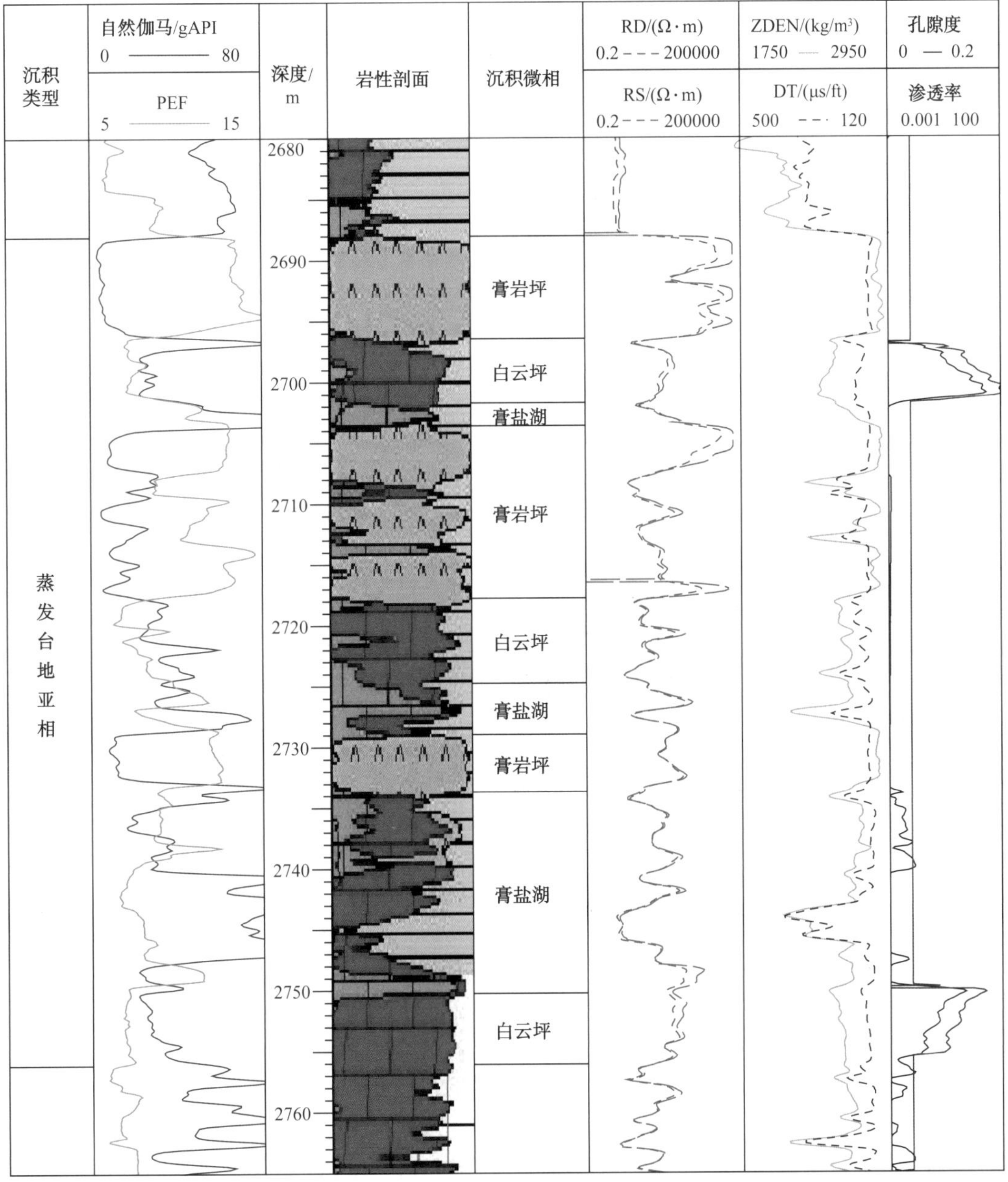

图 1-4-10　让纳若尔油气田蒸发台地亚相组成及测井特征（3332 井）

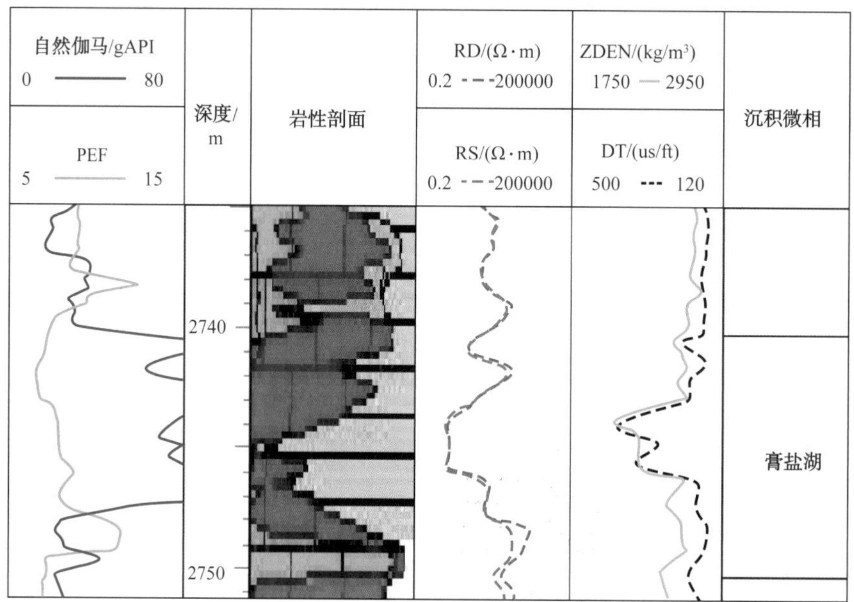

图 1-4-11 膏盐湖微相特征（3332 井）

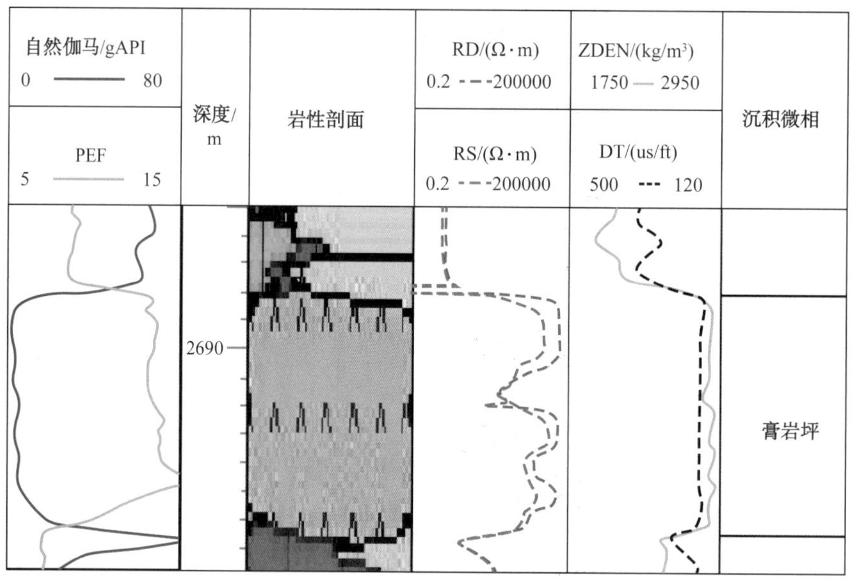

图 1-4-12 膏岩坪微相特征（3332 井）

2. 局限台地

局限台地亚相位于平均低潮线之上，正常浪基面之下，水体循环受水下隆起的限制循环不畅，水动力较弱，盐度较大。位于台地内靠陆一侧，过渡为蒸发环境，向海一侧渐变到开阔台地。该沉积类型在 KT-Ⅰ层持续时间长，分布范围较广。可划分为灰坪、白云坪和潟湖三种微相类型（图 1-4-13）。

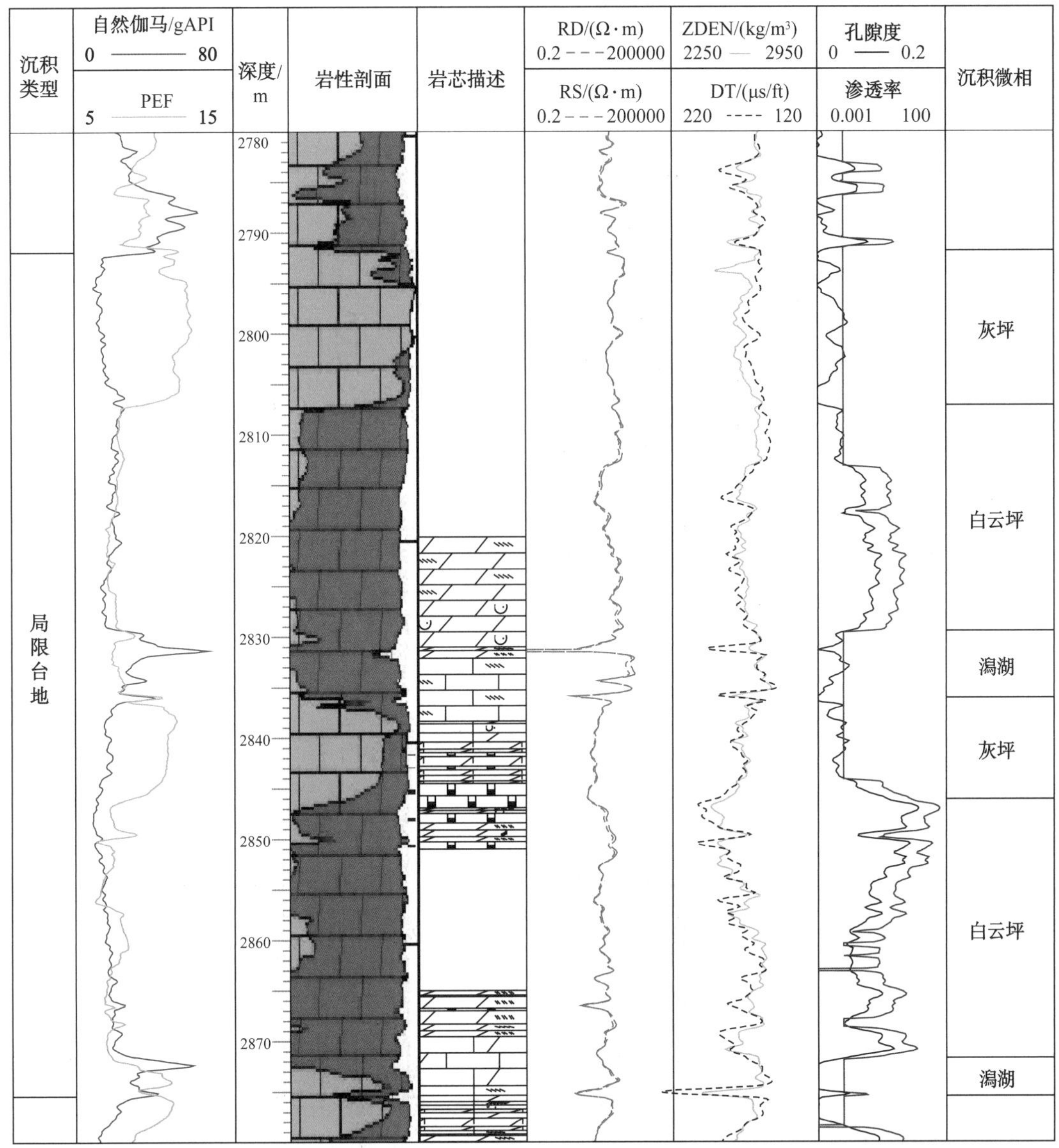

图 1-4-13　让纳若尔油气田局限台地亚相组成及测井特征（3332 井）

灰坪多发育砂屑灰岩、生屑灰岩等各种类型灰岩，多发育在低能环境中，自然伽马低值，储层物性较差（图 1-4-14）。

白云坪以粉—细晶结构的白云岩为主，多为准同生成因。是局限台地内的主要储层类型。测井曲线上显示自然伽马低值，光电子数 Pe 低值，一般小于 3b/e（图 1-4-15）。

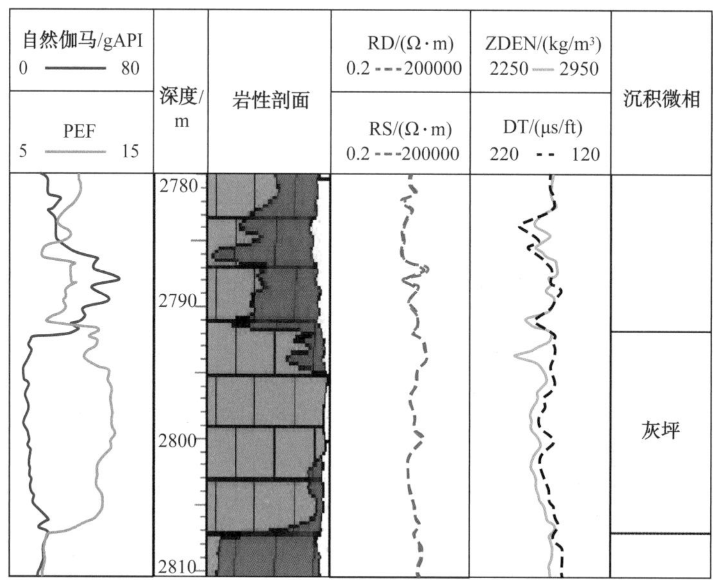

图 1-4-14　灰坪微相特征（3332 井）

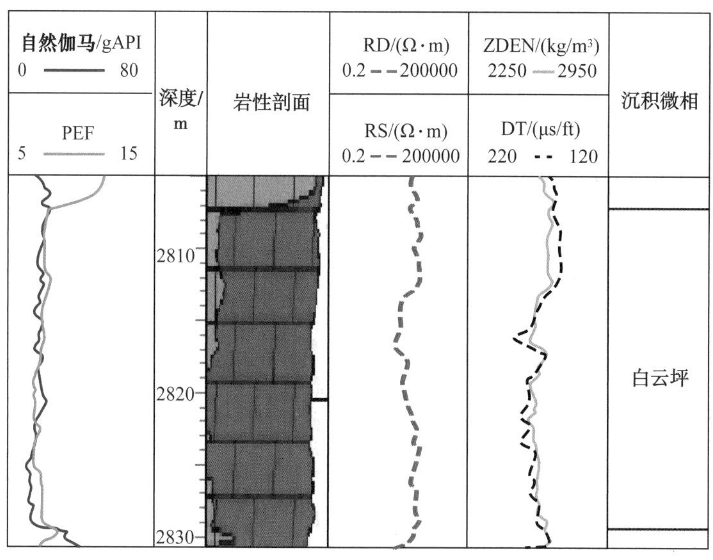

图 1-4-15　白云坪微相特征（3332 井）

潟湖多发育在局限台地低洼地带，受障壁效应控制，盐度变化不大，常见广盐性生物，生物扰动较强。本区受沉积相带影响，潟湖内的泥岩、泥晶灰岩多具白云化作用。测井曲线上自然伽马值较高，物性特征较差（图 1-4-16）。

3. 开阔台地

开阔海台地亚相主要发育高能滩体，水体连通良好，盐度正常，适合生物的生长。包括台内滩和滩间洼地两种微相。

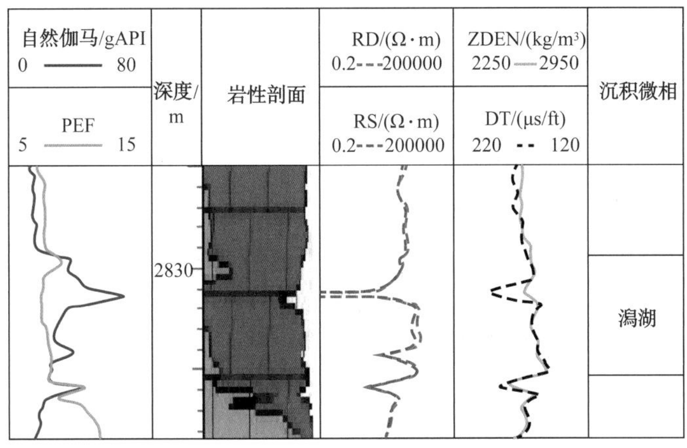

图 1-4-16　潟湖微相特征（3332 井）

台内滩形成于浅水高能或较高能环境，有利于大量碳酸盐岩颗粒和碎屑堆积，往往位于碳酸盐岩台地内部，同样是研究区的主要储层。以取芯井为例，根据台内滩颗粒的成因不同又可细分为鲕粒滩、包粒滩、藻屑滩、砂屑滩、杂屑滩等岩相类型。在测井曲线上具有较一致的特征（图 1-4-17）：①自然伽马值较低，泥质含量少，岩性密度值较高。②测井曲线多呈箱形。

滩间洼地是指位于破浪浪基面之下，位于滩体之间的较深水环境，属于低能环境。由于水动力较弱，泥质含量增加，生物多为较深水的底栖有孔虫和海百合等，孔隙不发育，是研究区差储层发育的主要相带。主要岩性为有孔虫灰泥石灰岩、灰泥棘皮石灰岩和灰泥杂屑灰岩、泥晶颗粒灰岩和泥粉晶灰岩。自然伽马值较高，物性较差（图 1-4-17）。

六、剖面相及平面相特征

KT-Ⅰ层沉积相类型丰富，开阔台地、局限台地和蒸发台地均有发育。从下至上，从南向北，沉积相逐渐由开阔台地过渡为局限台地再到蒸发台地，相带东西分带现象明显，同一相带多沿南北向展布。其中下部 B_5、B_4、B_3 主要发育开阔台地的台内滩微相，连续性好、厚度大。中部 B_2 和 B_1 两层逐渐由开阔台地过渡到局限台地，南部以台内滩为主，北部以白云坪和灰坪间断发育为主。上部 A 和 Б 两层在南部主要发育开阔台地，在北部主要为局限台地向蒸发台地的过渡，Б 层多发于厚层白云坪，A 层多发育厚层膏岩坪（图 1-4-18）。平面上，B_5、B_4、B_3 三层在全区发育广泛的开阔台地，以台内滩为主要沉积微相类型，B_2^2、B_2^1、B_1^2 和 B_1^1 四个小层开阔台地和局限台地共存，其中局限台地的范围逐渐从北向南扩大。上部 A 和 Б 两层平面上三个亚相均发育，从东北向西南分别为蒸发台地、局限台地和开阔台地。从下至上，蒸发台地面积逐渐增大，与当时的整体水退环境一致（图 1-4-19）。总体上，KT-Ⅰ层沉积时期水体具有早深晚浅、南深北浅的特点，自下而上，由西南往东北方向开阔台地相逐步演化为局限台地亚相和蒸发台地亚相。

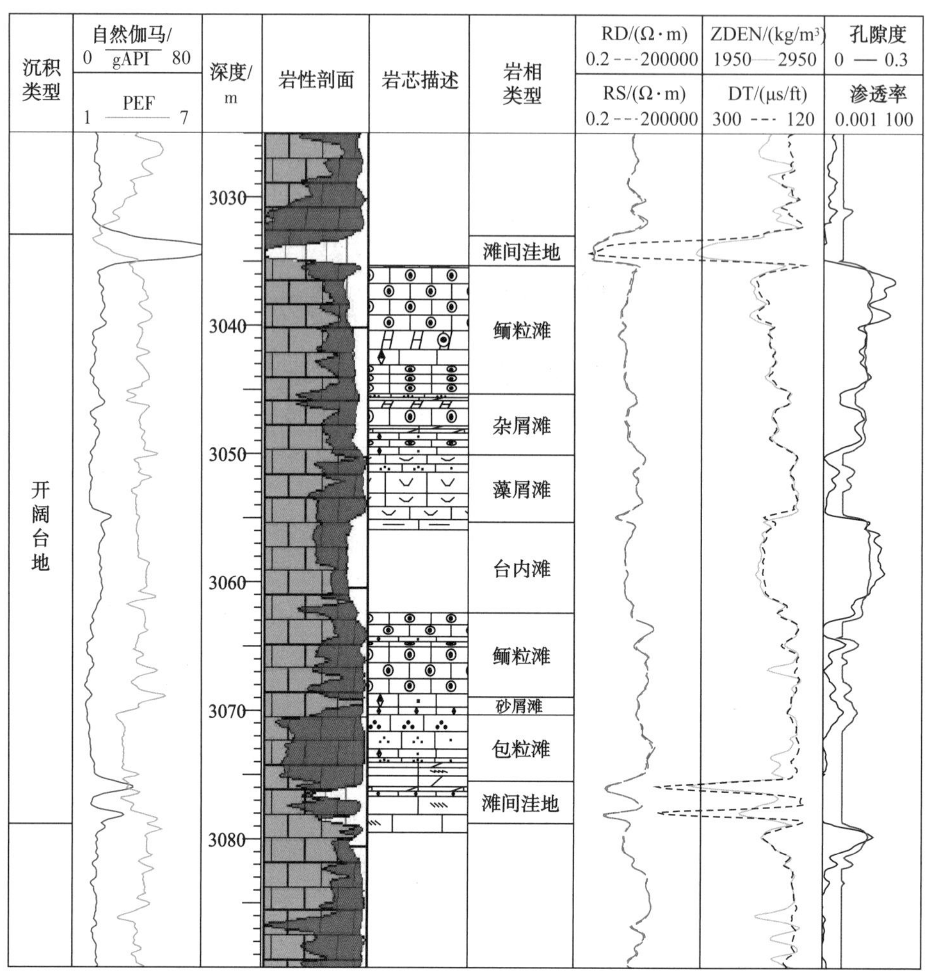

图 1-4-17 台内滩与滩间洼地微相特征（3332 井）剖面图

KT-Ⅱ层以开阔台地亚相为主，局部发育局限台地亚相。从工区近南西北东向的沉积剖面中可以看出，下部 Д$_2$—Д$_4$ 多发育生屑滩，向上 Д$_1$ 在南部主要发育局限台地的灰坪和云坪，向北过渡为开阔台地的各类滩体。Г 层发育开阔台地，西南部多鲕粒砂屑滩，厚度薄、延伸短，发育较差；东北部多发育生屑滩、藻屑滩，滩体厚度大，延伸远，为该区储层发育的主要沉积微相。平面上，Д$_4$、Д$_3$、Д$_2$ 三层在全区发育广泛的开阔台地，北部以生屑滩为主，南部滩体类型增多，有生屑滩、砂屑滩和包粒滩等。整体上，滩体都比较局限，连片性差。Д$_1$ 在南、北部沉积环境有所不同，南部以局限台地为主，白云坪为主要储层，分布比较集中；北部以生屑滩为主。Г 层上下发育较一致，整体为开阔台地环境，北部滩体发育广泛，南部滩体分布局限，连片性差，孤立滩体较多。该区沉积相的分布体现了早深晚浅，整体表现为水退的特征。平面上，体现了水体南浅北深，滩体不断迁移的过程（图 1-4-20）。总体上，KT-Ⅱ层沉积时期水体具有早深晚浅、北深南浅的特点，自下而上，由东北往西南方向滩体呈减少趋势。

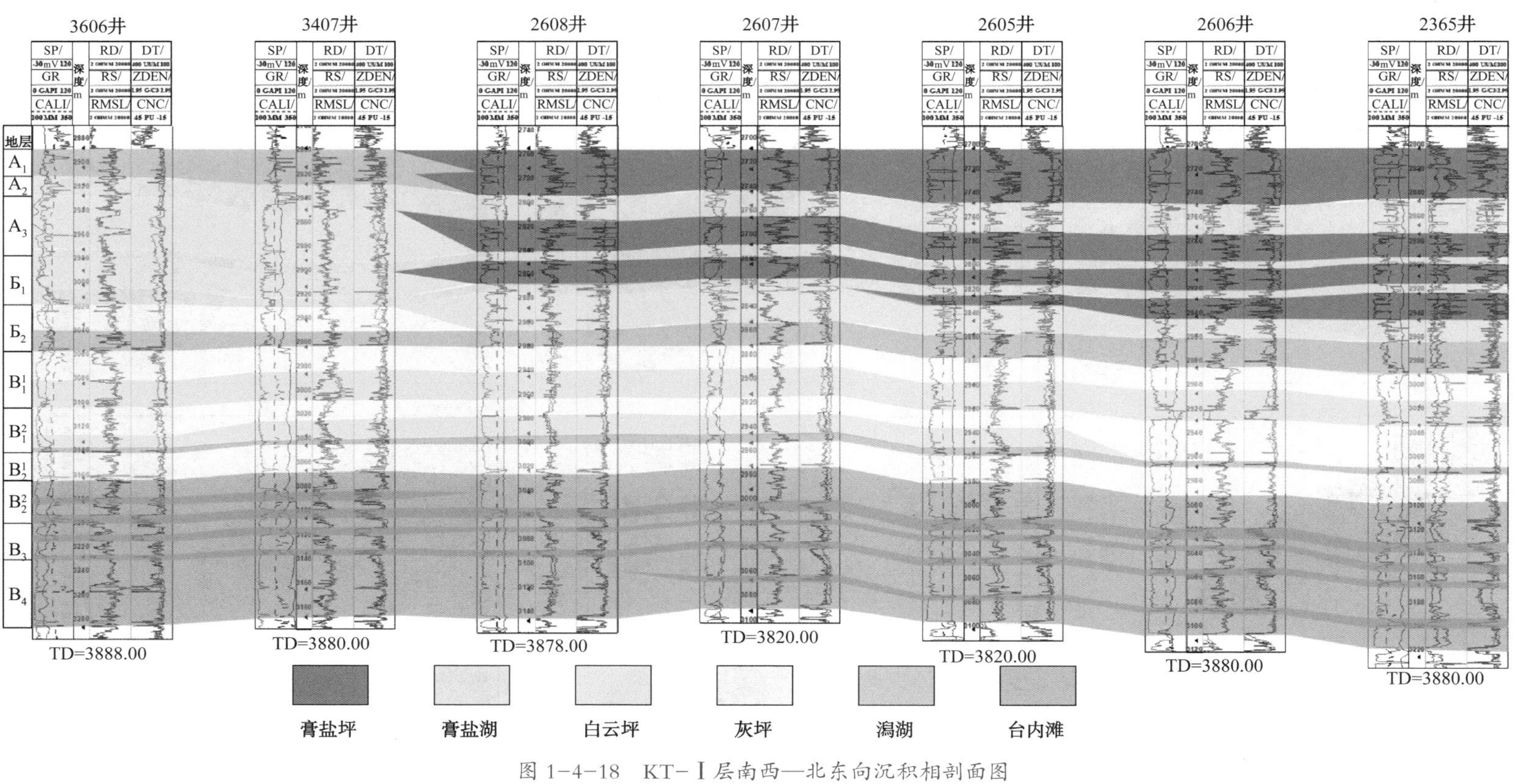

图 1-4-18 KT-Ⅰ层南西—北东向沉积相剖面图

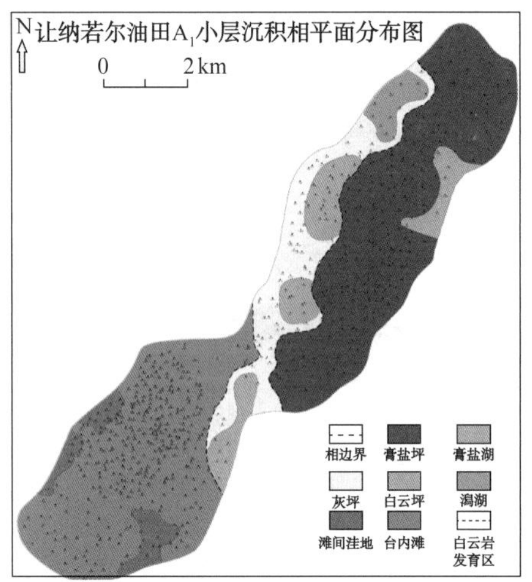

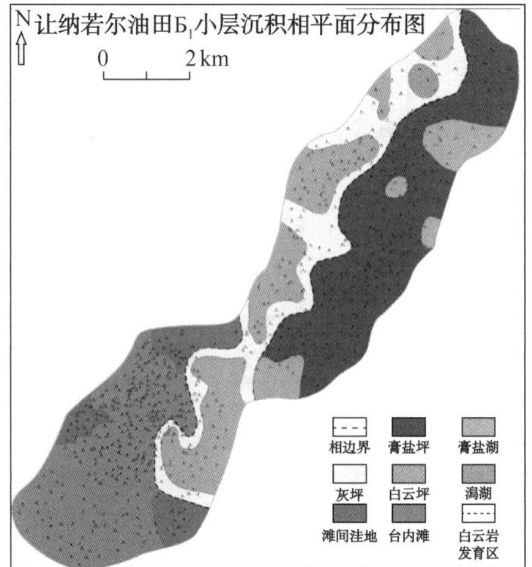

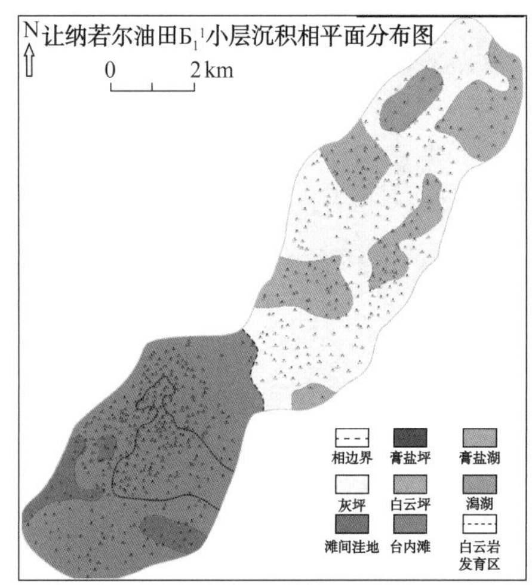

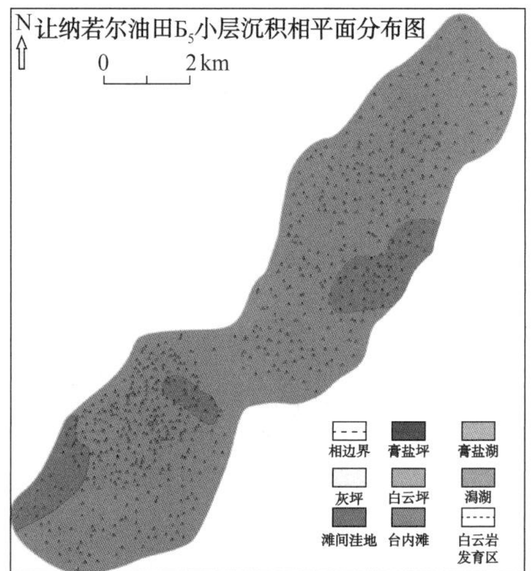

图 1-4-19 KT-Ⅰ层各小层沉积相平面图

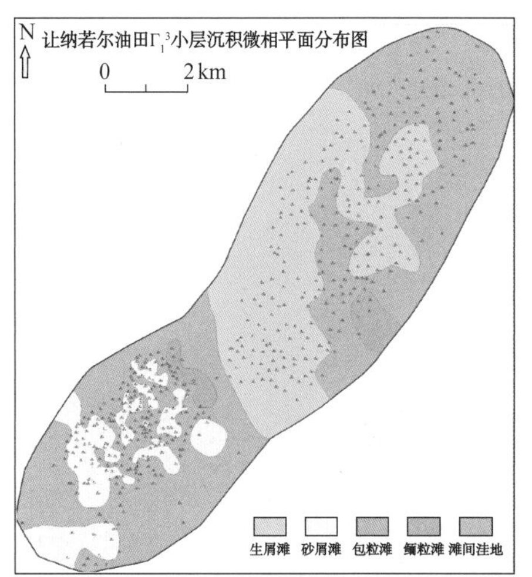

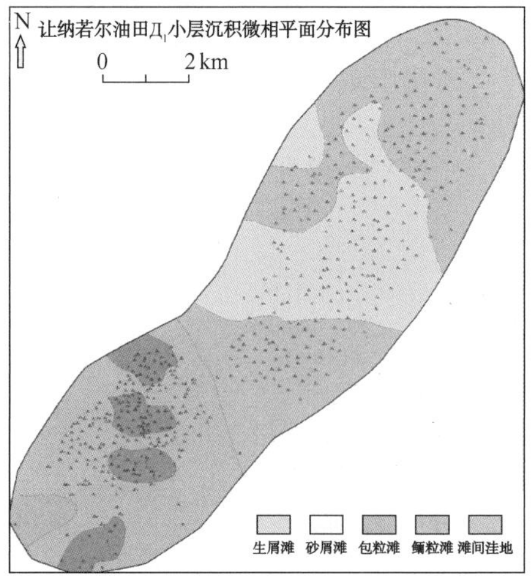

图 1-4-20 KT-Ⅱ层各小层沉积相平面图

第五节　储层特征研究

一、储集空间类型

让纳若尔油气田储集空间类型多，发育多种类型孔隙、溶洞和裂缝，裂缝、溶洞、溶孔、基质孔隙经常复合形成极其复杂的储集空间结构形态，原生、次生孔隙并存，且发育各种类型的裂缝。受成岩作用影响，使储集层储集空间的分布没有连续性。裂缝、溶孔（洞）发育区与不发育区之间往往没有过渡性，整体表现出强烈的随机性。不同类型储集空间组合样式多，储层表现为极强的非均质性。

1. KT-Ⅰ层储集空间类型

在 3477 井、2092 井和 3332 井 KT-Ⅰ层岩芯观察和薄片鉴定中发现，溶蚀孔、洞较发育，以粒间（溶）孔和晶间（溶）孔为主，常见体腔孔、方解石弱充填的溶洞和溶蚀缝、方解石强烈充填的构造缝等（图 1-5-1~图 1-5-3）。不同储层段及同一储层段的不同部位，储集空间的构成有较大的差异。南背斜 2092 井 B_2 层晶间（溶）孔最发育，薄片出现频率高达 66.2%，在孔隙中占比高，平均为 59.4%，裂缝虽然发育，薄片出现频率达 50.7%，但平均只占孔隙的 19.7%；溶洞、粒间（溶）孔较发育，薄片出现频率分别为 36.8% 和 16.2%，分别占孔隙的 40.7% 和 38.4%。鞍部 3477 井 B_{3+4} 层粒模孔（主要为鲕模孔）最发育，薄片出现频率为 55.5%，平均占孔隙的 63.7%；其次发育晶间（溶）孔，薄片出现频率为 31.1%，平均占孔隙的 46.7%；粒内孔、粒间（溶）孔虽然薄片出现频率高，分别为 61.3% 和 34.5%，但占孔隙百分数低，分别只有 27.1% 和 29.5%。北背斜 3332 井溶孔最发育，薄片出现频率为 56.6%，平均占孔隙的 51.9%；再次发育晶间（溶）孔，薄片出现频率为 43.4%，平均占孔隙的 46.4%；裂缝、体腔孔也较发育，薄片出现频率都为 25%，但在孔隙中占比低，分别只有 21.9% 和 14.3%（表 1-5-1）。

(a)体腔孔(2092井)
2816.23m，ϕ=4.60%

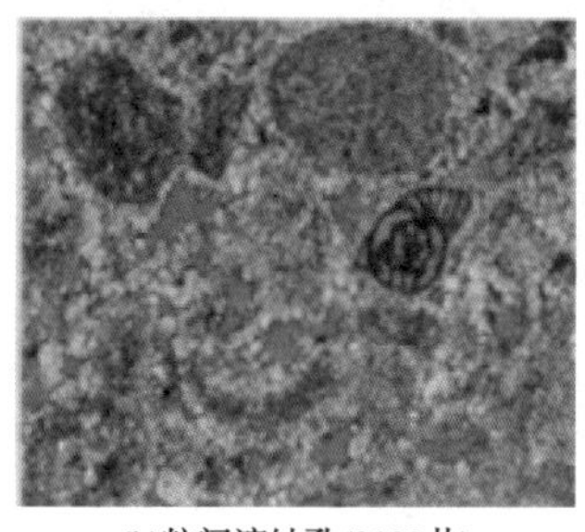
(b)粒间溶蚀孔(2092井)
2828.09m，ϕ=3.04%

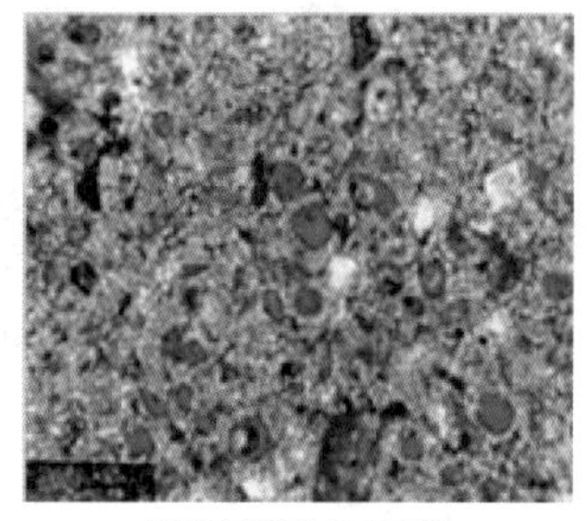
(c)砂屑模孔(3477井)
3039.08m

图 1-5-1　让纳若尔油气田 KT-Ⅰ层孔隙类型

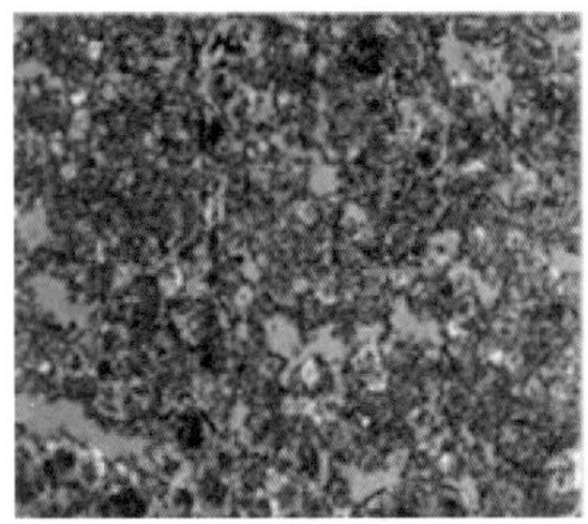
(d)骨架孔，溶孔形成(2092井)
2814.64m，ϕ=14.00%

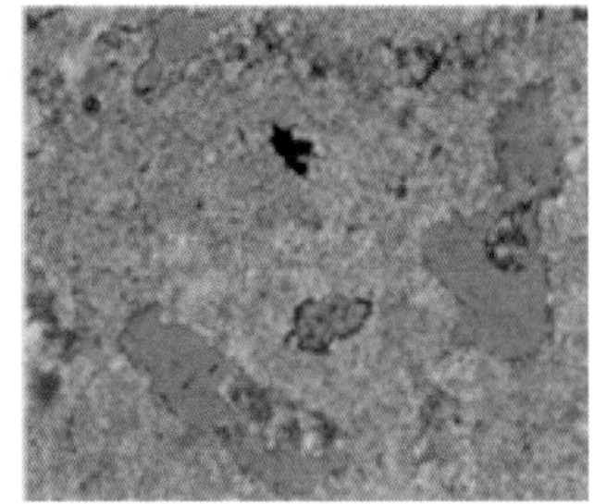
(e)粒模孔和粒模扩大孔(2092井)
2827.97m，ϕ=2.44%

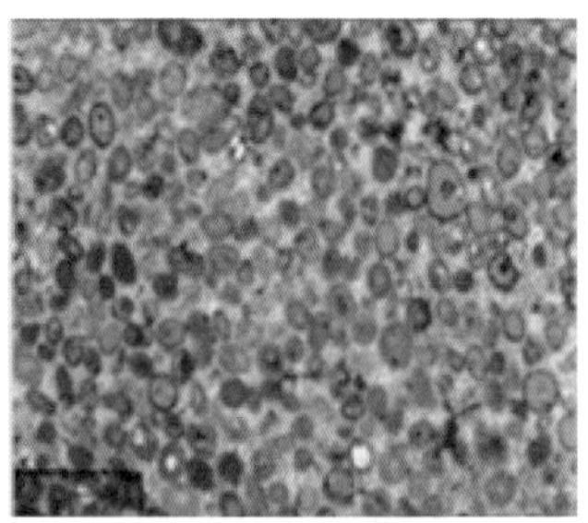
(f)鲕模孔(3477井)
3032.95m

图 1-5-1　让纳若尔油气田 KT-Ⅰ层孔隙类型（续）

(a)大小不一的溶洞
2836.22m，ϕ=8.38%

(b)分布均匀的溶洞
2837.70m，ϕ=6.01%

(c)形状不一的溶洞
2836.14m，ϕ=10.89%

(d)裂缝和溶洞、溶孔三者串通
2836.22m，ϕ=9.00%

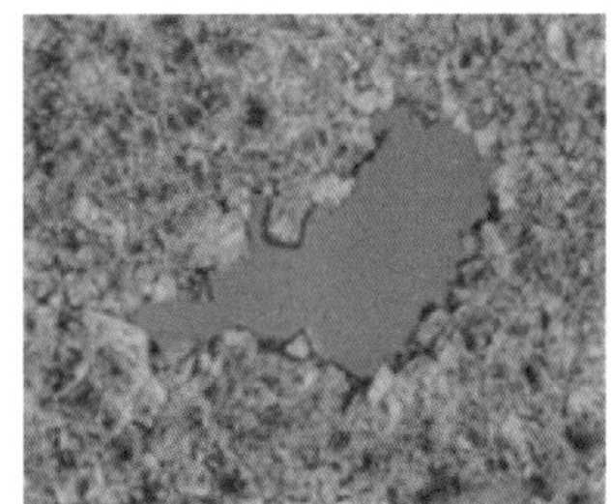
(e)中晶云岩中的溶洞
2821.68m，ϕ=4.20%

(f)中晶云岩中的连通溶洞
2819.45m，ϕ=9.70%

(g)细晶云岩中的长形溶洞
2830.86m，ϕ=4.80%

图 1-5-2　让纳若尔油气田 KT-Ⅰ层溶洞类型

(a)不规则的溶蚀裂缝
2829.81m，ϕ=3.40%

(b)交叉的溶蚀裂缝
2816.61m，ϕ=4.30%

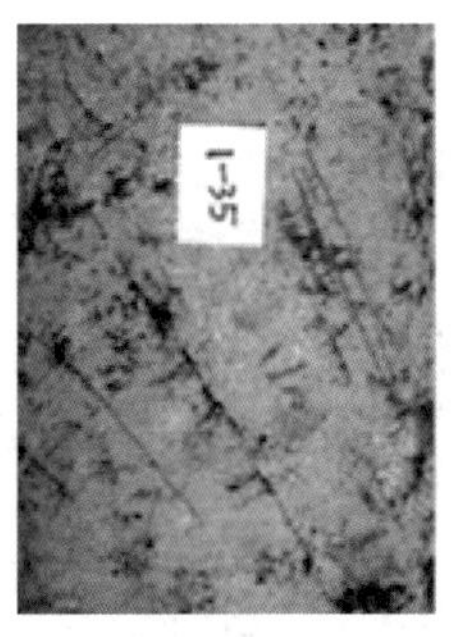

(c)沥青充填的构造裂缝
2817.62m，ϕ=4.00%

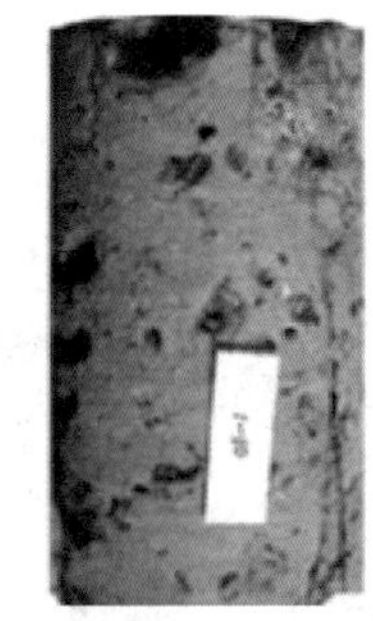
(d)垂直层理的构造—溶蚀裂缝
2813.56m，ϕ=2.70%

图 1-5-3　让纳若尔油气田 KT-Ⅰ层裂缝类型

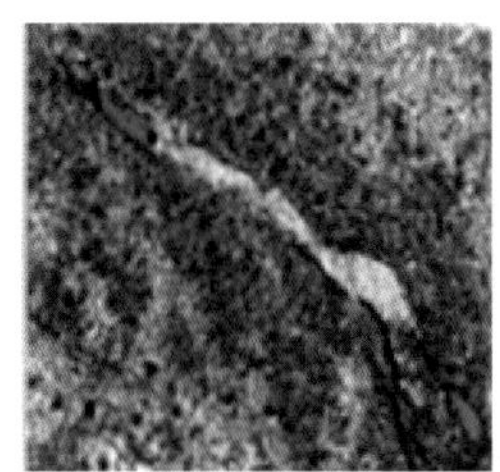
(e)竹节状半填充的构造裂缝
2817.59m，ϕ=4.00%

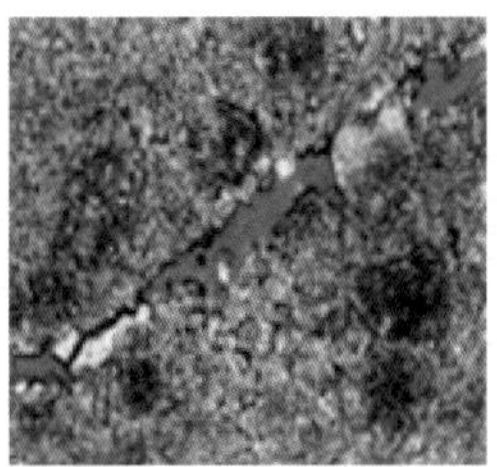
(f)竹节状半填充的构造—溶蚀裂缝
2815.75m，ϕ=11.80%

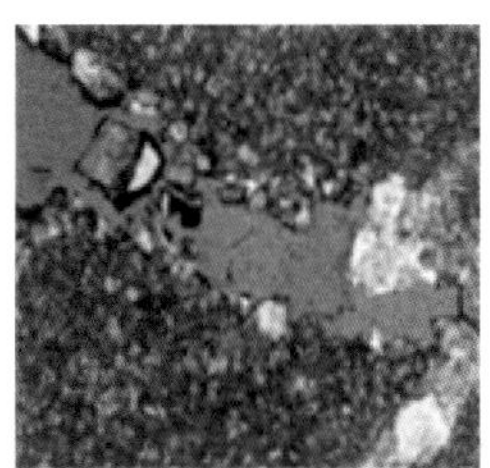
(g)宽大的溶蚀裂缝
2814.42m，ϕ=8.10%

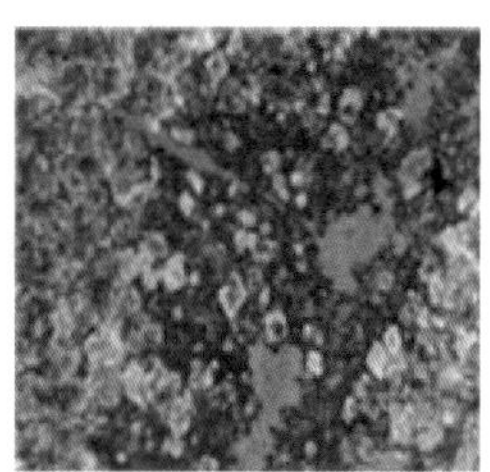
(h)溶缝和溶孔连通
2812.13m，ϕ=9.90%

图 1-5-3 让纳若尔油气田 KT-Ⅰ层裂缝类型（续）

表 1-5-1 KT-Ⅰ层储集空间构成分层统计表

储集空间类型			孔隙						溶洞	溶孔	裂缝	备注
			粒间（溶）孔	粒内孔	体腔孔	晶间（溶）孔	晶间微孔	粒模孔				
B_{3+4}	含量 /%	最小值	2.4	3.3	2.5	1.9		11.8	7.7	11.1	0.9	3477 井
		最大值	100	100	100	100		93.2	29.4	16.6	100	
		平均值	29.5	27.1	11.4	46.7		59.4	13.9	13.9	13.5	
	有孔薄片数		41	73	25	37		66	8	2	13	
	有孔薄片率 /%		34.5	61.3	21.0	31.1		55.5	6.7	1.7	10.9	
B_2	含量 /%	最小值	9.1	2.4	2.2	5.7	0.8	3.7	13.0	25.0	1.50	2092 井
		最大值	89.3	80.0	100	100	100	50.0	90.9	90.9	100	
		平均值	38.4	24.1	17.6	63.7	34.6	14.1	40.7	54.6	19.7	
	有孔薄片数		22	26	31	90	48	8	50	11	69	
	有孔薄片率 /%		16.2	19.1	22.8	66.2	35.3	5.9	36.8	8.1	50.7	
B_1	含量 /%	最小值	80.0	2.0	1.0	5.0		5.0		5.0	3.0	
		最大值	80.0	85.0	75.0	95.0		60.0		100	70.0	
		平均值	80.0	29.1	16.7	46.0		22.0		49.1	25.5	
	有孔薄片数		1	9	15	26		5		35	15	
	有孔薄片率 /%		1.6	14.3	23.8	41.3		7.9		55.6	23.8	
B_2	含量 /%	最小值			5.0	5.0				30.0	4.0	3332 井
		最大值			5.0	95.0				90.0	20.0	
		平均值			5.0	48.0				63.8	8.5	
	有孔薄片数				4	7				8	4	
	有孔薄片率 /%				30.8	53.8				61.5	30.8	
合计	含量 /%	最小值	80	2.0	1.0	5.0		5.0		5.0	3.0	
		最大值	80	85.0	75.0	95.0		60.0		100	70.0	
		平均值	80	29.1	14.3	46.4		22.0		51.9	21.9	
	有孔薄片数		1	9	19	33		5		43	19	
	有孔薄片率 /%		1.3	11.8	25.0	43.4		6.6		56.6	25.0	

2. KT-Ⅱ层储集空间类型

根据KT-Ⅱ层岩芯观察和薄片鉴定，KT-Ⅱ层发育多种孔隙（图1-5-4），以粒间（溶）孔为主，占比36.0%；体腔孔次之，占比11.5%；再次为粒内孔，占比5.3%。裂缝也较发育，也发育部分溶洞（图1-5-4、图1-5-5）。

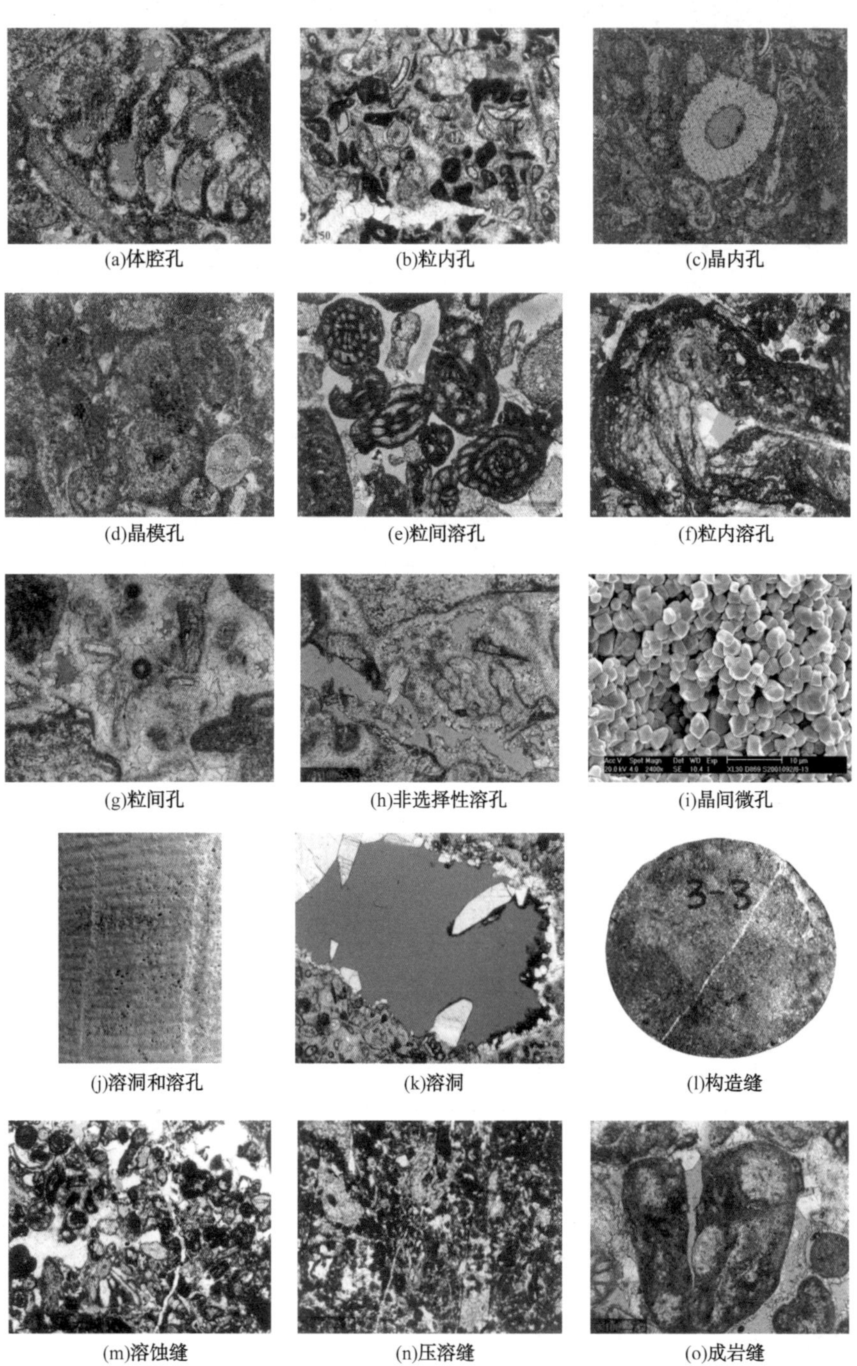

图1-5-4　让纳若尔油气田储集空间类型

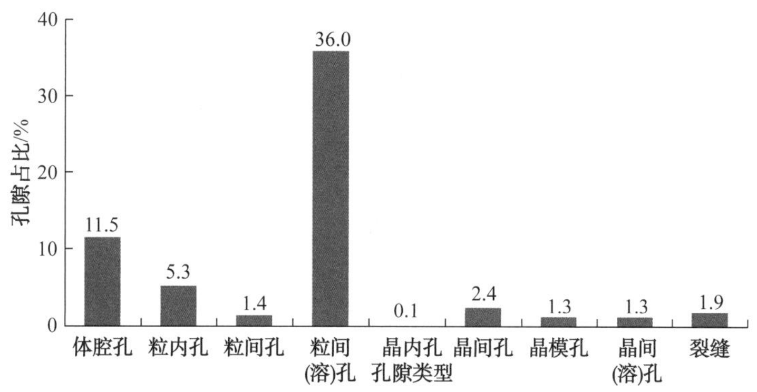

图 1-5-5　让纳若尔油气田 KT-Ⅱ层主要孔隙类型构成图

不同位置和不同层位储集空间构成不同。南背斜 2092 井 KT-Ⅱ层晶间（溶）孔最发育，薄片出现频率高达 75.7%，孔隙占比高，平均为 47.6%，晶模孔及晶间微孔、粒内孔、粒间（溶）孔和体腔孔也较发育，溶洞不发育，虽然孔隙平均占比高达 89.9%，但薄片出现频率低。北背斜 2399 A 井 KT-Ⅱ层粒间（溶）孔最发育，薄片出现频率高，平均为 80.1%，孔隙占比高，平均为 49.2%，其次发育粒内孔和体腔孔，Г 层裂缝发育，薄片出现频率为 64.8%；Д 层裂缝不发育，薄片出现频率仅为 10.7%，溶洞和晶间（溶）孔不发育（表 1-5-2）。

表 1-5-2　KT-Ⅱ层储集空间构成分层统计表

储集空间类型			孔隙					溶洞	裂缝	备注
			粒间（溶）孔	粒内孔	体腔孔	晶间（溶）孔	晶模孔及晶间微孔			
Д$_{2+3}$	含量 /%	最小值	2.2	1.9	1.3	5.9	3.8	59.9	7.9	2092 井
		最大值	74.1	100	55.6	100	85.7	89.9	100	
		平均值	15.8	26.8	15.8	47.6	39.3	89.9	44.2	
	有孔薄片数		49	62	40	81	40	1	11	
	有孔薄片率 /%		45.8	57.9	37.4	75.7	37.4	0.9	10.3	
Г$_{4、6}$	含量 /%	最小值	7.0	2.6	2.8	14.8	4.7	0	0.5	2399A 井
		最大值	92.9	83.3	100	62.5	100	0	100	
		平均值	62.5	17.3	23.6	29.5	25.1	0	6.7	
	有孔薄片数		198	186	167	7	27	0	161	
	有孔薄片率 /%		79.8	75.0	67.3	2.8	10.9	0	64.8	
Д$_1$	含量 /%	最小值	25.0	4.0	4.8	7.1	0.9	0	3.4	
		最大值	80.0	43.5	54.3	14.3	11.1	0	5.8	
		平均值	54.5	17.1	30.5	12.5	4.7	0	4.3	
	有孔薄片数		28	21	27	5	6	0	3	
	有孔薄片率 /%		100	75.0	96.4	17.9	21.4	0	10.7	

续表

储集空间类型			孔隙					溶洞	裂缝	备注
			粒间（溶）孔	粒内孔	体腔孔	晶间（溶）孔	晶模孔及晶间微孔			
合计	含量 /%	最小值	7.0	2.6	2.8	7.1	0.9	0	100	2399A 井
		最大值	92.9	66.7	100	86.2	100	0	0.5	
		平均值	49.2	13.0	17.3	2.2	2.6	0	6.5	
	有孔薄片数		221	207	194	17	33	0	165	
	有孔薄片率 /%		80.1	75.0	70.3	6.2	12.0	0	59.8	

二、孔隙结构特征

1. KT-Ⅰ层孔隙结构特征

利用 KT-Ⅰ层 185 个压汞试验数据，对其储层物性特征、进汞特征（图 1-5-6）及喉道分布特征（图 1-5-7）等进行归纳整理，依据表征孔隙大小的参数（喉道中值半径）、表征孔喉分布与分选的参数（分选系数、歪度）和表征孔隙渗流特征的参数（排驱压力），参考孔渗分布特征，将该区孔隙结构划分为六个级别（表 1-5-3），分别为大孔粗喉型、大中孔粗喉型、中孔中细喉型、小孔细喉型、小孔微喉型和大孔细喉型[17]。

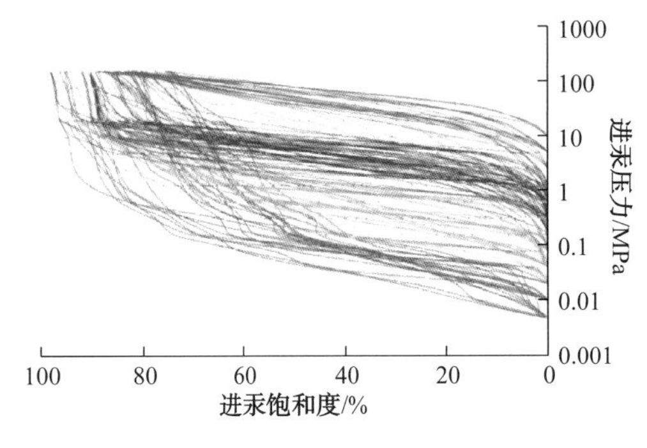

图 1-5-6 KT-Ⅰ层压汞曲线图

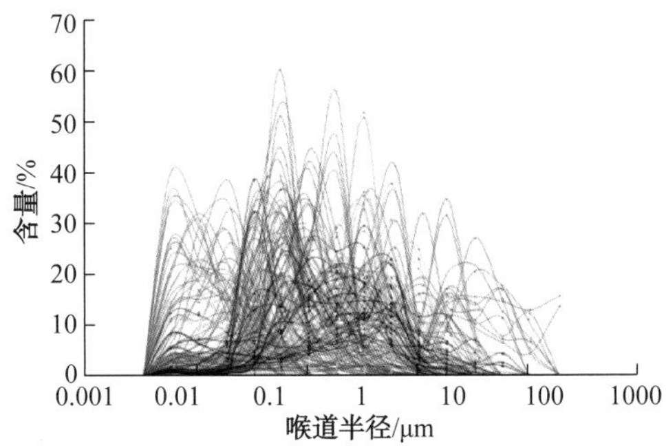

图 1-5-7 KT-Ⅰ层喉道半径分布特征图

表 1-5-3 KT-Ⅰ层微观孔隙结构划分表

类型	命名	孔隙度 / %	渗透率 / $10^{-3}\mu m^2$	中值半径 / μm	排驱压力 / MPa	退汞效率 / %	分选系数	歪度系数
Ⅰ	大孔粗喉型	4.0~18.6 10.97	0.022~549 61.84	0.036~14.02 4.49	0.005~0.04 0.02	3.36~58.46 9.59	2.61~4.21 3.45	0.62~4.72 2.35
Ⅱ	大中孔中粗喉型	5.4~22.46 12.76	0.0333~48.3 5.14	0.078~2.98 0.79	0.02~0.33 0.15	2.45~20.71 9.02	1.55~3.40 2.51	0.21~2.74 1.79

续表

类型	命名	孔隙度/%	渗透率/$10^{-3}\mu m^2$	中值半径/μm	排驱压力/MPa	退汞效率/%	分选系数	歪度系数
Ⅲ	中孔 中细喉型	4.6~26.7 13.89	0.0355~25.4 1.66	0~4.98 0.39	0.02~0.32 0.16	2.45~66.18 10.95	1.40~4.66 2.76	−0.09~2.27 1.25
Ⅳ	小孔 细喉型	1.78~6.4 4.02	0.000095~1.53 0.16	0.01~2.24 0.18	0~5.125 0.77	0.22~66.18 26.65	2.47~3.76 3.10	0.62~2.36 1.31
Ⅴ	小孔 微喉型	1.1~6.6 3.16	0.000213~0.136 0.02	0.009~0.02 0.013	1.27~9.99 4.77	16.56~60.96 41.53	2.07~3.51 2.71	1.24~1.41 1.31
Ⅵ	大孔 细喉型	3.37~25.4 12.21	0.00185~3.43 0.29	0.048~0.635 0.16	0.08~2.56 0.9	2.45~43.61 11.61	1.05~3.40 1.78	−0.09~2.72 1.57

注：上面为最小值~最大值，下面为平均值。

2. KT-Ⅱ层孔隙结构特征

利用KT-Ⅱ层205个压汞试验数据，对其储层物性特征、进汞特征（图1-5-8）及喉道分布特征（图1-5-9）等进行归纳整理，依据表征孔隙大小的参数（喉道中值半径）、表征孔喉分布与分选的参数（分选系数、歪度）和表征孔隙渗流特征的参数（排驱压力），参考孔渗分布特征，将该区孔隙结构划分为四个级别（表1-5-4），分别为大孔粗喉型、中孔中喉型、中小孔细喉型和小孔微喉型。

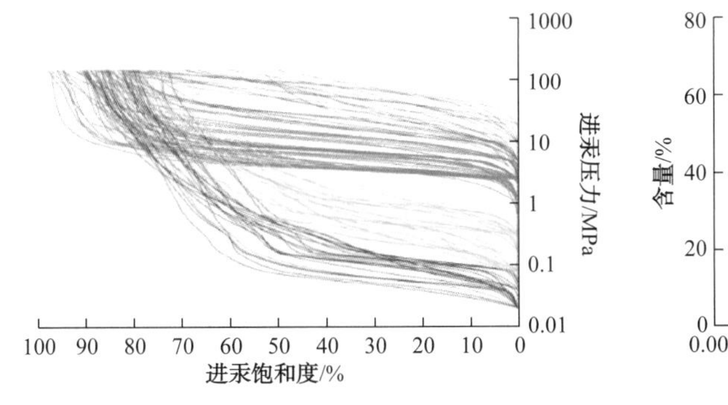

图1-5-8 KT-Ⅱ层压汞曲线图

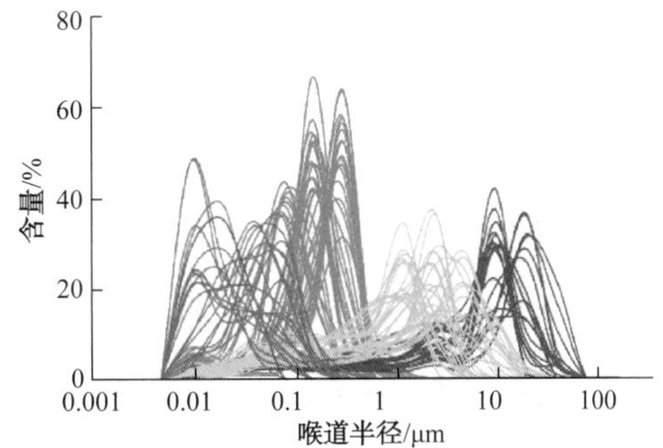

图1-5-9 KT-Ⅱ层喉道半径分布特征图

表1-5-4 KT-Ⅱ层微观孔隙结构划分表

类型	命名	孔隙度/%	渗透率/$10^{-3}\mu m^2$	排驱压力/MPa	中值压力/MPa	中值半径/μm	退汞效率/%	均值系数	分选系数	歪度系数	变异系数
Ⅰ	大孔 粗喉型	10.4~17.5 14.336	6.09~ 289 61.193	0.0198~ 0.0796 0.03	0.0769~ 0.6343 0.339	1.1588~ 9.5579 3.213	15~ 37.06 26.557	6.0343~ 8.0394 7.09	2.6745~ 3.4102 3.028	1.616~ 2.4929 2.118	0.3457~ 0.5437 0.431
Ⅱ	中孔 中喉型	5.8~14.3 9.728	0.00364~ 9.92 1.426	0.0397~ 9.2221 0.455	0.5033~ 7.7605 2.494	0.0947~ 1.4604 0.483	14.27~ 45.69 25.527	6.9255~ 10.077 8.621	2.0382~ 3.4931 2.807	1.3887~ 2.2962 1.848	0.2023~ 0.5044 0.333

续表

类型	命名	孔隙度 / %	渗透率 / $10^{-3}\mu m^2$	排驱压力 / MPa	中值压力 / MPa	中值半径 / μm	退汞效率 / %	均值系数	分选系数	歪度系数	变异系数
Ⅲ	中小孔细喉型	2.5~9.7 5.854	0.00152~0.0426 0.011	0.6402~5.1192 2.154	4.3715~24.5304 8.942	0.03~0.1681 0.101	11.13~90.5 27.926	9.7221~13.3934 11.429	0.9454~2.7061 1.769	1.3045~2.85 1.878	0.0803~0.2656 0.158
Ⅳ	小孔微喉型	0.4~3.8 1.845	0.0000993~0.223 0.013	2.5471~19.9064 6.188	0~125.2267 64.256	0~0.0288 0.014	14.37~70.74 37.936	7.6994~14.017 11.659	1.3541~5.6812 3.129	1.1699~1.4708 1.316	0.0967~0.7096 0.293

注：上面为最小值 ~ 最大值，下面为平均值。

三、裂缝发育特征

根据成像测井解释结果，让纳若尔油气田 KT-Ⅰ层和 KT-Ⅱ层总体以低角度裂缝为主[18]，分别占 86.8% 和 89.0%（图 1-5-10）。

根据岩芯资料对 KT-Ⅱ层裂缝发育情况进行分析发现，裂缝以粒裂纹为主，构造缝和溶蚀缝也较发育（图 1-5-11）。裂缝充填程度较高，全充填和部分充填裂缝占比 90% 以上（图 1-5-12）。构造缝平均开度 55.3μm，以高角度缝和斜交缝为主（图 1-5-13），充填程度较低（图 1-5-14）。Гс 油藏裂缝发育程度较高，且储层段较非储层段更发育，而 Д 层非储层段裂缝更发育（图 1-5-15）。

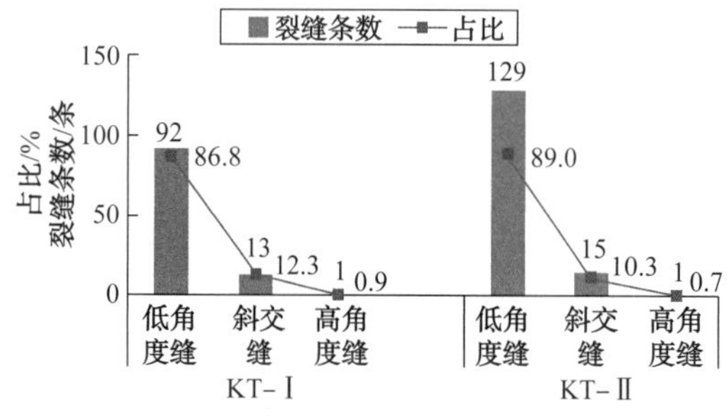

图 1-5-10　KT-Ⅱ层取芯井裂缝构成直方图

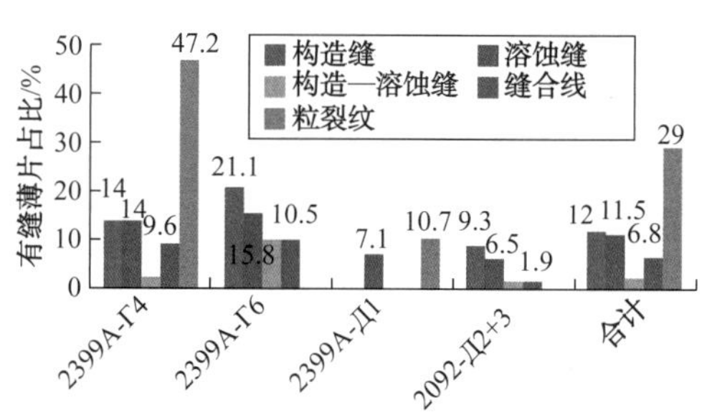

图 1-5-11　KT-Ⅱ层取芯井裂缝构成直方图

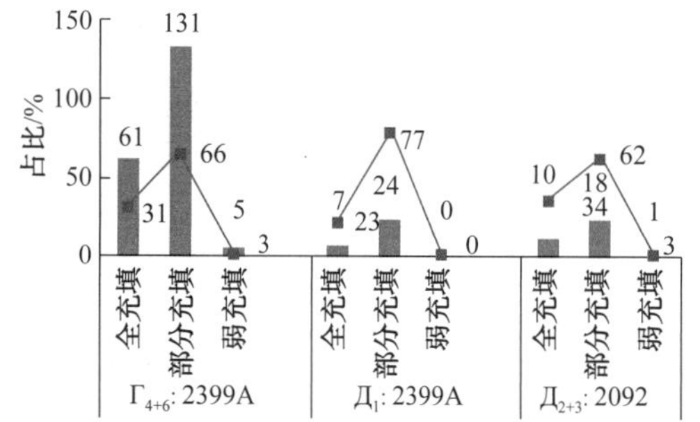

图 1-5-12　KT-Ⅱ层取芯井裂缝充填程度统计

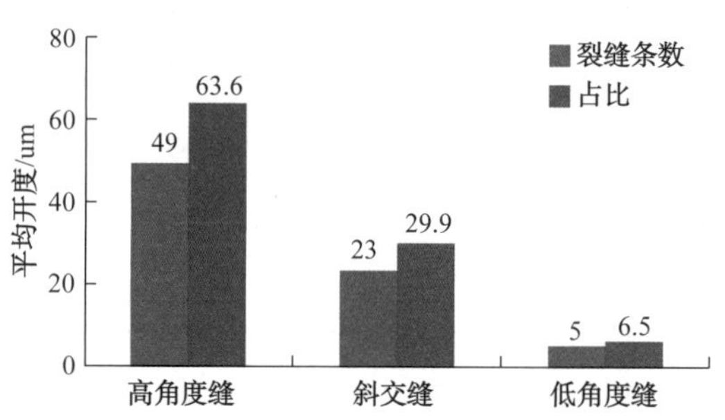

图 1-5-13　KT-Ⅱ层取芯井构造缝产状

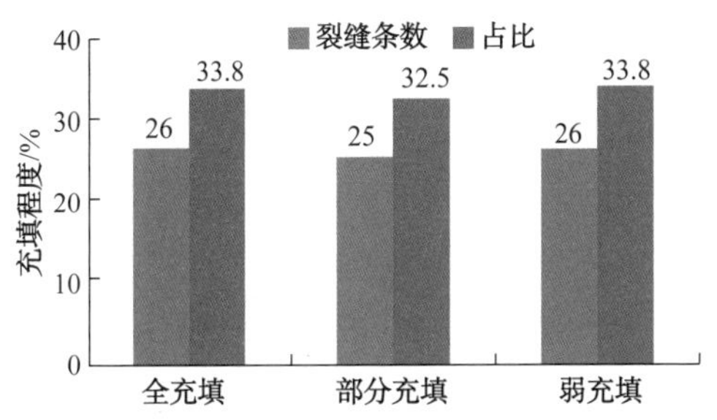

图 1-5-14 KT-Ⅱ层取芯井构造缝充填程度

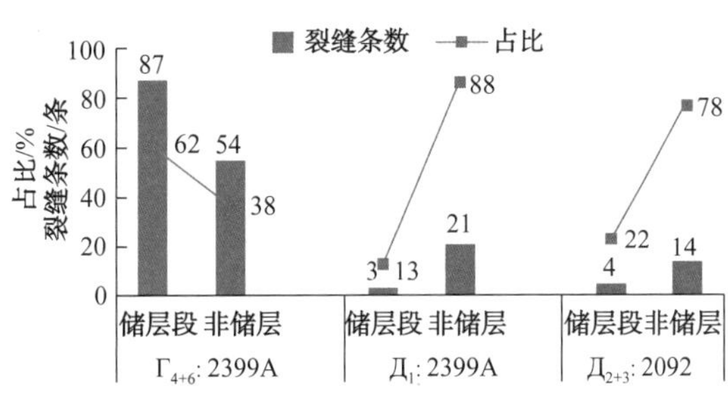

图 1-5-15 KT-Ⅱ层取芯井裂缝发育位置统计

四、储层物性特征

（一）物性统计

让纳若尔油气田储层平均孔隙度 11.00%、平均渗透率 $51.4\times10^{-3}\mu m^2$，为低孔低渗碳酸盐岩储层（表 1-5-5）。

表 1-5-5 让纳若尔油气田储层物性情况统计表

油气藏	南区块		北区块	
	孔隙度 /%	渗透率 /$10^{-3}\mu m^2$	孔隙度 /%	渗透率 /$10^{-3}\mu m^2$
А 层	14.28	43.13	16.97	119.30
Б 层	12.43	127.79	8.78	19.58
$В_1$ 层	9.13	73.37	8.85	75.09
$В_2$ 层	10.00	22.71	9.51	69.79
$В_{3+4}$ 层	—	—	15.20	1.83
$Г_В$ 层	8.10	49.08	11.00	52.85
$Г_Н$ 层	10.60	65.56	10.61	32.28
$Д_В$ 层	9.50	24.79	9.50	46.12
$Д_Н$ 层	8.30	16.07	8.00	—
Д 层	10.60	10.12	—	—

（二）相对渗透率

对 $В_1$、$В_2$、$В_{3+4}$、$Г_Н$ 和 $Д_В$ 地层岩芯样品的油—水、油—气、气—水系统进行了相对渗透率的测试。

1. 油—水

对 3332 井 $В_1$ 层的 9 个岩芯样品进行了研究，孔隙度为 7.1%~17.1%。渗透率在（0.354~58.8）$\times10^{-3}\mu m^2$。束缚水饱和度为 26.0%~38.8%。残余油饱和度为 22.6%~28.9%。驱油效率在 52.8%~68.2%，平均为 61.7%。

对 2092 井和 3332 井 B_2 层 10 个岩芯样品进行了研究，孔隙度为 4.4%~16.8%。渗透率在（0.169~32.2）$\times10^{-3}\mu m^2$。束缚水饱和度为 23.2%~48.0%。残余油饱和度为 26.7%~44.4%。驱油效率在 31.8%~59.5%，平均为 43.2%。

对 3477 井 B_{3+4} 层 9 个岩芯样品进行了研究，孔隙度为 5.7%~25.4%。渗透率在（0.00595~1.96）$\times10^{-3}\mu m^2$。束缚水饱和度为 27.4%~42.4%。残余油饱和度为 27.4%~40.4%。驱油效率在 37.5%~52.5%，平均为 43.8%。

在 KT-Ⅱ地层中，对 $Г_H$ 和 $Д_B$ 层进行了测量分析。

对 2399A 井 $Г_H$ 层 24 个岩芯样品进行了研究，孔隙度为 4.5%~16.0%。渗透率在（1.02~9.58）$\times10^{-3}\mu m^2$。束缚水饱和度为 22.5%~55.7%。残余油饱和度为 26.6%~39.4%。驱油效率在 32.0%~62.1%，平均为 45.7%。

对 3332 井、2399A 和 3357 井 $Д_B$ 层 9 个岩芯样品进行了研究，孔隙度为 7.3%~11.6%。渗透率在（0.067~10.5）$\times10^{-3}\mu m^2$。束缚水饱和度为 23.4%~54.7%。残余油饱和度为 25.4%~36.8%。驱油效率在 30.0%~63.1%，平均为 48.4%。

综合分析认为，残余油饱和度平均值为 32.6%。油水相渗曲线如图 1-5-16 所示。

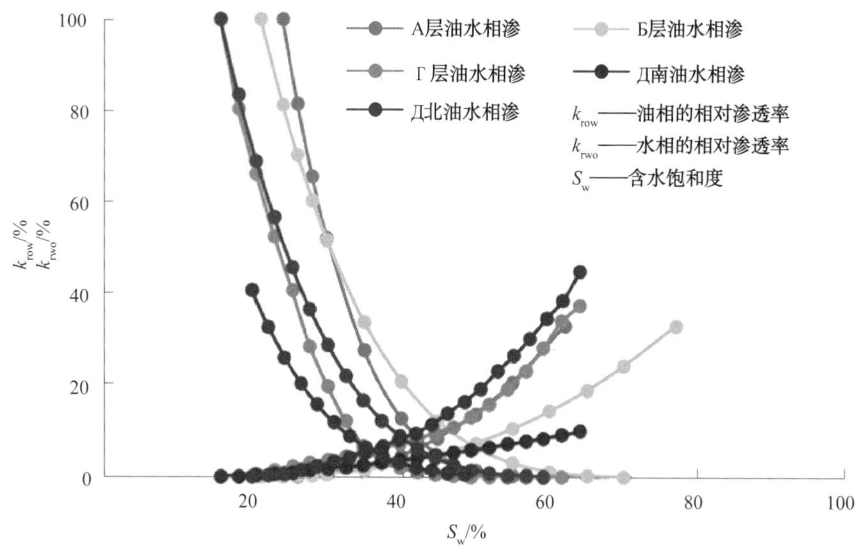

图 1-5-16　油—水相渗曲线

2. 油—气

对 $Д_B$ 层进行了油水相对渗透率试验的 4 个样品（2092 井除外）做了气油相对渗透率测定。

根据分析数据显示，B_1 层的束缚水饱和度为 19.0%~30.4%，残余油饱和度为 21.1%~35.5%。驱油效率在 52.1%~73.1%，平均为 60.3%。

B_2 层束缚水饱和度为 21.6%~48.0%，残余油饱和度为 22.9%~45.1%。驱油效率在

30.0%~70.7%，平均为 41.8%。

B_{3+4} 层束缚水饱和度为 27.4%~42.4%，残余油饱和度为 28.8%~42.9%。驱油效率在 36.0%~50.0%，平均为 42.5%。

$Г_H$ 层束缚水饱和度为 22.5%~55.7%，残余油饱和度为 25.9%~38.6%。驱油效率在 31.2%~60.7%，平均为 48.2%。

分析数据显示，$Д_B$ 层束缚水饱和度为 0~54.7%，残余油饱和度为 17.8%~35.3%。驱油效率在 28.3%~80.5%，平均为 58.7%。试验获得的束缚水饱和度与驱油效率的数值似乎并不可信，束缚水饱和度为 0 的样品，孔隙度为 5.9%~9.9%，渗透率为（0.02~0.05）$\times 10^{-3}\mu m^2$。油气相渗曲线如图 1-5-17 所示。

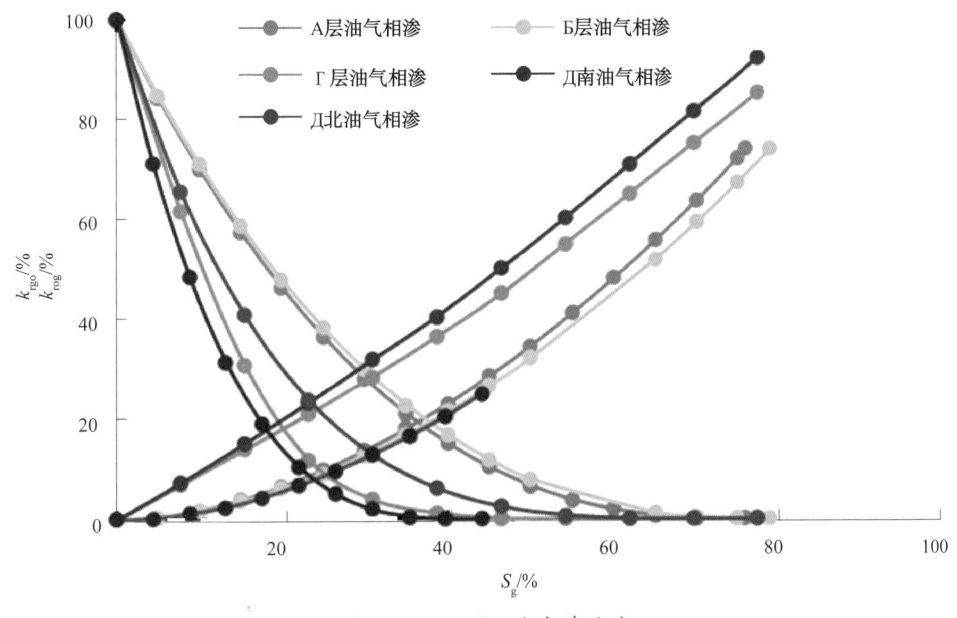

图 1-5-17　油—气相渗曲线

3. 气—水

对 $Д_B$ 层进行了油水、油气相对渗透率测试的 5 个样品（2092 井除外）做了气水相对渗透率的测定。

根据试验数据，B_1 层束缚水饱和度为 19.5%~35.5%。驱油效率在 64.5%~80.5%，平均为 72.2%。

B_2 层束缚水饱和度为 22.5%~60.9%。驱油效率在 39.1%~77.5%，平均为 47.1%。

B_{3+4} 层束缚水饱和度为 31.2%~65.5%。驱油效率在 34.5%~68.9%，平均为 47.6%。

$Г_H$ 层束缚水饱和度为 44.1%~78.9%。驱油效率在 21.1%~55.9%，平均为 41.6%。

根据试验数据，$Д_B$ 层束缚水饱和度为 15.9%~65.8%。驱油效率在 33.2%~84.1%，平均为 58.7%。

五、敏感性分析

为了确定 3332 井、2399A 井、2092 井、3477 井、3357 井取得的岩芯样品的敏感性，进行了如下研究。

1. 速敏性

在 3332 井中采集了 7 个样品，对 B_1 地层的速敏性进行分析，样品的孔隙度在 8.5%~13.4%，平均为 12.5%，6 个样品具有速敏性，一个样品无速敏性。液体临界流量的平均为 0.79mL/min。

在 2092 井的 B_2 地层采集了 20 个样品进行速敏分析，样品孔隙度在 3.8%~17.5%，平均值为 9.6%，7 个样品具有速敏性，液体临界流量在 0.09~5.34mL/min 变化，平均为 0.97mL/min。8 个样品的速敏性较强，5 个样品的中等，2 个样品的较弱，5 个样品无速敏性。

在 3477 井中采集了 9 个样品，对 B_{3+4} 地层的速敏性进行分析，样品的孔隙度在 8.4%~20.1%，平均值为 14.8%。液体临界流量在 0.09~0.77mL/min 变化，平均为 0.38mL/min。3 个样品具有较强的速敏性，1 个样品的速敏性高于平均值，2 个样品的中等，2 个样品的速敏性低于平均值，1 个样品无速敏性。

在 2399A 井的 $Г_H$ 地层采集了 34 个样品进行速敏性分析，样品的孔隙度平均值为 12.5%。临界流量在 0.10~5.61mL/min 变化，平均为 1.90mL/min。16 个样品具有较强的速敏性，1 个样品的速敏性高于平均值，7 个样品的速敏性中等，1 个样品的速敏性低于平均值，9 个样品的速敏性较弱。

分别在 2399A 井、3357 井和 3332 井的 $Д_B$ 组地层中采集了 3 个、4 个和 1 个样品进行分析，样品孔隙度在 10.0%~12.4%，平均值为 11.3%。3 个样品具有较强的速敏性，4 个样品的速敏性较弱，1 个样品无速敏性。临界流量在 0.20~3.53mL/min 变化，平均为 1.40mL/min。

在 2092 井的 $Д_H$ 地层中采集了 10 个样品进行速敏性分析，样品孔隙度在 5.6%~9.1%，平均为 7.2%。5 个样品具有速敏性，平均临界流量为 0.12mL/min。

从整体上看，储层的速敏性属于较强和中等。

2. 水敏性

对 B_1 组地层的水敏性进行了 7 次测定（3332 井），结果在 0.41~0.82，其中 4 个样品的水敏性高于平均值，2 个样品低于平均值，1 个样品的水敏性较强。

在 2092 井的 B_2 地层中采集了 15 个样品进行水敏性分析，水敏性较低，结果在 0.77~30.47，其中 7 个样品无水敏性，占到了 46.7%，6 个样品的水敏性等于或略高于平均值，占总数的 33.0%。

对 3477 井的 B_{3+4} 层储层的水敏性进行了测试，结果在 25.87~0.64，3 个样品的水敏性等于或略低于平均值，2 个样品的水敏性较弱，这两项占 55.6%（共计 9 个样品），2 个样品的水敏性等于或略高于平均值，占总数的 22.2%。

在 2399A 井的 $Г_H$ 层地层中采集了 36 个样品进行分析，水敏性在 0.01~0.77，平均值为 0.30。15 个样品的水敏性较弱，15 个样品的略低于平均值，这两项占 35 个总数中的 77.1%，3 个样品的水敏性略高于平均值，占总数的 14.3%，1 个样品的水敏性较强，1 个样品无水敏性。

分别在 3357 井、2399A 井和 3332 井的 $Д_B$ 层地层中采集了 4 个、1 个和 1 个样品进行分析，结果在 0.01~0.63。其中，3 个样品的水敏性略高于平均值，1 个样品的略低于平均值，1 个样品无水敏性。

在 2092 井的 $Д_H$ 层地层中采集了 13 个样品进行水敏性分析，结果在 1.19~0.6。10 个样品无水敏性，2 个样品的水敏性较弱，1 个样品的水敏性略高于平均值。

从整体分析看，储层的水敏性较弱。

3. 盐敏性

在 3332 井的 B_1 层地层中采集了 7 个样品进行分析，42.85% 的样品分析结果略高于平均值，28.60% 的盐敏性较弱，1 个样品的盐敏性较强，1 个样品的盐敏性略低于平均值。

在 2092 井的 B_2 层地层的 21 个样品盐敏性分析结果中，渗透率下降率为 10.68%~85.81%，平均为 29.5%。66.7% 的样品的下降率在 10.0%~50.0%。1 个样品无盐敏性。储层的盐敏性属于中等。

从 3477 井的 B_{3+4} 地层中采集的样品中，44.44% 无盐敏性。100% 临界盐度的岩石样品占总数的 44.44%，渗透率下降率为 0~30.96%，平均值为 11.68%，盐敏性较弱。

在 2399A 井的 $Г_H$ 层地层中采集了 37 个样品进行分析，临界盐度为 75%~100% 的岩石样品占总数的 56.76%，说明 KT–Ⅱ层储层的临界盐度较高。渗透率下降率为 7.25%~90.59%，平均为 24.98%。渗透率下降率低于 30% 的岩石样品占总数的 78.4%，说明渗透率下降率更低。

$Д_B$ 层地层中采集的所有样品（3357 井 –4 个样品，2399A–1 个样品）分析结果表明，盐敏性中等。

在 2092 井的 $Д_H$ 层地层中采集了 7 个样品进行盐敏性分析，渗透率下降率为 9.43%~29.39%，平均为 12.40%。渗透率下降率在 10.0%~50.0% 的岩石样品占总数的 57.1%，2 个样品无盐敏性。

由整体分析结果可知，储层的盐敏性中等偏弱。

4. 碱敏性

在 3332 井的 B_1 层地层中采集了 7 个样品进行碱敏性分析，临界 pH 值在 7.4~12.3，平均为 9.6。碱敏指数在 0.38~0.82。4 个样品的碱敏性分析结果低于平均值，2 个样品的高于平均值，1 个样品的较强。

在 2092 井的 B_2 层地层中采集了 15 个样品进行碱敏分析，14 个样品具有碱敏性。渗透率下降率在 19.14%~99.89%，平均为 50.50%，碱敏性属于中等。pH 值高于 6.8 时，2/3 的样品出现碱敏反应，临界 pH 值为 7.0。当 pH 值提高至 8.5~9.5 时，样品的渗透率降低至最小。

对 3477 井的 B_{3+4} 层储层碱敏性较强，碱溶液流过岩样后，地层渗透率减弱，碱敏性为 0~0.37，平均为 0.12。在 9 个岩石样品中，5 个样品具有碱敏性，但程度较弱，其中 2 个样品的 pH 临界值为 7.0，3 个样品的 pH 值约为 7.8，只有将 pH 值提高至 9.5~10.5 时，岩石样品的渗透率才能降低至最小。

2399A 井 $Г_B$ 层的 36 个样品进行碱敏分析，碱敏性在 0.01~0.82。将溶液 pH 值提高到 6.8 以上时，所有样品的渗透率均下降。17 个样品的碱敏性较强，13 个样品的碱敏性中等，6 个样品的碱敏性较弱。

3357 井的 $Д_B$ 层采集的 3 个样品碱敏性较弱。

在 2092 井的 $Д_H$ 层地层的 13 个样品中，7 个样品具有碱敏性。下降率（即碱敏性指数）在 20.00%~31.00%，平均为 25.90%，碱敏性属于中等。

由整体分析可知，储层的碱敏现象很普遍，属于中等偏低碱敏性。根据地层水性质分析结果，地层水 pH 值为 9.5，导致了渗透率的急剧下降，有利于 $Mg(OH)_2$ 和 $Ca(OH)_2$ 的形成，产生碱敏性。

5. 酸敏性

利用盐酸进行了储层酸敏性测试。

对 3332 井 B_1 层的 3 个样品进行了酸敏性测试，酸敏指数在 0.05~0.77，1 个样品的酸敏性较强，一个样品的低于平均值，一个样品的高于平均值且无酸敏性。

2092 井 B_2 层中的 14 个岩石样品中，7 个样品的渗透率降低，酸敏指数在 0.30~0.98，平均值为 0.52。其中 5 个样品的酸敏性中等，其他 7 个岩石样品的渗透率提高了 17.0%~30.7%，平均值为 64.6%。酸液流过后，3477 井 B4 层的 10 个样品中，8 个样品的渗透率降低，酸敏指数在 0.13~0.70，平均为 0.40，其中 5 个样品的酸敏性中等，其他 2 个样品的渗透率提高 55.0%~68.0%，平均值为 61.5%。

对 3477 井 B_{3+4} 层的 10 个样品进行了测定，酸敏指数在 –0.01~0.01。5 个样品的酸敏性中等，2 个样品的酸敏性较弱，3 个样品无酸敏性。

2399A 井的 $Г_H$ 层仅有 5 个样品显示出酸敏性。酸敏指数的平均值为 0.45，28 个样品未显示出酸敏性。酸液流过后，无酸敏性的岩石样品渗透率大大提高，为 2.0%~30.5%。

对 2399A 和 3357 井 $Д_B$ 层的 7 个样品进行了测试。酸敏指数在 0.09~0.22，4 个样品无酸敏性，3 个样品的酸敏性较弱。

2092 号井 $Д_H$ 层 14 个样品的酸敏指数在 2.20~0.60。其中的 5 个样品无酸敏性，3 个样品酸敏性较弱，6 个样品的酸敏性中等。

从整体测试结果看，储层的酸敏性属于中等偏弱。

六、隔夹层分布研究

全区隔层可分为泥岩、泥质灰岩或致密泥晶的岩性及物性隔夹层三类。利用取芯层段的 GR 值和 DT/RT 值建立交会图版（图 1–5–18），确定三类隔层划分标准（表 1–5–6）。根据油组间的岩性隔层厚度平面分布图，A_3^2、$Г_3^2$、$Д_3^2$ 底部隔层平均厚度 3~5m。

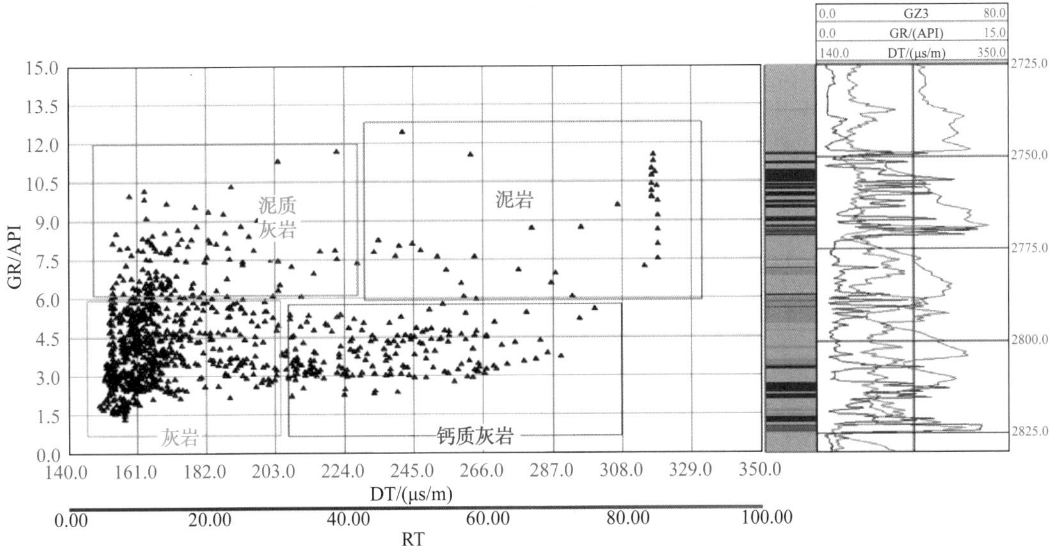

图 1–5–18　取芯层段 GR–DT/RT 交会图版

表 1–5–6　让纳若尔油气田隔夹层识别模式表

隔夹层类别	取芯分析		电测曲线			
	孔隙度 φ/%	渗透率（K）/ $10^{-3}μm^2$	自然电位曲线（SP）	伽马曲线（GR）/API	声波曲线（DT）/（μs/m）	电阻率曲线
泥岩	≤ 5	< 0.001	靠近泥岩基线	> 8	> 250	< 20
泥质灰岩	< 8	< 0.05	偏高幅度差	6 < GR < 8	150 < DT < 250	比碳酸盐岩稍低
钙质	< 8	< 0.05	偏低幅度差	< 6	150 < DT < 200	异常高值

七、孔缝洞解释

（一）资料收集整理

从让纳若尔油气田石炭系 KT-Ⅱ层测井曲线中，整理、筛选了符合碳酸盐岩孔、洞、缝测井解释的曲线数据共 142 口井，进行了数据格式和曲线单位转换。常规测井有 ECLIPS 5700、LEAP600B 共 2 套测井系列（表 1-5-7），各测井系列所测曲线项目主要包括如下。

ECLIPS 5700 系列测井曲线：BIT、CALX、CNC、DAZOD、DEVOD、DT24、GR、PE、RD、RMSL、RS、SPSBDH、WRM、ZDEN、ZCOR、KTH、TH、U。

LEAP600B 系列综合测井曲线：AZIM、BIT、CALX、DEVI、DT、GR、LLD、LLS、MSFL、NPHI、PEF、RHOB、SP。

表 1-5-7　测井系列的统计表

测井系列	KT-Ⅰ油气藏全区井数 / 口
ECLIPS 5700	194
LEAP600B	26
合计	220

（二）测井资料的环境校正

井眼扩大或井壁不规则对密度、中子、声波测井曲线有严重影响，使密度曲线测井响应值陡然下降，测出的 ρ_b 值明显偏低，使中子和声波曲线测井响应值增大。本次采用逐点检验和校正方法消除这种影响，完成密度、中子、声波曲线校正（图 1-5-19）。以密度曲线为例，校正方法如下：

1. 计算解释层段地层密度的下限值 ρ_{min}

$$\rho_{min}=V_{sh}\rho_{sh}+(1-V_{sh})\rho_p \tag{1-5-1}$$

式中　ρ_{sh}——泥质密度，g/cm^3；

V_{sh}——地层的泥质含量，%，$V_{sh}<1$；

ρ_p——解释层段中井眼未垮塌的纯地层孔隙度最大的密度，g/cm^3；

ρ_b——实测地层的体积密度，g/cm^3。

2. 进行逐点检验和校正

当 $\rho_b<\rho_{min}$ 时，说明井眼扩大或井壁不规则，仪器极板贴井壁不好，导致实测值 ρ_b 比地层下限值 ρ_{min} 低，此时令 $\rho_b=\rho_{min}$ 作为该地层密度的近似值即可。当 $\rho_b>\rho_{min}$ 时，仍取原 ρ_b 值（图 1-5-19）。

（三）孔、洞、缝测井解释

1. 孔隙度的确定方法

碳酸盐岩孔隙度类型为总有效孔隙度（φ_T）、基质孔隙度（φ_b）、洞穴孔隙度（φ_h）、裂缝孔隙度（φ_f）。总有效孔隙度等于基质孔隙度、洞穴孔隙度、裂缝孔隙度三者之和[19]。

（1）总孔隙度的确定

利用密度（ρ_b）—中子孔隙度（φ_N）测井交会图法计算总有效孔隙度 φ_T。交会图中，石英（C1）、石灰岩（C2）、白云岩（C3）和硬石膏（C4）的骨架点同水点（POR）分别构成三个交会三角形。当解释点落在图中某一个三角形内，通过求解该交会三角形的方程，求得地层的总有效孔隙度和两种矿物成分的相对体积（图 1-5-20）。

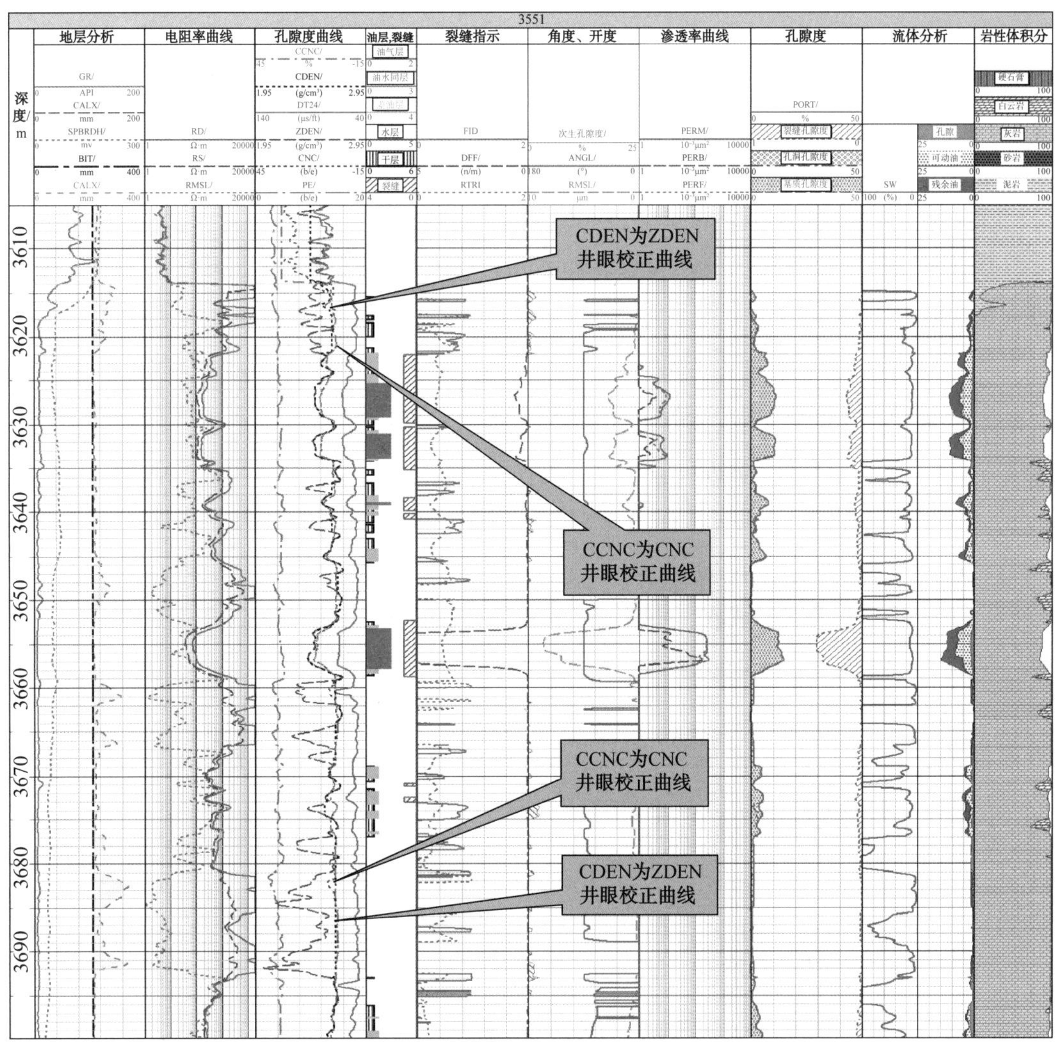

图 1-5-19　井眼校正曲线图

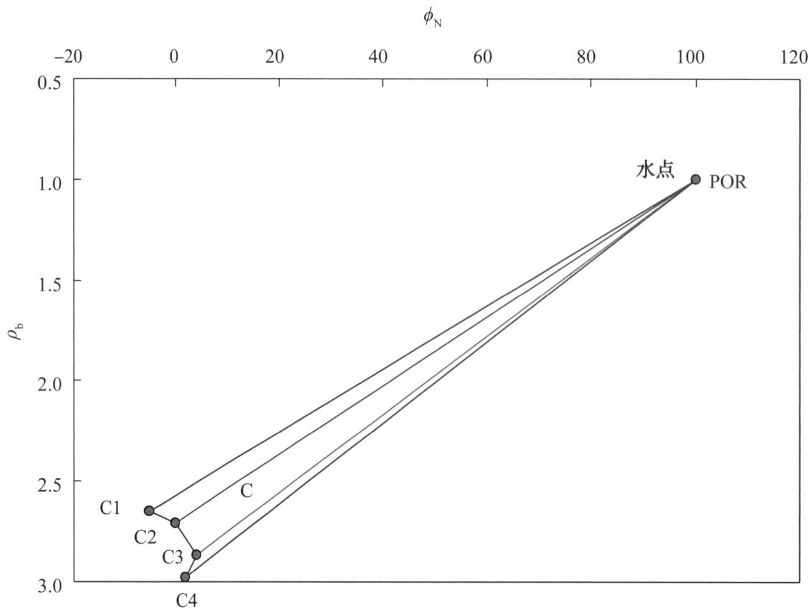

图 1-5-20　密度（ρ_b）—中子孔隙度（φ_N）测井交会图

（2）基质孔隙度的确定

声波曲线不反映洞穴孔隙度和裂缝孔隙度，只反映基质孔隙度。用声波孔隙度测井曲线计算基质孔隙度（φ_b）。

$$\varphi_b = \frac{\Delta t - \Delta t_{ma}}{\Delta t_f - \Delta t_{ma}} \cdot \frac{1}{Cp} - \frac{\Delta t_{sh} - \Delta t_{ma}}{\Delta t_f - \Delta t_{ma}} \cdot V_{sh} \tag{1-5-2}$$

式中　Δt_{ma}——骨架参数，μs/m；

V_{sh}——泥质含量，%；

Δt_{sh}——泥质参数，μs/m；

Cp——欠压实校正系数，f；

Δt_f——流体参数，μs/m。

（3）裂缝孔隙度的确定

采用双重孔隙导电模型，利用双侧向电阻率测井曲线 R_D 和 R_S 计算裂缝孔隙度（φ_f）。

裂缝—孔隙型（$R_D > R_S$）：

$$\varphi_f = \sqrt{\frac{R_{mf}(R_D - R_S)}{R_D \times R_S}} \tag{1-5-3}$$

裂缝—孔隙型（$R_D < R_S$）：

$$\varphi_f = \sqrt{\frac{R_w \times R_{mf}(R_S - R_D)}{R_S \times R_D(R_{mf} - R_w)}} \tag{1-5-4}$$

式中　φ_f——裂缝孔隙度，%；

R_{mf}——泥浆电阻率，Ω·m；

R_w——地层水电阻率，Ω·m；

R_D——深侧向电阻率，Ω·m；

R_S——浅侧向电阻率，Ω·m。

2. 渗透率的确定方法

碳酸盐岩渗透率包括裂缝渗透率（K_f）、孔洞渗透率（K_b）、总渗透率（K）。总渗透率等于裂缝渗透率、孔洞渗透率两者之和。

（1）裂缝渗透率（K_f）利用经验公式确定

裂缝固有渗透率：

$$K_{if} = 0.8333 \times b^2 \tag{1-5-5}$$

裂缝张开度：

$$b = 2500 R_{mf} \left(\frac{1.2}{R_S} - \frac{1}{R_D} \right) \tag{1-5-6}$$

裂缝渗透率：

$$K_f = \varphi_f \times K_{if} \tag{1-5-7}$$

（2）孔洞渗透率（K_b）的确定

参考地区统计的孔渗关系，公式如下所示：

KT-Ⅰ层：

$$\log K_b = 0.226 \times POR - 1.807 \tag{1-5-8}$$

式中　POR——有效孔隙度，%。

（3）总渗透率（K）的确定

$$K = K_f + K_b \tag{1-5-9}$$

（四）裂缝线密度（d_f）

根据研究区岩芯碳酸盐岩裂缝密度统计，结合前人的经验公式，经标定本研究区裂缝线密度经验公式如下：

$$d_f = 200\,(K_f \varphi_f / 2.08)^{0.5} \tag{1-5-10}$$

式中　d_f——裂缝线密度，条 / 米。

利用上述方法，完成工区井的孔、洞、缝解释（图 1-5-21）。

（五）洞、缝平面分布特征

根据测井解释成果，完成各小层平面缝、洞分布图的绘制（图 1-5-22~图 1-5-25）。

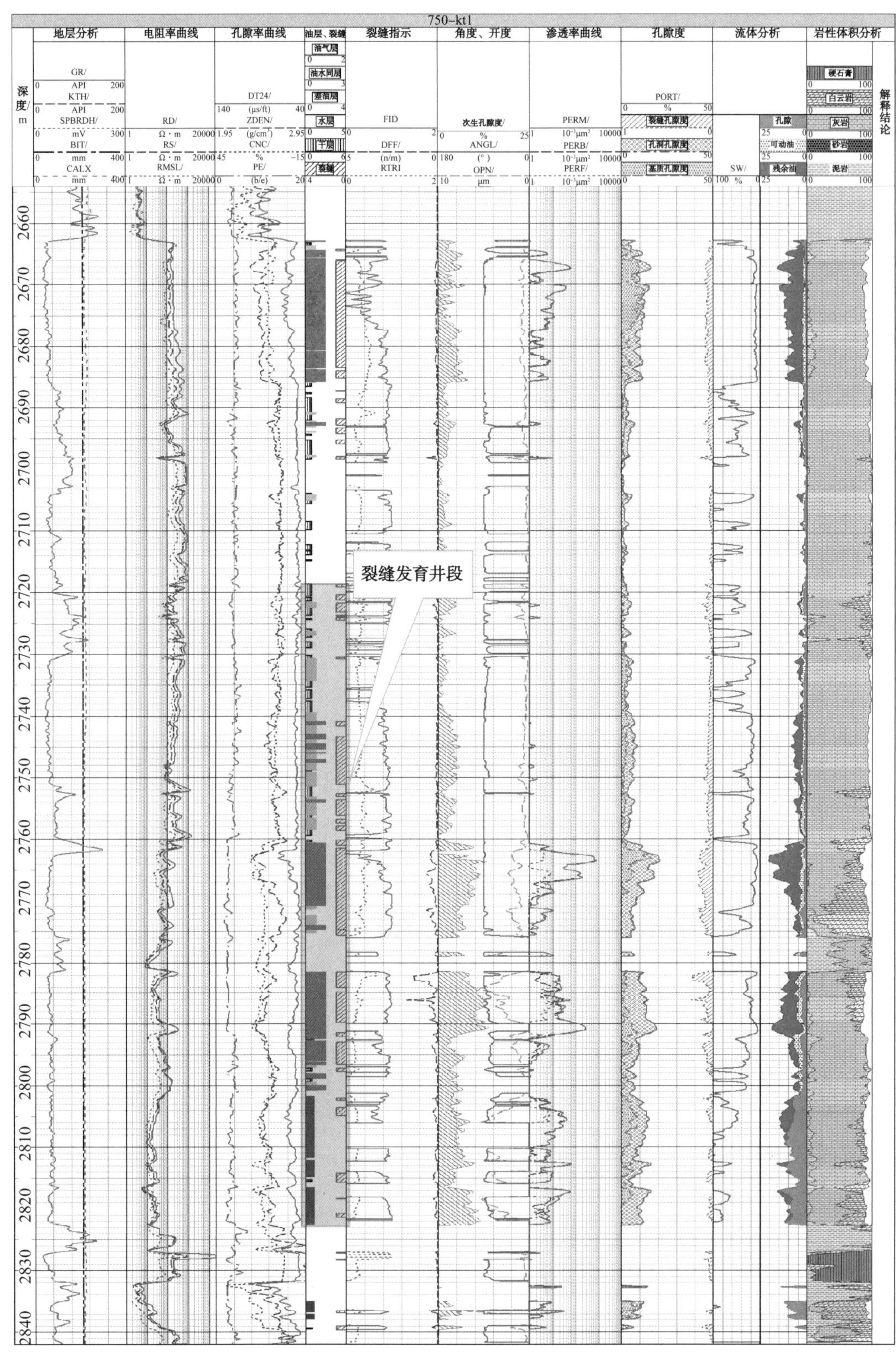

图 1-5-21　750 井测井解释成果图

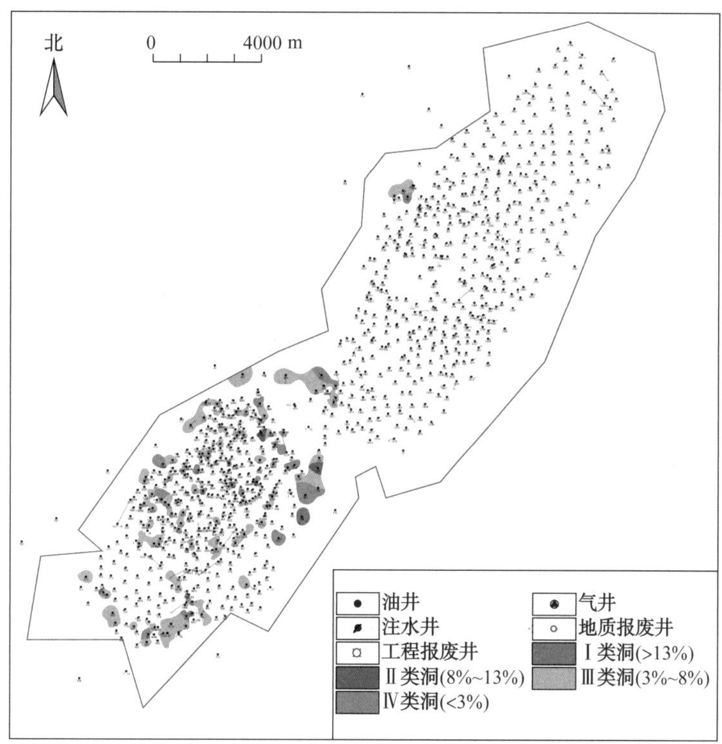

图 1-5-22 让纳若尔油气田 A_1 层洞发育分布图

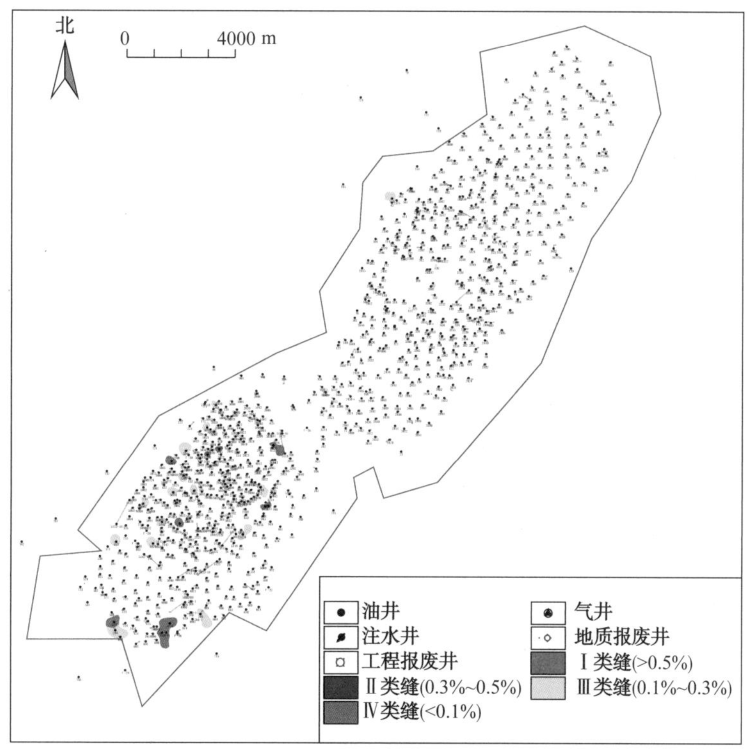

图 1-5-23 让纳若尔油气田 A_1 层缝发育分布图

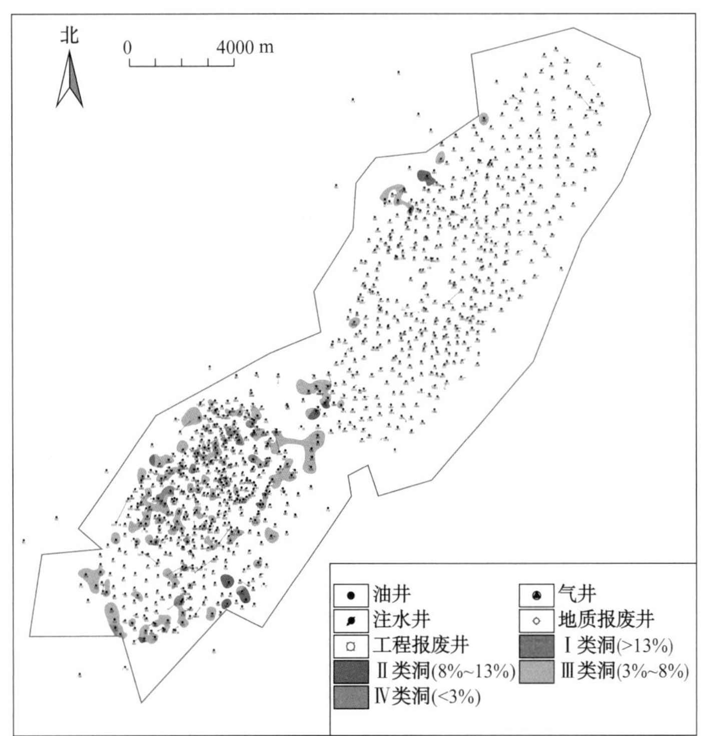

图 1-5-24　让纳若尔油气田 Б$_1$ 层洞发育分布图

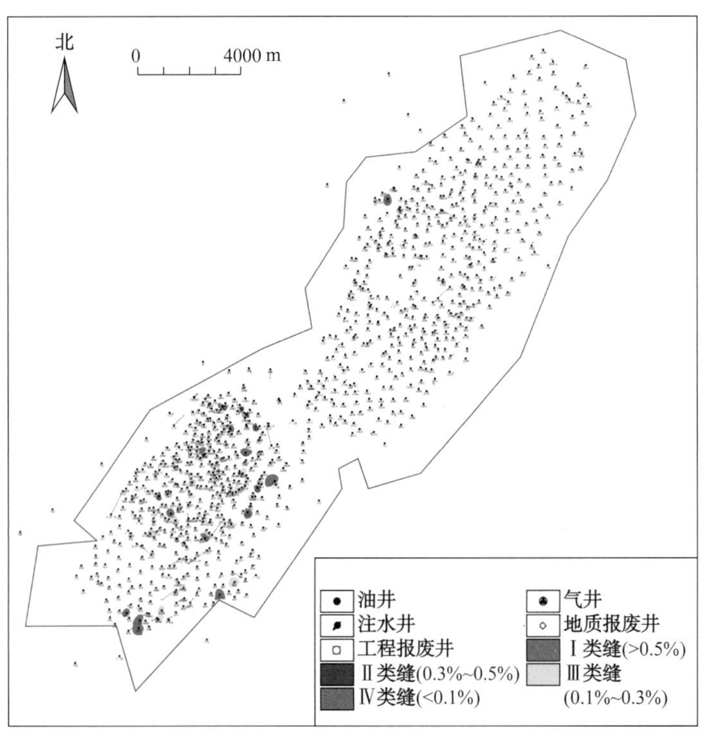

图 1-5-25　让纳若尔油气田 Б$_1$ 层缝发育分布图

（六）测井解释孔、洞、缝的验证

1. 产液、吸水剖面验证

由于孔、洞、缝反映了储集空间纵向上的变化，而井口产量不能反映纵向上的变化特征，利用井口无法对测井解释的孔、洞、缝进行验证。常规的产量劈分方法没有考虑油藏的缝、洞，因此利用小层的劈分产量同样无法准确验证测井解释的缝、洞。Γ_c油藏已有的资料中，尝试利用产液、吸水剖面验证测井解释孔、洞、缝，产液、吸水剖面有以下优点：①产液、吸水剖面的产量、吸水量在纵向上的分布是直接测量的结果，没有进行人为的劈分；②产液、吸水剖面的产量、吸水量反映了储集空间及物性纵向上的变化。

以 2412 油井产液剖面（图 1-5-26）为例，通过其产液剖面图与孔隙、洞穴、裂缝孔隙度进行对比分析，可以得出孔、洞、缝孔隙度越大，则产量越高。

以 2431 油井产液剖面（图 1-5-27）为例，裂缝孔隙度接近的情况下，孔、洞孔隙度大，初期产量大；裂缝孔隙度大，裂缝渗透率高，导致生产层含水率高，说明裂缝导致注采井间水窜快，造成暴性水淹。

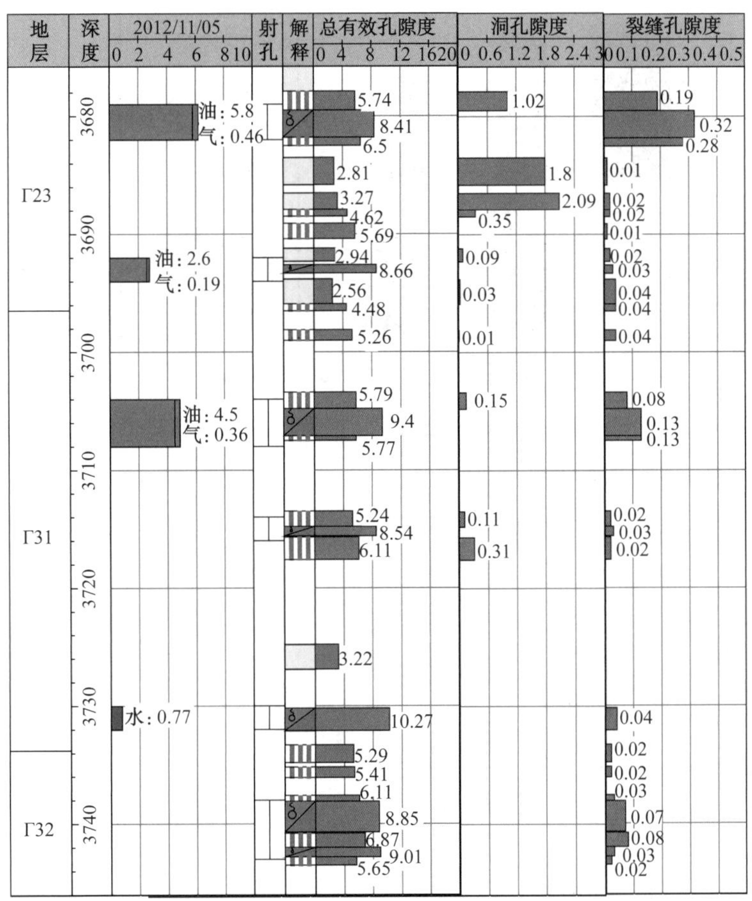

图 1-5-26 2142 井综合产液剖面图

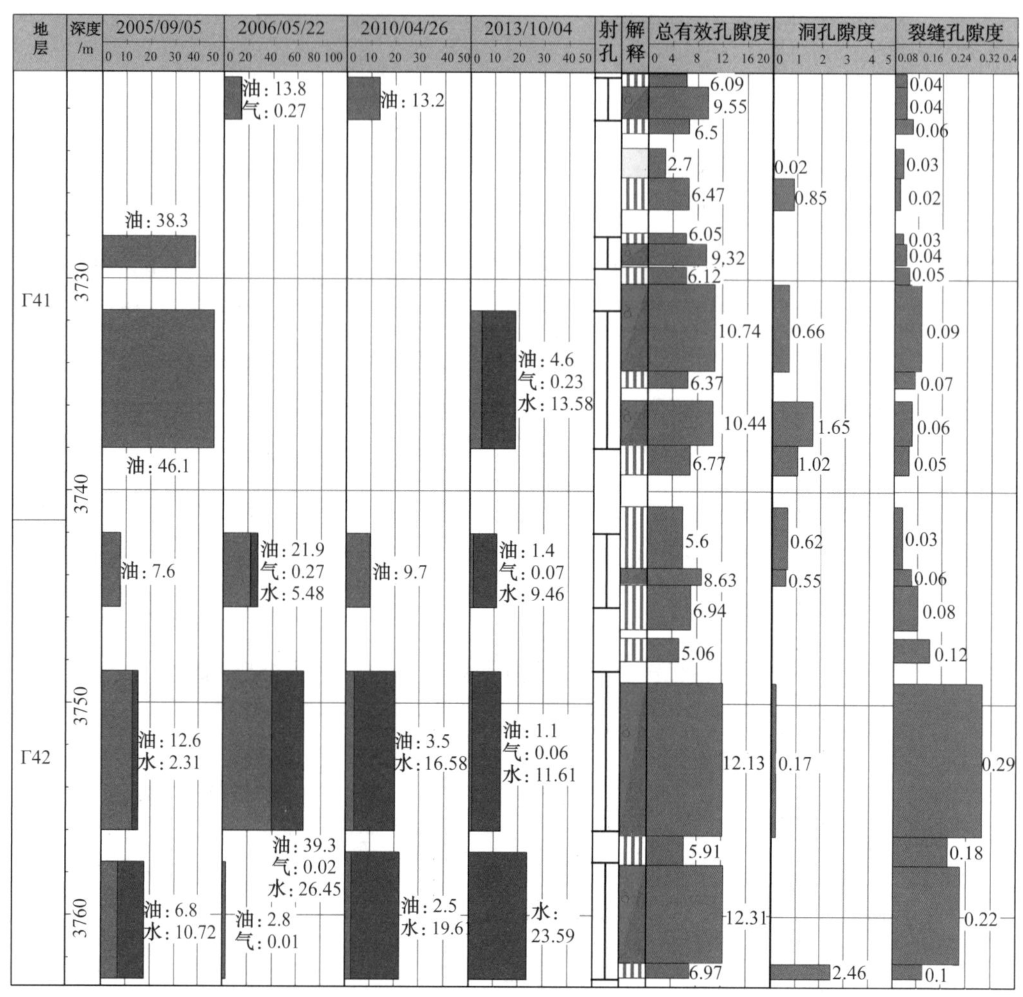

图 1-5-27　2431 井综合产液剖面图

以 2616 注水井吸水剖面为例（图 1-5-28），裂缝孔隙度大、渗透率高、吸水量高，说明裂缝起到层间窜流的作用。

根据实测的 31 口采油井和 12 口注水井的产吸剖面，孔隙类型进行分类：Ⅰ类孔—洞—缝同时起作用；Ⅱ类为洞—缝型和孔—缝型，裂缝和喉道起作用；Ⅲ类为孔隙型、洞穴型和孔—洞型，不受裂缝影响，喉道起作用；Ⅳ类明显见到裂缝水淹，裂缝起作用（图 1-5-29）。

2. 示踪剂验证

利用示踪剂方法对油藏南部区域储层的裂缝分布进行了验证，从示踪剂的分布范围（图 1-5-30）可以看出，测井解释的储层裂缝发育区与示踪剂分布范围吻合，验证了裂缝解释的准确性。

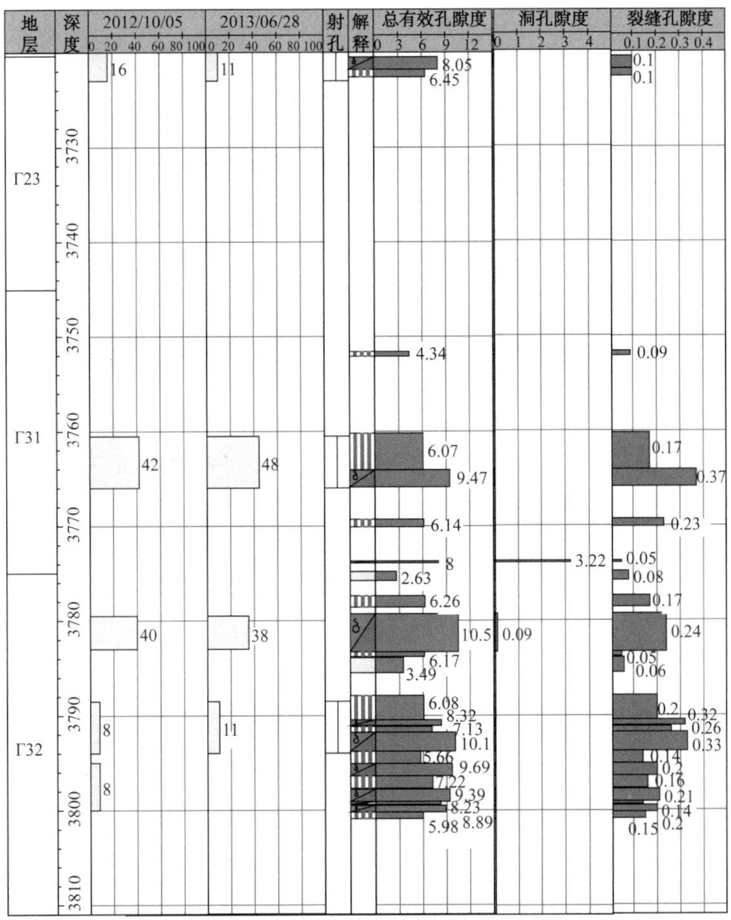

图 1-5-28　2616 井综合吸水剖面图

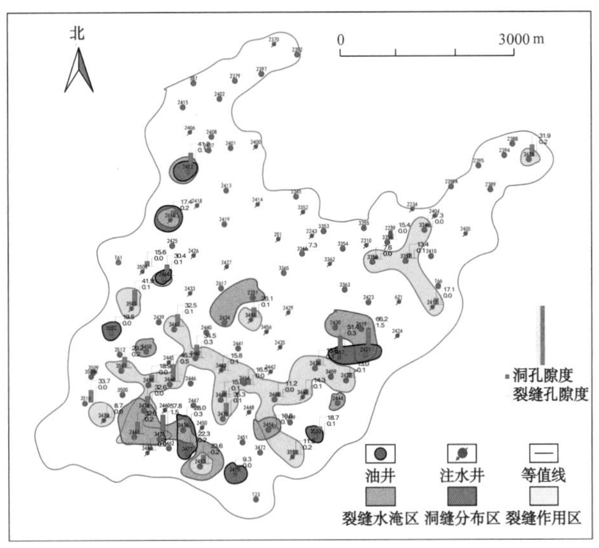

图 1-5-29　孔隙类型分布图（附生产段洞缝最大值）

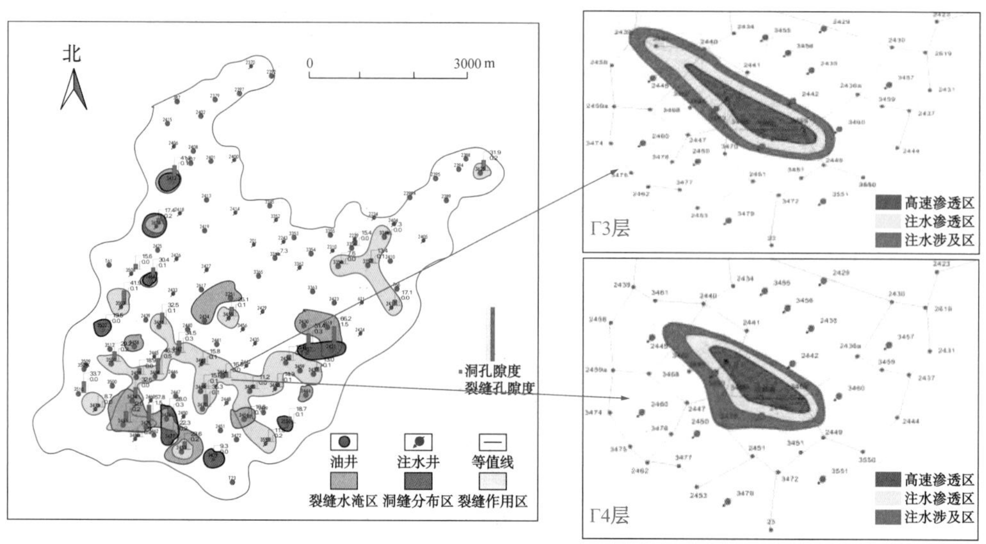

图 1-5-30 储层类型分布与示踪剂模拟区对比图

八、储层流动单元划分

1. 储层流动单元划分方法

由于海相沉积相不能很好地描述沉积特征的差异，需要划分流动单元，加深沉积特征认识。储集层流动单元是指在侧向和垂向连续、具有相同的流动特征参数的储集岩体，每一个流动单元代表一个特定的沉积环境并具有特定的流体流动特征。Kozeny 和 Carmen 引用平均水动力单元半径概念，把孔隙空间看作一系列的毛细管，应用 Poisscuille 和 Darcy 定律，获得了孔隙度和渗透率之间的关系式 Kozeny–Carman 方程，如公式（1–5–11）所示：

$$k = \frac{\varphi_e^3}{(1-\varphi_e)^2}\left(\frac{1}{F_s\tau^2 S_{gv}^2}\right) \tag{1–5–11}$$

式中 k——渗透率，$10^{-3}\mu m^2$；

φ_e——有效孔隙度，小数；

F_s——孔隙几何形状指数；

S_{gv}—— 单位颗粒体积的颗粒表面积；

τ——流动路径的弯曲度。

如果定义流动带指标 K_{FZI} 和油藏品质指数 H_{RQI} 为：

$$K_{FZI} = \frac{1}{\sqrt{F_s}\tau S_{gv}} = 0.0314\left(\frac{1-\varphi_e}{\varphi_e}\right)\sqrt{\frac{k}{\varphi_e}} \tag{1–5–12}$$

$$H_{RQI}=\sqrt{\frac{k}{\varphi_e}} \tag{1-5-13}$$

以及孔隙体积与颗粒体积之比 φ_Z：

$$\varphi_z=\frac{\varphi_e}{1-\varphi_e} \tag{1-5-14}$$

则式 1-5-11 变为：

$$\lg H_{RQI}=\lg\varphi_z+\lg K_{FZI} \tag{1-5-15}$$

在参数 H_{RQI} 和 φ_z 的双对数坐标图上，具有相似的 K_{FZI} 值的样本点将分布在一条斜率为 1 的直线上，不同 K_{FZI} 值的样本点将分布在其他的平行线上。同一直线上的样本点具有相似的孔喉特性，因而可以构成一个流动单元。

2. 储层流动单元分类技术

以 KT-Ⅰ油气藏为例，利用经过岩芯归位处理后 174 个样本点物性分析资料求取了 K_{FZI}、H_{RQI}、φ_Z 参数，通过对上述 3 个参数进行 Q 型聚类分析和 K-Means 分析，可得到 6 类流动单元 K_{FZI} 平均值，根据每类流动单元的 K_{FZI} 平均值，绘制出的 H_{RQI}-φ_Z 双对数交会图。从图 1-5-31 可以看出，6 类流动单元具有较好的可分性。Ⅰ、Ⅱ类为复合型储层，Ⅲ、Ⅳ为微裂缝—孔隙型储层，Ⅴ、Ⅵ类为渗流屏障（表 1-5-8）。

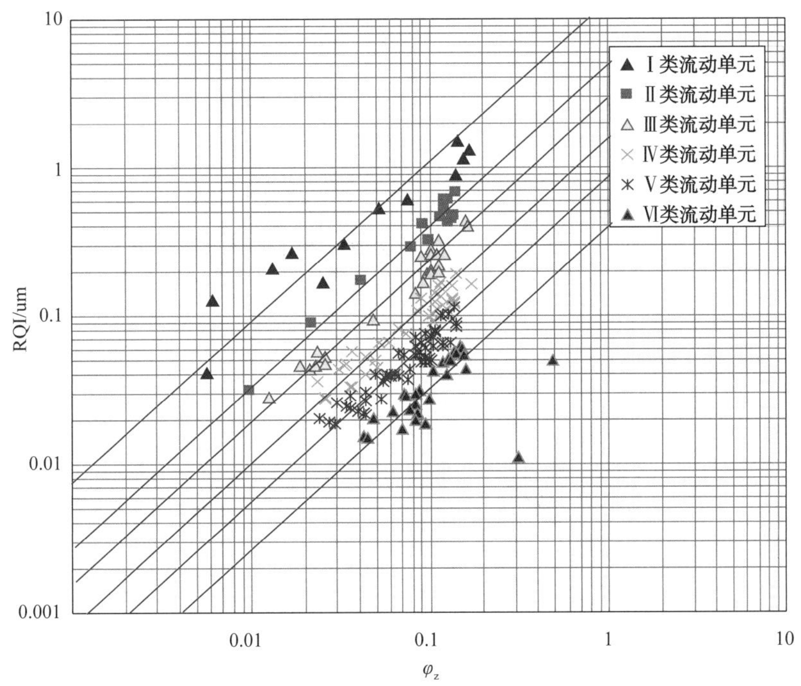

图 1-5-31　KT-Ⅰ层取芯井 H_{RQI}-φ_z 交会图

表 1-5-8 KT-Ⅰ层取芯井流动单元特征表

层系	类别	φ/%	$K/10^{-3}\mu m^2$	FZI 指标	GR 值	R50	DT 值	RT 值	储层类型
KT-Ⅰ层	Ⅰ	＞16	＞100	25	＜2	5.38	180~220	＞170	复合型
	Ⅱ	10~18	10~100	18	2~5	1.10	180~220	120~170	复合型
	Ⅲ	7~15	10~20	10	2~5	3.22	150~180	80~120	微裂缝—孔隙型
	Ⅳ	5~12	1~10	7	3~6	0.36	150~180	30~80	微裂缝—孔隙型
	Ⅴ	2~6	0.05~1	2	6~8	0.04	140~170	异常高	致密层
	Ⅵ	＜2	＜0.05	1	＞8	0.04	＞250	＜30	隔夹层

为了能够对非取芯层段进行流动单元的储层分类，需要建立测井数据与流动单元指数间的关系模型。本次研究通过对 K_{FZI}、H_{RQI} 和 φ_z 与测井响应的单相关分析，选取了对 K_{FZI} 反映灵敏的校正后的声波时差对数与深探测电阻率对数组合参数为变量，建立了 K_{FZI} 流动层指示器的多参数拟合方程，如公式（1-5-16）所示：

$$K_{FZI} = -2.36 + 4.26 \times \lg R_t - 1.17 \times \lg D_t \qquad (1\text{-}5\text{-}16)$$

拟合相关系数 R^2=0.616，样品点数 N=283。利用上述 6 类流动单元的流动层带指标，可分别确定研究区 KT-Ⅰ油气藏流动单元及其类型。

3. 基于流动单元建立渗透率解释模型技术

利用流动单元分类结果，可建立不同类型流动单元的孔渗关系模型（图 1-5-32）。通过全区 174 个样品孔渗关系计算结果对比分析得出，以流动单元分类的孔渗关系明显好于未分类储层岩芯孔渗关系（表 1-5-9）。该模型更能反映出不同沉积条件下的渗透率分布规律，减小了碳酸盐岩储集层非均质对渗透率计算结果的影响，可以得到更高精度的渗透率模型[20]。

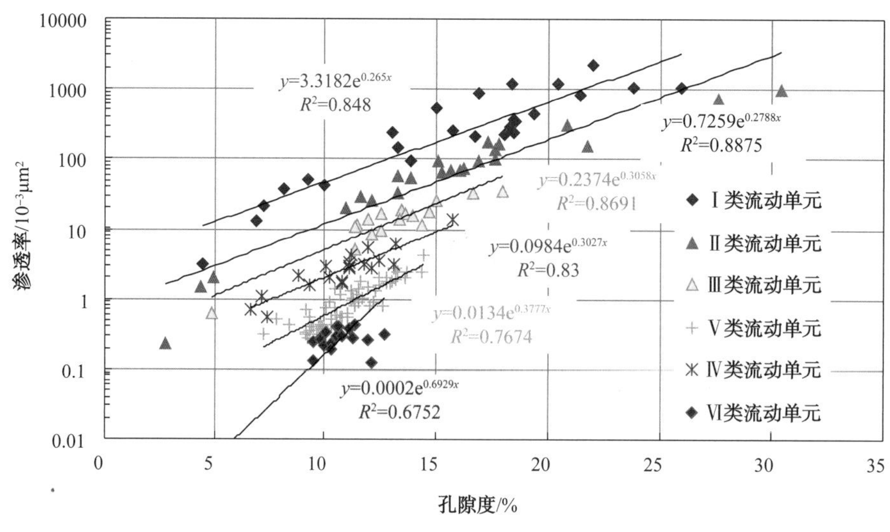

图 1-5-32 流动单元划分的渗透率模型

表 1-5-9 流动单元建立的孔渗关系表

流动单元	样品	渗透率解释模型	相关系数
Ⅰ类	28	$K=3.31828\times e^{0.265\times\varphi}$	0.84
Ⅱ类	24	$K=0.7529\times e^{0.2788\times\varphi}$	0.89
Ⅲ类	20	$K=0.2374\times e^{0.3058\times\varphi}$	0.86
Ⅳ类	20	$K=0.0984\times e^{0.3027\times\varphi}$	0.83
Ⅴ类	60	$K=0.0134\times e^{0.3777\times\varphi}$	0.76
Ⅵ类	22	$K=0.0002\times e^{0.6929\times\varphi}$	0.67
全区	174	$K=0.2513\times e^{0.2777\times\varphi}$	0.48

4. 基于流动单元储层分类技术

按照式 1-5-16 计算出相应层点流动层带指标，结合储层结构和渗流屏障分析，识别出了连通体内流动单元的空间展布。该区Ⅰ、Ⅱ类流动单元作为较好的油气储集层，在纵向上主要分布在 A_1^1、A_2^1、A_2^2、A_3^1、$Б_1^2$ 小层，平面连片性较好（图 1-5-33）；Ⅲ、Ⅳ类流动单元作为较差的油气储集层主要分布在 $Б_2$ 各小层，平面上呈条带状、舌状不规则分布；Ⅴ、Ⅵ类流动单元，作为非渗流层，主要分布在 A_3^2、$Б_2^3$ 小层，平面上呈零星分布（图 1-5-34）。

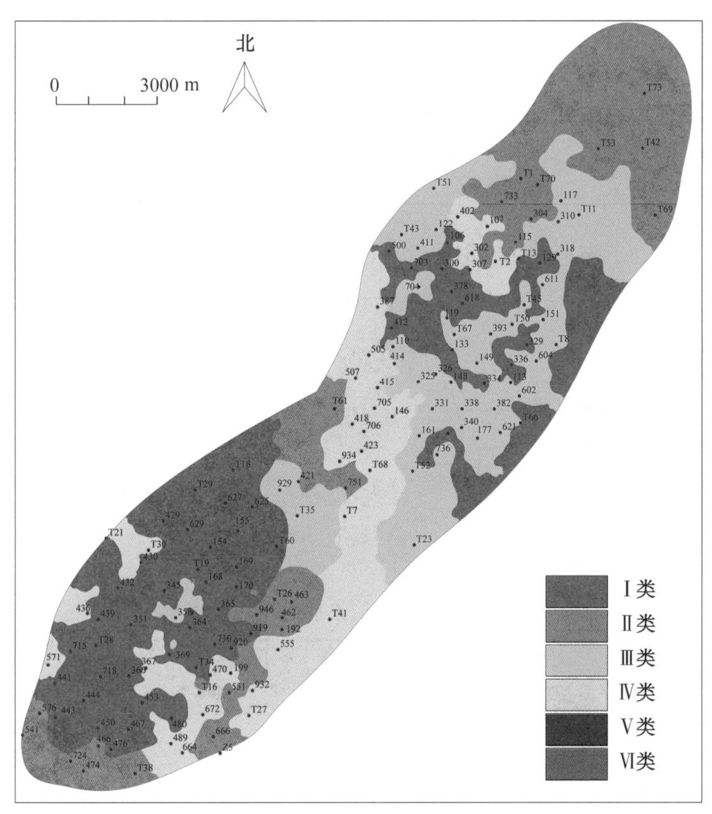

图 1-5-33 KT-Ⅰ层 A_1^1 小层流动单元平面

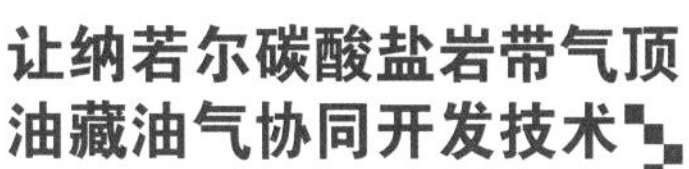

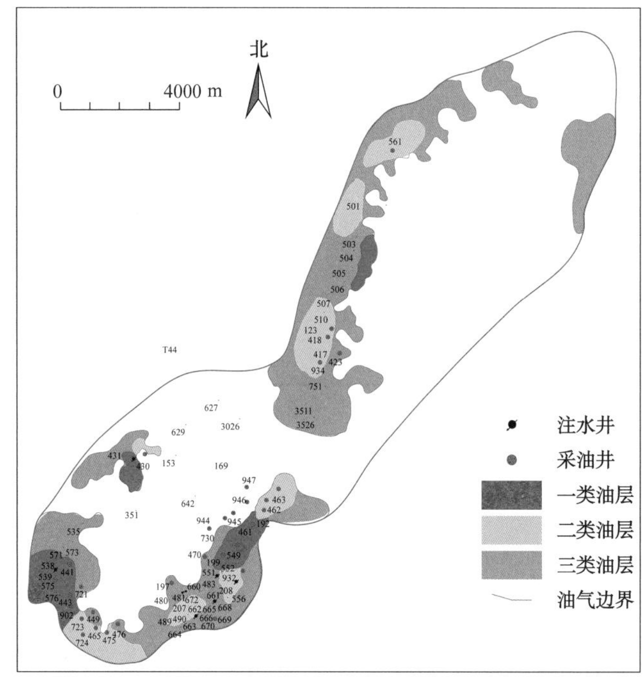

图 1-5-34　KT-Ⅰ层 A 层油层类型平面

九、储层评价与分类

通过对储集空间类型、孔隙结构和孔渗关系的研究，认为让纳若尔油气田石炭系储层类型以孔隙型储层为主，基质孔隙的储产能力是储层评价与分类的主要内容和依据。压汞资料是定量研究孔隙型储层微观孔隙结构特征及储层微观非均质性的重要基础资料。研究区共计 7 口取芯井 92 个样品的压汞资料，获得了表征孔隙大小的参数。如最大连通孔喉半径、喉道中值半径；表征孔喉分布与分选的参数，如分选系数、歪度、峰度；表征孔隙渗流特征的参数，如排驱压力、中值压力[21]。

（一）储层孔隙结构分类

1. 孔喉结构参数

孔喉结构是指孔隙及连通孔隙的喉道大小、形状、分布与连通的微观情况。取芯段共选取 92 个样品进行压汞统计分析（表 1-5-10）。

表 1-5-10　让纳若尔油气田 Д 层取芯段孔喉结构参数统计表

层位		孔隙度 / %	渗透率 / $10^{-3}\mu m^2$	均值	分选	Pc_{50}/ MPa	r_{50}/ μm	S_{min}/ %	退出效率 /%
Д$_1^1$	最小值	1.2	0.0001	9.27	0.03	0.47	0.01	3.22	4.07
	最大值	13.0	25.2	15.24	3.07	57.24	1.56	43.13	27.22
	平均值	6.0	1.800	12.52	1.15	16.93	0.24	19.27	12.77

续表

层位		孔隙度/%	渗透率/$10^{-3}\mu m^2$	均值	分选	Pc_{50}/MPa	r_{50}/μm	S_{min}/%	退出效率/%
卫$_1^2$	最小值	4.4	0.048	8.9	1.12	0.38	0.05	8.21	12.02
	最大值	12.3	15.0	12.67	2.84	13.83	1.93	41.52	28.26
	平均值	8.4	2.881	11.40	1.84	6.28	0.35	24.28	17.96
卫$_2^1$	最小值	0.6	—	11.00	2.58	30.86	0.0068	16.81	19.09
	最大值	2.6	0.00542	13.44	3.11	108.50	0.0238	23.54	70.79
	平均值	1.2	0.00136	12.63	2.80	79.69	0.01185	19.32	46.98
卫$_2^2$	最小值	1.9	—	11.19	1.08	4.55	0.01	4.2	14.37
	最大值	7.7	—	14.00	2.75	68.54	0.16	20.1	29.63
	平均值	4.1	—	12.28	1.77	20.30	0.06	10.8	22.14
卫$_3^1$	最小值	1.5	—	9.72	1.16	4.59	0.012	2.32	16.71
	最大值	7.7	—	12.39	2.85	61.11	0.16	21.29	90.50
	平均值	5.1	—	11.34	1.95	11.89	0.10	13.09	31.38
卫$_3^2$	最小值	6.6	—	1048	1.05	6.34	0.09	3.2	23.11
	最大值	7.7	—	12.47	2.06	7.65	0.12	16.1	28.93
	平均值	7.1	—	11.44	1.52	7.09	0.10	9.8	26.15

2. 分类方法

本次储层孔隙结构分类主要是通过压汞分析参数之间的交会图分析，确定出了划分储层孔隙结构类型的关键参数——孔喉中值半径（r_{50}），结合各种参数在交会图上的分布划分储层孔隙结构类型。

从储层的喉道中值半径（r_{50}）与孔隙度（φ）、渗透率（K）、退汞效率（We）以及变异系数（Cs）的交会图（图 1-5-35~图 1-5-38）可以看出，储层的孔喉大小与宏观储集物性之间都具有较好的相关性。r_{50}=0.05μm、r_{50}=0.20μm、r_{50}=0.60μm 可以作为分类界限。

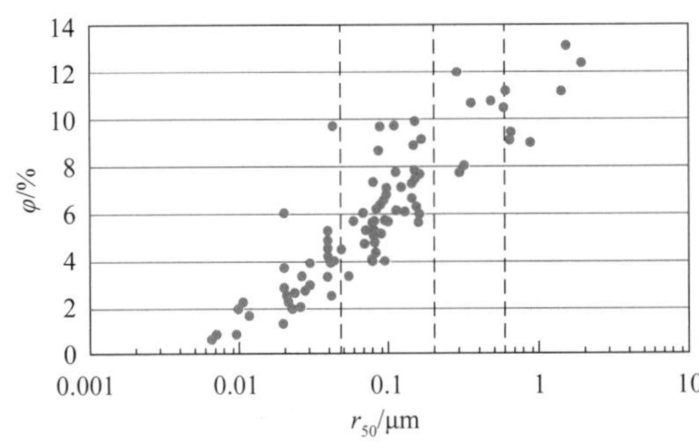

图 1-5-35　喉道半径中值与孔隙度关系图

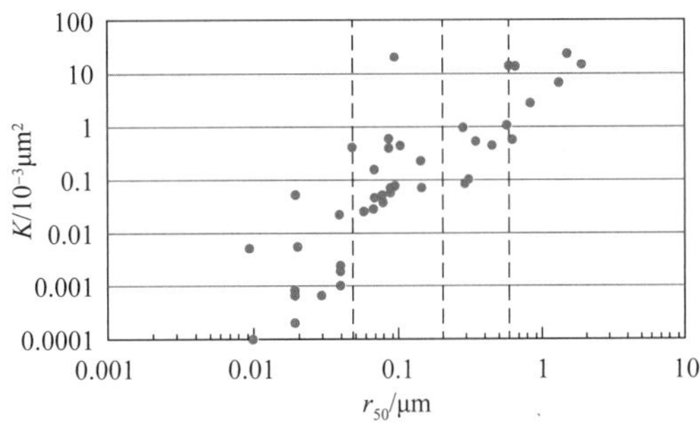

图 1-5-36　喉道半径中值与渗透率关系图

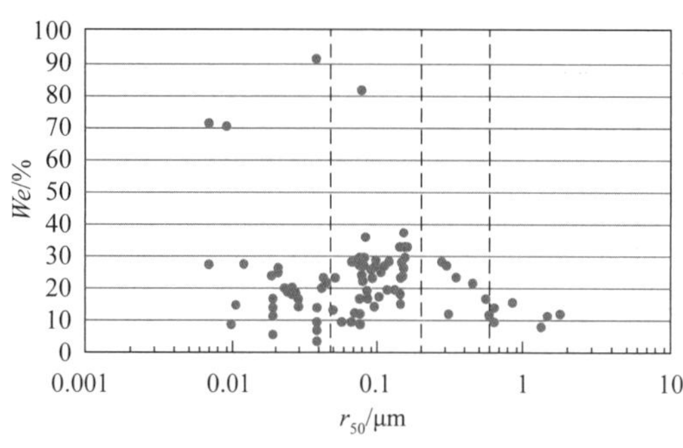

图 1-5-37　喉道半径中值与退汞效率关系图

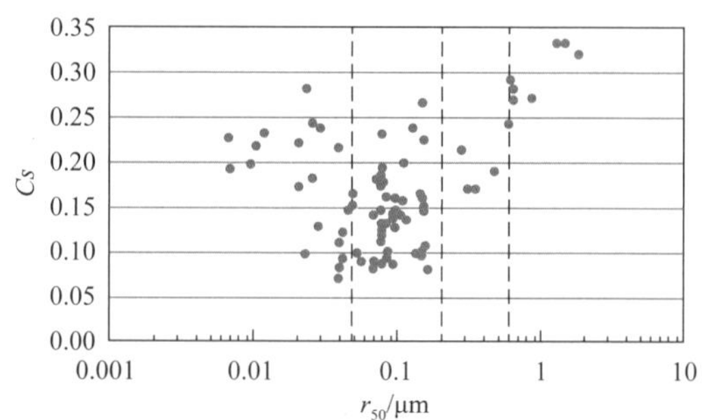

图 1-5-38　喉道半径中值与变异系数关系图

3. 分类结果

从交会图分析结果可知，喉道中值半径（r_{50}）可以作为研究区目的层孔隙结构划分的主要依据，Д 层油层组依据 r_{50} 的分类界限及毛管压力曲线特征，可把孔隙结构分为四类（表 1-5-11）。

表 1-5-11　让纳若尔油气田 Д 层取芯段孔隙结构分类统计表

类型	Ⅰ类	Ⅱ类	Ⅲ类	Ⅳ类
毛管压力曲线参数	φ：大于 9%（平均 10.7%）	φ：7%~11%（平均 9.0%）	φ：3.5%~8%（平均 5.7%）	φ：小于 6%（平均 2.9%）
	K：（3~25）$\times10^{-3}\mu m^2$（平均 $13.09\times10^{-3}\mu m^2$）	K：（0.08~21）$\times10^{-3}\mu m^2$（平均 $0.42\times10^{-3}\mu m^2$）	K：小于 $0.43\times10^{-3}\mu m^2$（平均 $0.026\times10^{-3}\mu m^2$）	K：小于 $0.05\times10^{-3}\mu m^2$（渗透率值很小）
	r_{50}：大于 0.6μm（平均 1.2μm）	r_{50}：0.1~0.6μm（平均 0.26μm）	r_{50}：0.05~0.2μm（平均 0.10μm）	r_{50}：小于 0.05μm
	Pc_{50}：0.4~1.2 MPa（平均 0.8MPa）	Pc_{50}：1.3~8.5 MPa（平均 4.5MPa）	Pc_{50}：4.5~18.2MPa（平均 8.5MPa）	Pc_{50}：大于 13 MPa
曲线特征	分选差，粗歪度	分选差，歪度中等	分选差，细歪度	分选差，极细歪度
储层类型	孔隙型 80.5%，裂缝孔隙型 9.1%，孔洞型 7.7%，复合型 2.7%	孔隙型 91.1%，裂缝孔隙型 7.3%，孔洞型 0.7%，复合型 0.8%	孔隙型 94.5%，裂缝孔隙型 5.2%，复合型 0.2%	/
产能特征	自然产能大或者增产措施后产能较大（产能 >80t/d）	增产措施后有中等产能（20t/d <产能< 80t/d）	增产措施后有低产能（产能 <20t/d）	无产能

Ⅰ类孔隙结构：储层孔隙度平均为 10.7%，喉道中值半径大于 0.6μm，平均 1.2μm；中值压力低，平均为 0.8MPa，最小非饱和的孔隙体积（S_{min}）小，分选差，孔喉分布明显呈粗歪度，自然产能大，或者增产措施后产能较大（图 1-5-39）。

Ⅱ类孔隙结构：储层孔隙度平均为 9.0%，喉道中值半径 0.10~0.60μm，平均 0.26μm；中值压力高于Ⅰ类孔隙结构，平均为 4.5MPa；最小非饱和的孔隙体积（S_{min}）略高于Ⅰ类孔隙结构的，分选差，孔喉分布明显呈中等歪度，自然产低，增产措施后有中等产能，储渗性能较好，但比Ⅰ类略差（图 1-5-40）。

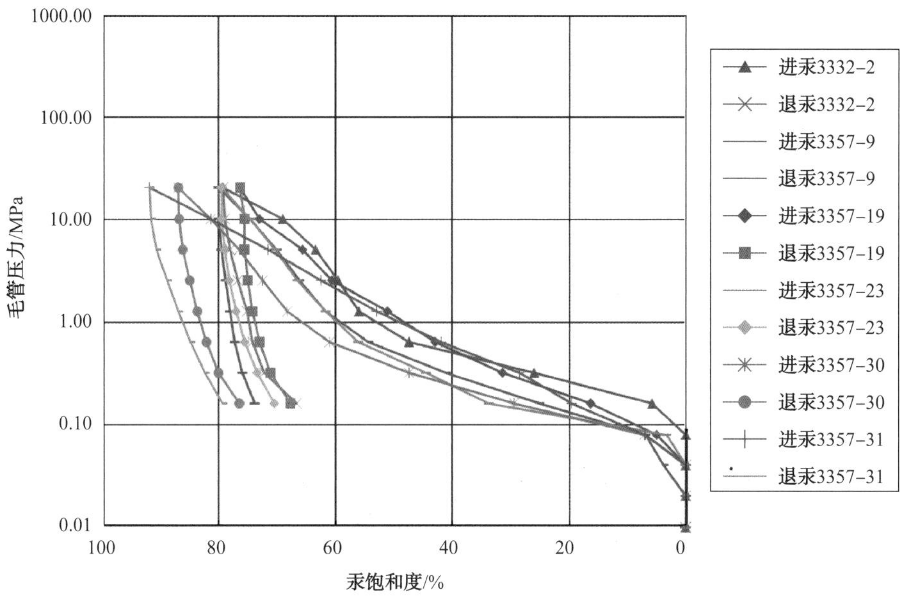

图 1-5-39　让纳若尔油气田Ⅰ类储层典型毛管压力曲线图

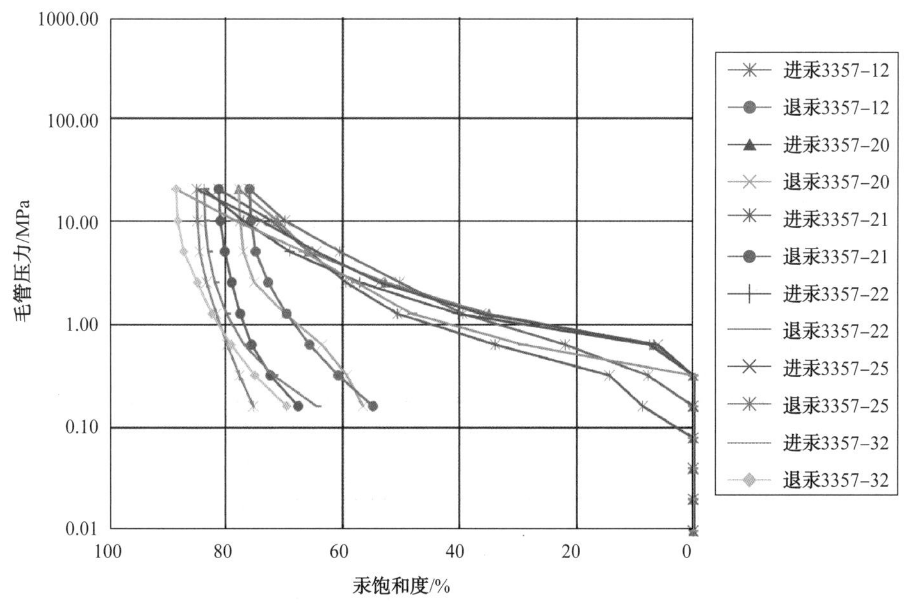

图 1-5-40　让纳若尔油气田Ⅱ类储层典型毛管压力曲线图

Ⅲ类孔隙结构：储层孔隙度平均为 5.7%，喉道中值半径 0.05~0.20μm，平均 0.10μm；中值压力高于Ⅰ类、Ⅱ类孔隙结构的，分选差，孔喉分布明显呈细歪度，无自然产能，增产措施后有低产能（图 1-5-41）。

Ⅳ类孔隙结构：储层孔隙度小于 6%，喉道中值半径小于 0.05μm，中值压力高于 13MPa，分选极差，孔喉分布明显呈极细歪度，一般属于非储层（图 1-5-42）。

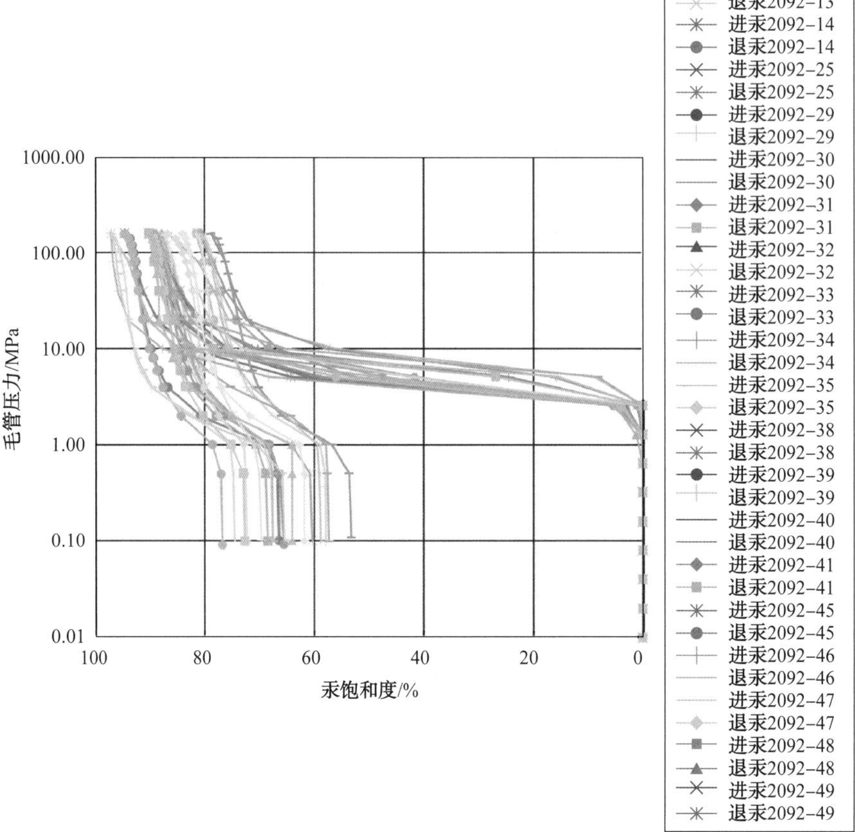

图 1-5-41 让纳若尔油气田Ⅲ类储层典型毛管压力曲线图

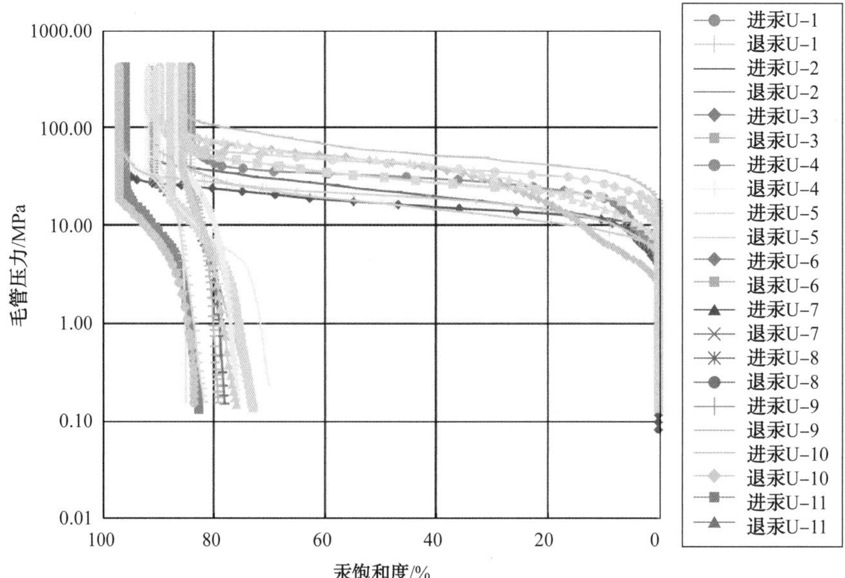

图 1-5-42 让纳若尔油气田Ⅳ类储层典型毛管压力曲线图

（二）储层评价

1. 评价方法

本次储层评价是对微观孔隙结构特征和储层宏观储集性能的综合评价。由于微观孔隙结构是决定储层宏观物性的内在因素，二者之间存在较好的相关性，所以本次储层综合评价是利用压汞资料分析成果，建立宏观储层物性与微观孔隙结构参数之间的相关性，以测井储层参数解释成果为基础，以小层为单元，开展储层的分类评价工作。

根据让纳若尔油气田 Д 层储层岩芯压汞分析资料，采用多元回归的方法建立孔喉中值半径（r_{50}）与孔隙度（φ）和渗透率（K）之间的复相关关系。

Д 层油层组孔喉中值半径（r_{50}）与孔隙度（φ）和渗透率（K）之间的复相关关系：

$\lg r_{50}=-1.8641+0.1546\varphi+0.1404\lg K$；相关系数 $R^2=0.85$（图 1-5-43）。

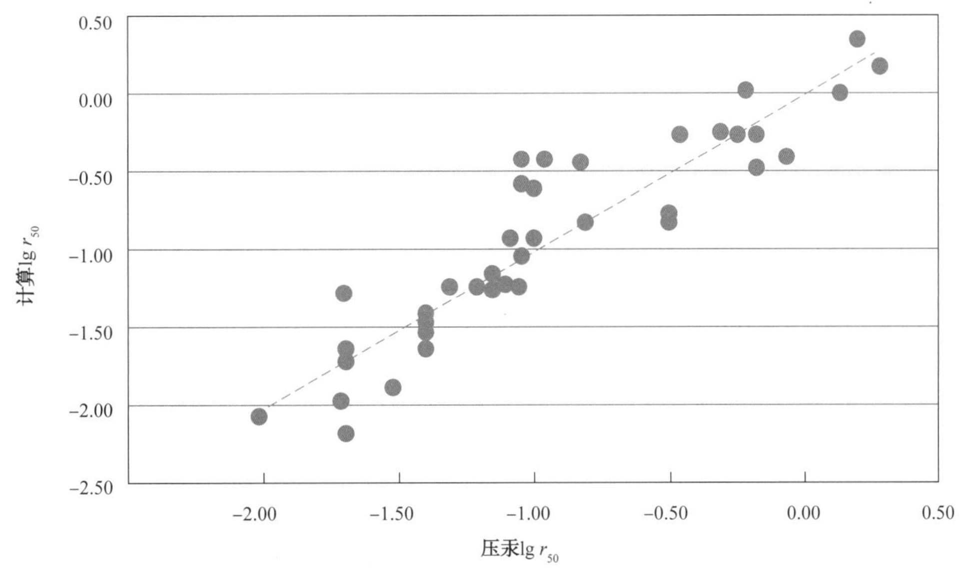

图 1-5-43　孔喉中值半径与孔隙度和渗透率关系图

在此基础上，利用测井解释的储层孔隙度和渗透率，分别计算出各小层井点处储层的平均孔喉中值半径 r_{50}，并根据如下划分标准（表 1-5-12）确定不同类型孔隙结构储层在平面上的分布。

表 1-5-12　让纳若尔油气田 Д 层储层孔隙结构类型划分标准表

储层类型	r_{50}/ μm	lg r_{50}	储层类型	r_{50}/ μm	lg r_{50}
Ⅰ类	>0.6	>−0.2	Ⅲ类	0.05~0.2	−1.3~−0.7
Ⅱ类	0.2~0.6	−0.7~−0.2	Ⅳ类	<0.05	<−1.3

2. 评价结果

Д 层油层组中各小层储层评价与分类结果如表 1–5–13、图 1–5–44 ~ 图 1–5–45 所示。Д 层储层主要发育在南、北穹隆构造高部位，以Ⅱ类储层为主，Ⅰ、Ⅲ类储层零散分布。各小层储层分布范围及储层质量评价如表 1–5–14 所示。

表 1–5–13　让纳若尔油气田 Д 层油层组各小层储层分类信息统计表

层位	储层发育井数 / 口	Ⅰ类		Ⅱ类		Ⅲ类		Ⅳ类		总井数
		井数 / 口	占比 /%	井数 / 口	占比 /%	井数 / 口	占比 /%	井数 / 口	占比 /%	
$Д_1^1$	351	50	14.2	204	58.1	96	27.4	1	0.3	441
$Д_1^2$	376	71	18.9	193	51.3	112	29.8	/	/	408
$Д_2^1$	244	28	11.5	141	57.8	75	30.7	/	/	367
$Д_2^2$	131	4	3.1	81	61.8	46	35.1	/	/	336
$Д_3^1$	192	21	10.9	105	54.7	66	34.4	/	/	304
$Д_3^2$	199	23	11.6	129	64.8	47	23.6	/	/	241
$Д_4^1$	87	12	13.8	56	64.4	19	21.8	/	/	161
$Д_4^2$	121	56	46.3	46	38.0	19	15.7	/	/	142
$Д_4^3$	99	37	37.4	49	49.5	13	13.1	/	/	124
$Д_4^4$	84	22	26.2	53	63.1	9	10.7	/	/	102

表 1–5–14　让纳若尔油气田 Д 层油层组各小层储层分类评价

层位	储层分布范围	储层分类评价
$Д_1^1$	主要在南、北穹隆构造高部位	Ⅱ类储层为主，Ⅰ类储层零散分布，Ⅲ类储层主要分布在边部及南部
$Д_1^2$	主要在南、北穹隆构造高部位	Ⅱ类储层为主，Ⅰ类储层零散分布在南穹隆，Ⅲ类储层主要分布在边部及南部
$Д_2^1$	主要在南、北穹隆构造高部位	Ⅱ类储层为主，Ⅰ类储层较少，Ⅰ、Ⅲ类储层零散分布
$Д_2^2$	主要在北穹隆中南部、南穹隆北部	Ⅱ类储层为主，Ⅰ、Ⅲ类储层零散分布
$Д_3^1$	主要在南穹隆中北部及北穹隆中部	Ⅱ类储层为主，Ⅰ、Ⅲ类储层零散分布
$Д_3^2$	主要在南、北穹隆构造高部位	Ⅱ类储层为主，Ⅰ、Ⅲ类储层零散分布
$Д_4^1$	北穹隆局部发育、南穹隆东北部	Ⅱ类储层为主，Ⅰ、Ⅲ类储层零散分布
$Д_4^2$	北穹隆局部发育、南穹隆构造高部位	Ⅱ类储层为主，其次为Ⅰ类储层，Ⅲ类储层零散分布
$Д_4^3$	北穹隆局部发育、南穹隆构造高部位	Ⅱ类储层为主，Ⅰ、Ⅲ类储层零散分布
$Д_4^4$	北穹隆局部发育、南穹隆构造高部位	Ⅱ类储层为主，Ⅰ、Ⅲ类储层零散分布

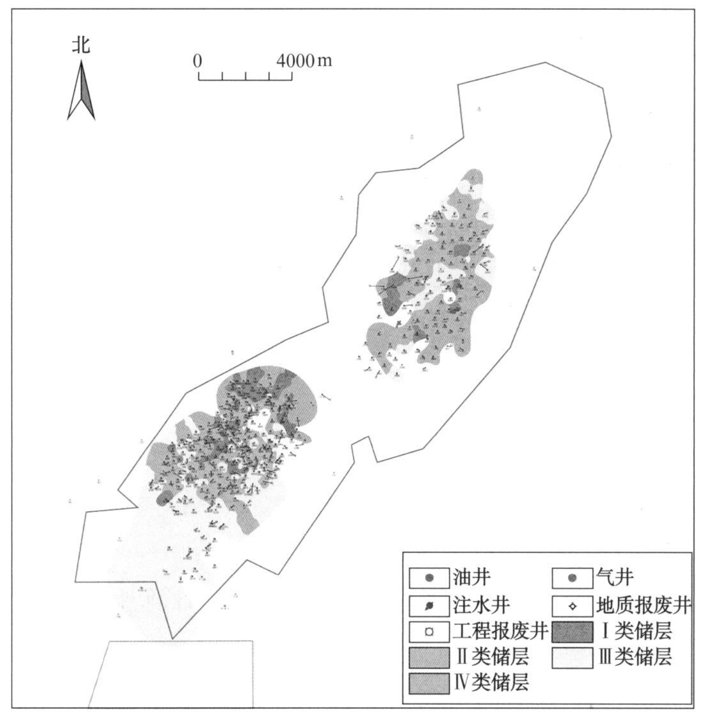

图 1-5-44　Д$_1^1$ 层储层类型平面分布图

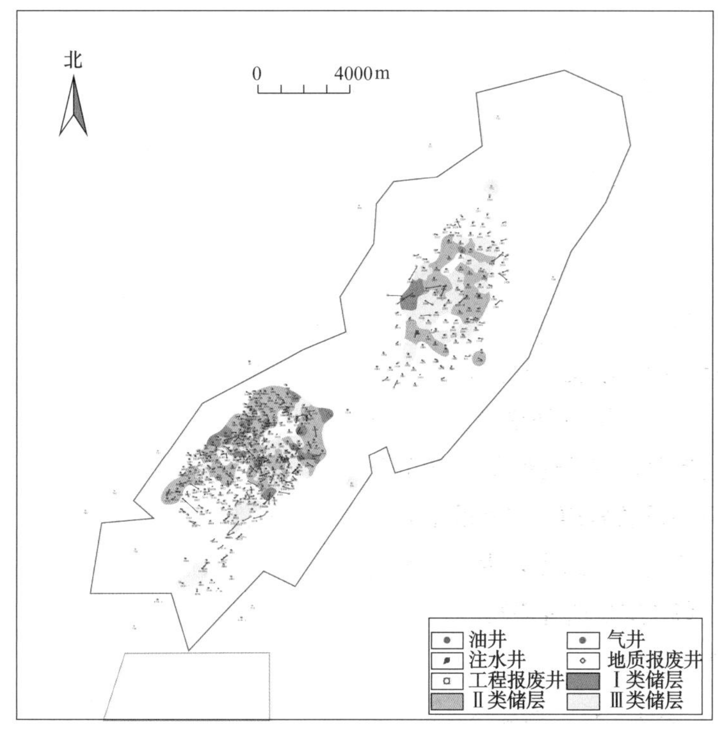

图 1-5-45　Д$_3^1$ 层储层类型平面分布图

十、碳酸盐岩储层预测

储层预测通常包括地震属性预测和地震反演预测，本次研究主要采用了储层反演对研究区储层进行了预测，反演可以分为叠前反演和叠后反演，本次研究主要采用叠后反演。叠后反演分为确定性反演和随机性反演，确定性反演如直接反演（递推反演和道积分反演）、基于模型反演、地震属性反演、测井约束反演等，都遵循地球物理理论，有严格的数学公式支撑，但受地层纵向分辨率和地震频带的限制，只能产生块状的平均阻抗，分辨率较低[22~24]。

（一）地震反演的特点

具体来说不同反演有以下特点。

1. 直接反演

基本做法有递推反演和道积分反演两种。

（1）递推反演：递推反演是一种基于反射系数递推计算地层波阻抗的直接地震反演方法，完全依赖于地震资料本身的品质，地震资料噪声对反演结果敏感，影响大，地震带宽窄会导致分辨率相对较低，难以满足储层描述的要求。典型的有 Seislog GLOG、稀疏脉冲反演（实现方法有 MED、AR、MLD、BED 方法）等；Seislog、CLOG 等使用测井信息后，只获得剖面上关键点的低频分量，整个剖面上的低频信息靠内插求得。递推反演的优点是计算简单、递推列累计误差小，其结果直接反映岩层的速度变化，可以以岩层为单元进行地质解释。其缺点是由于受地震固有频率的限制，分辨率低，无法适应薄层解释的需要，无法求得地层的绝对波阻抗和绝对速度，不能用于定量计算储层参数。这种方法在处理过程中不能用地质或测井资料对其进行约束控制，因而其结果较粗略。

（2）道积分反演：是以反褶积为基础的地震直接反演法。道积分是利用叠后地震资料计算相对波阻抗的直接反演方法，无须测井资料控制，计算简单，其结果直接反映了岩层的速度变化，但受地震资料固有频宽的限制，分辨率低，无法适应薄层解释的需要，无法求得地层的绝对波阻抗和绝对速度，不能用于定量计算储层参数。道积分反演的优点是能较完整地保留地震反射的基本特征（断层、产状），不存在基于模型方法的多解性问题，能够明显地反映岩相、岩性的空间变化，在岩性相对稳定的条件下，能够较好地反映储层的物性变化。其缺点是由于受地震频带宽度的限制，道积分反演资料的分辨率较低，不能满足薄储层的研究需要。

2. 基于模型的反演

（1）基于模型的反演：就是从地质模型出发，采用模型优选迭代扰动算法（广义线性或非线性最优算法），通过不断修改并更新模型，使模型正演合成地震资料与实际地震数据最佳吻合，最终的模型数据便是反演结果。实现方法有广义线性反演（GLI）（Cooke，1983）；宽带约束反演（BCI）（Martinez，1988）；地震岩性模拟（SLIM）（Ge Ifand）；具有全局优化特点的遗传算法；模拟退火法（Smith 等，1992；Sen 和 Stoffa，1995）；蒙特卡罗搜索法（Cary 和 Chapman，1998）以及人工神经网络法（Ca Iderron-Macias 等，1998）等。目前，模型为基础的反演方法一般依据测井及地质资料建立初始模型，通过广义线性反演方法（GLI）进行迭代求取岩性参数（Cooke，1983；Brac，1988）。由于该问题的非线性，所以除了要求精确的子波外，还要求初始模型接近真实模型，才能达到可靠的结果，即反演结果强烈依赖于初始模型的选择。全局最优算法如遗传算法（GA）和模拟退火算法（SA），克服了广义线性反演方法（GLI）依赖初始模型选择的缺陷，可以得到全局最优的反演结果。地震波阻反演本身属于多参数的非线性最优化问题。

（2）测井约束反演：也是一种基于模型的反演。其基本思路是：测井资料有很高的垂向分辨率，但只是点上的一孔之见；地震勘探的分辨率虽不高，但具有线上和面上的详细资料，将两者结合起来，取长补短。在垂向上充分利用井的高分辨率信息，在横向上充分利用地震资料的可对比性作为控制，建立起较可靠的、分辨率较高的初始地质模型；对初始模型进行正演，计算出合成地震剖面，与实际地震剖面在最小平方意义下最接近，最终得出高分辨率的波阻抗反演剖面。

（二）地震属性反演的特点

地震属性反演是一个将地震特征转化为储层特征的过程。借助岩石物理、正演模拟和井资料约束等手段。其中，岩石物理研究可以提供储层物性与地震属性之间的关系，正演模拟（包括物理模拟和数值模拟）可以揭示地震对不同构造、不同岩性和响应特征，测井数据及油藏工程数据则可以用来约束反演过程和佐证反演结果。在对一个具体储层进行描述时，首先要根据先验信息建立地质模型，然后通过多种属性反演不断修改这个模型，直到逼近储层的实际情况为止。在属性变换中把地震反演的波阻抗和地震数据中提取的各种属性数据结合起来，进行某种数学变换，进而建立与储层参数之间的某种关系。实际上是一种多变量的线性回归过程。

（三）孔隙度波形指示模拟

根据让纳若尔油气田 Д 层目的层储层相对离散、局部储层发育且集中的地质特点，利用储层参数的空间分布特征，实现了孔隙度波形指示反演，在实际工作中，对井数量和井位分布依赖性较强。

地震波形指示反演是在传统地质统计学反演的基础上发展起来的，传统地质统计学反演基于空间域的变差函数，主要考虑空间变化的剧烈程度，没有考虑样本的优劣，仅与距离有关；地震波形指示反演是在参考波形相似性和空间分布距离两个因素的基础上优选出统计样本，利用地震波形特征代替变差函数表征储层空间的相变规律，实现了相控条件下的随机模拟，使反演结果从完全随机到逐步确定，提高了高频成分的确定性。

本次研究采用的波形指示模拟方法与波形指示反演一样，都是采用波形指示原理。不同的是波形指示反演是相对于波阻抗而言的，反演的输入曲线只能是波阻抗，输出结果是波阻抗体，波形指示反演，中频部分必须是地震中频。而波形指示模拟的输入参数可以是任何对储层敏感的参数，地震波形起空间指示作用，模拟成果的中频不是直接来源于地震。波形指示模拟是一种地震相控的储层参数建模方法。本次没有收集到岩性解释数据，收集到全区 50 口井的孔隙度曲线，对全区孔隙度进行波形指示模拟，达到预测储层分布规律的目的。以下以 Д ю 油藏为例进行说明。

在 Д ю 油藏对 $Г_3$、$Г_4$、$Г_5$、$Д_1$、$Д_2$、$Д_3$、$Д_4$ 层进行孔隙度波形指示模拟，模拟剖面显示，孔隙度 >7% 的有利储层在 Д 层顶部和中部均有发育，但储层横向变化较快、连续性差。用 5129、5132、5023、2613 井对预测结果进行验证，预测结果与实钻井储层发育情况吻合度高（图 1-5-46）。

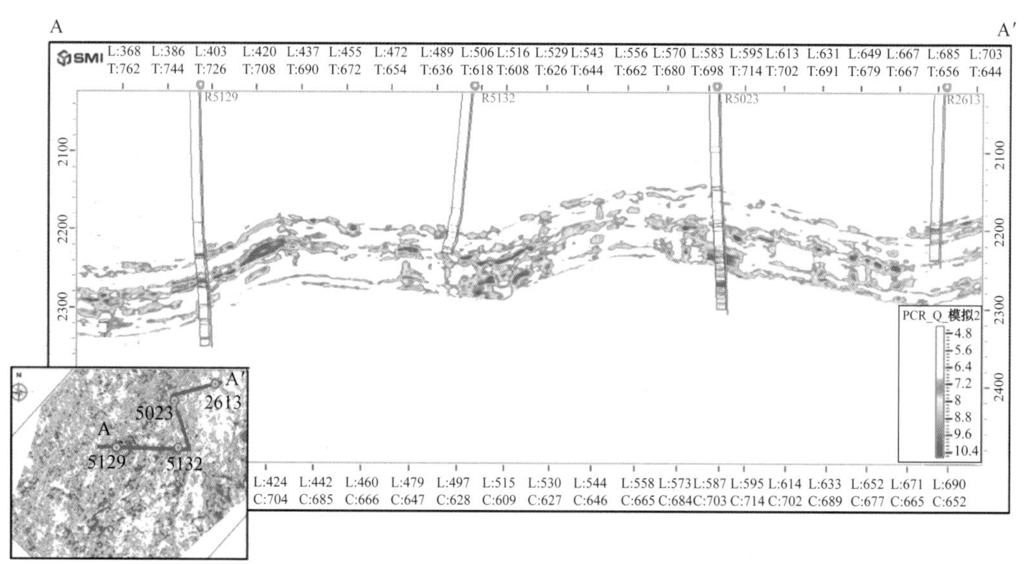

图 1-5-46　过 5129—5132—5023—2613 井孔隙度波形指示模拟剖面图

预测结果（图 1-5-47）显示，Д ю 油藏 $Д_1$ 层的储层主要发育在南穹隆西北侧及西南侧；$Д_3$ 层的储层主要发育在南穹隆东南侧（图 1-5-48）。利用单井初产情况对 Д 层波形指示模拟结果进行平面验证，预测结果与单井产量较吻合，本次储层预测结果（图 1-5-49、图 1-5-50）合理有效。

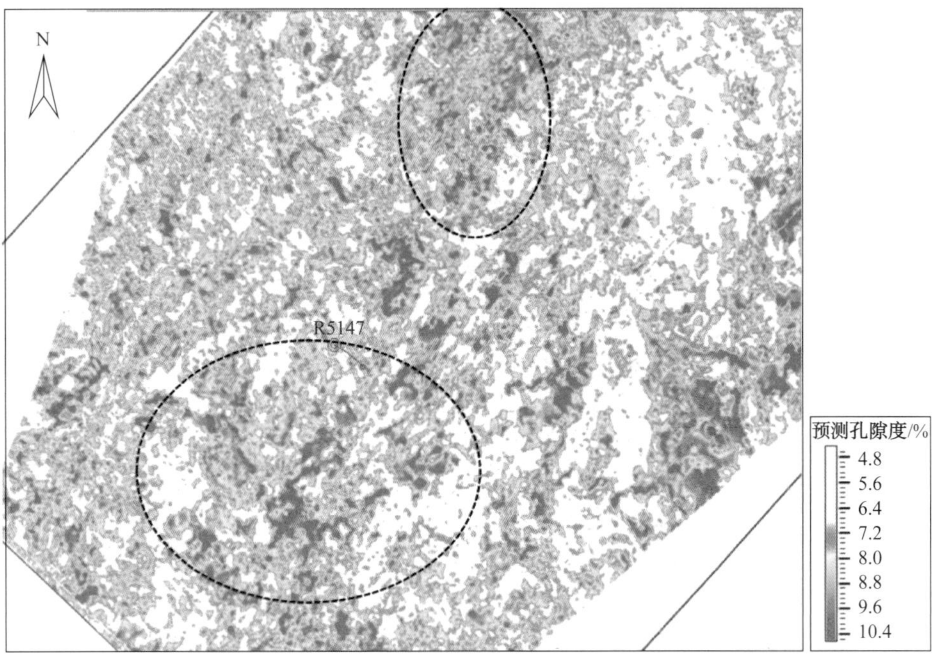

图 1-5-47 Д ю 油藏 $Д_1$ 层孔隙度波形指示模拟平面图

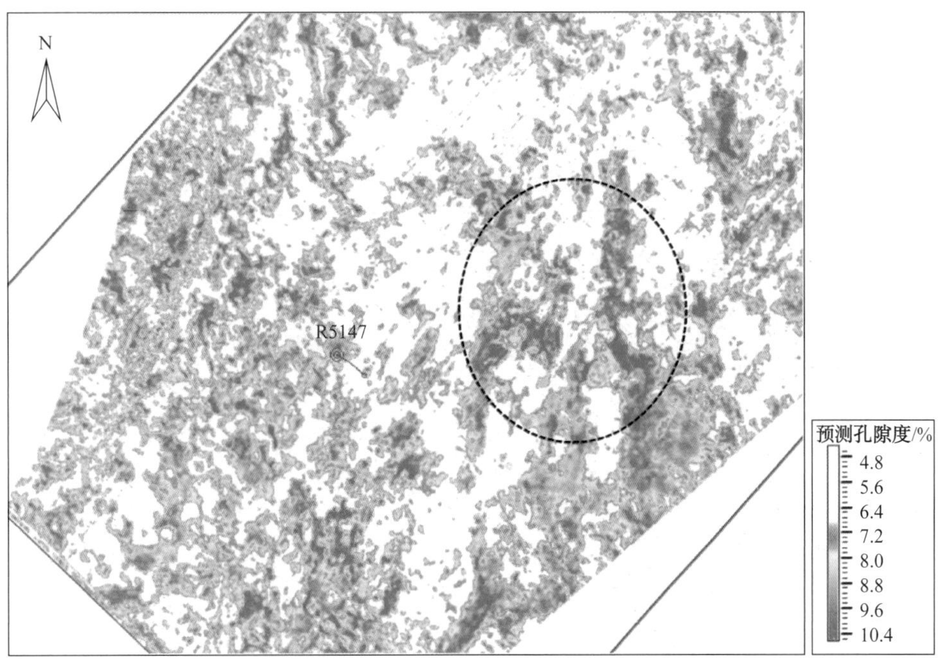

图 1-5-48 Д ю 油藏 $Д_3$ 层孔隙度波形指示模拟平面图

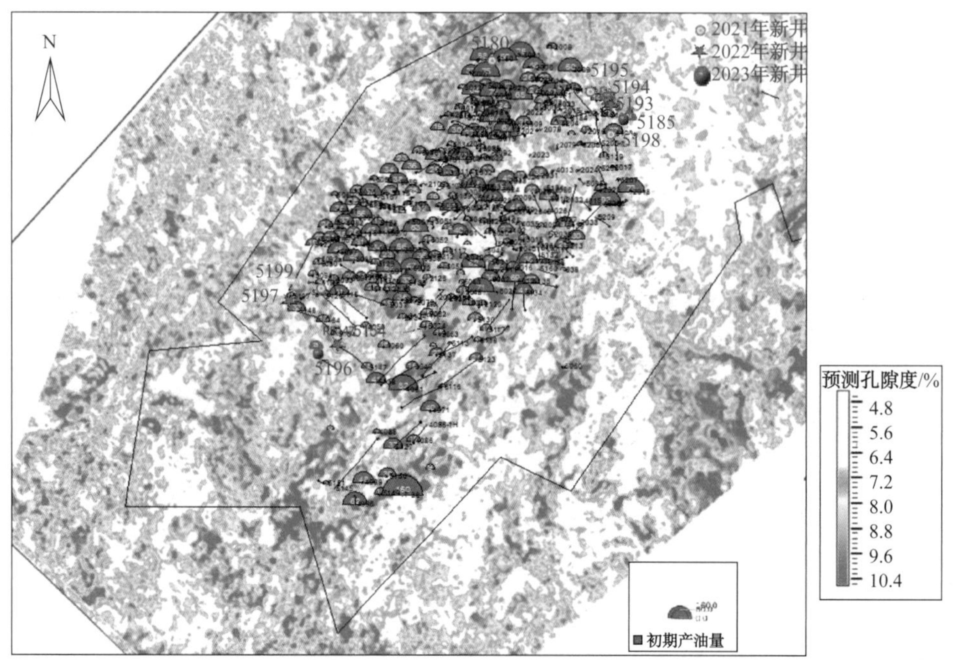

图 1-5-49　Д ю 油藏 $Д_1$ 层孔隙度波形指示模拟平面图（附 $Д_B$ 初产图）

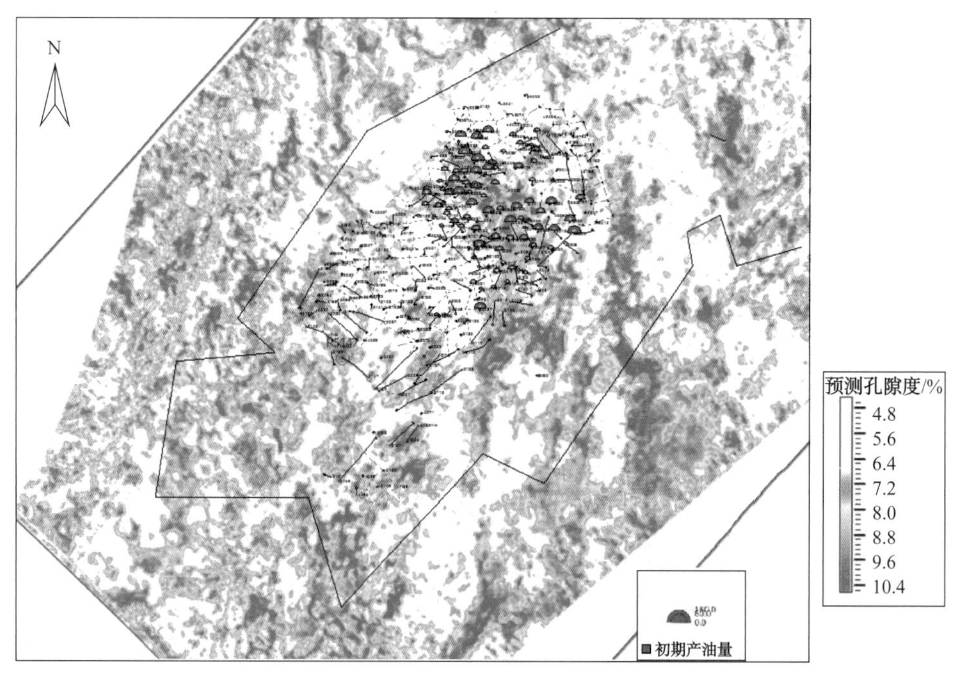

图 1-5-50　Д ю 油藏 $Д_3$ 层孔隙度波形指示模拟平面图（附 $Д_H$ 初产图）

（四）有利储层发育区预测

根据储层预测结果（图 1-5-51），结合构造特征、油水界面以及生产现状，初步圈定出 5 个有利储层发育区，主要分布在南穹隆南侧、东南侧以及东北侧。

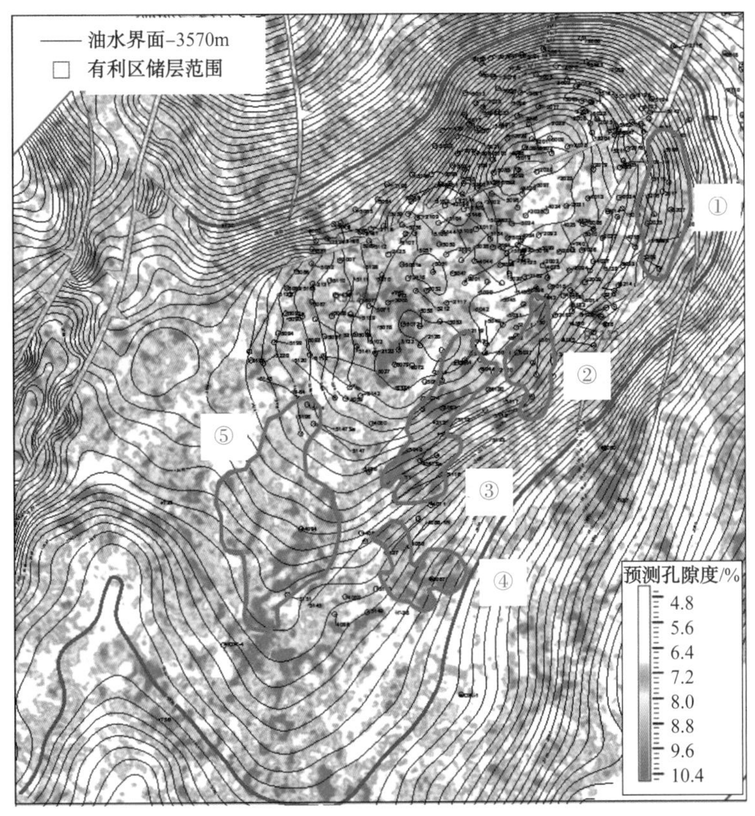

图 1-5-51　Дю 油藏 Д$_1$ 层波形指示模拟平面图（附构造等值线）

有利储层发育区 1 位于 Дю 油藏东北部，面积为 1.29km^2，闭合度 70m，目的层为 Д$_B$，从孔隙度波形指示模拟剖面图 1-5-52 看，过 2018 井 AA' 方向和过 2025 井和 2018 井 BB' 方向储层发育均较连续，部分区域储层可能减薄。

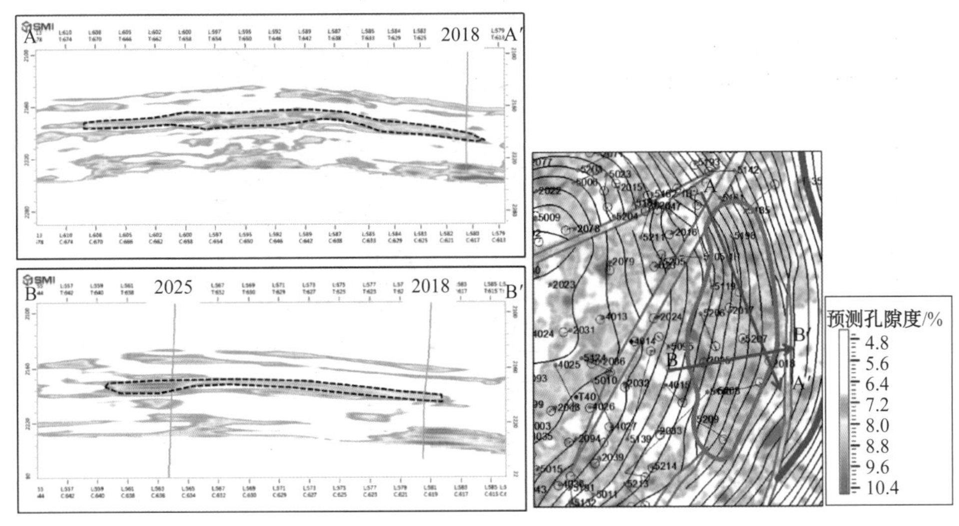

图 1-5-52　Дю 油藏有利储层发育区 1 孔隙度波形指示模拟剖面图

有利储层发育区 2 位于 Д ю 油藏东部，面积为 0.85km²，闭合度 130m，目的层为 Д$_{B}$，从孔隙度波形指示模拟剖面图 1-5-53 看，过 5012 井 AA' 方向和 BB' 方向储层发育均较连续，西部和北部储层物性较好。

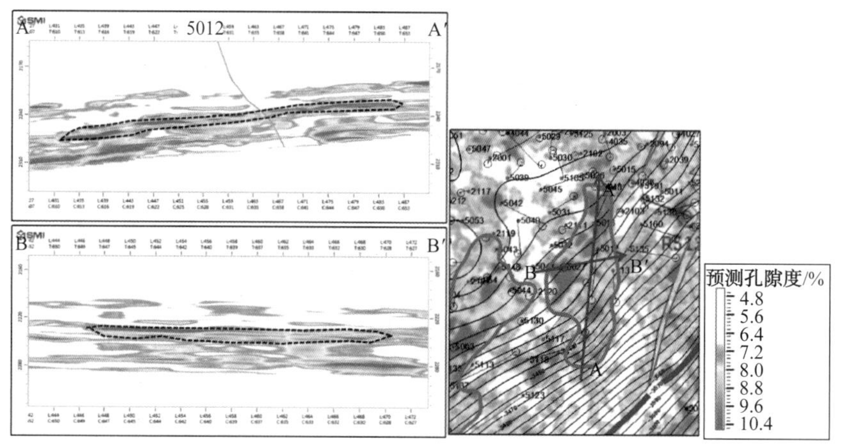

图 1-5-53　Д ю 油藏有利储层发育区 2 孔隙度波形指示模拟剖面图

有利储层发育区 3 位于 Д ю 油藏南部，面积为 1.76km²，闭合度 140m，目的层为 Д$_{B}$，从孔隙度波形指示模拟剖面图 1-5-54 看，AA' 方向、BB' 方向和 CC' 方向储层发育均较连续，中部和西南部储层物性较好。

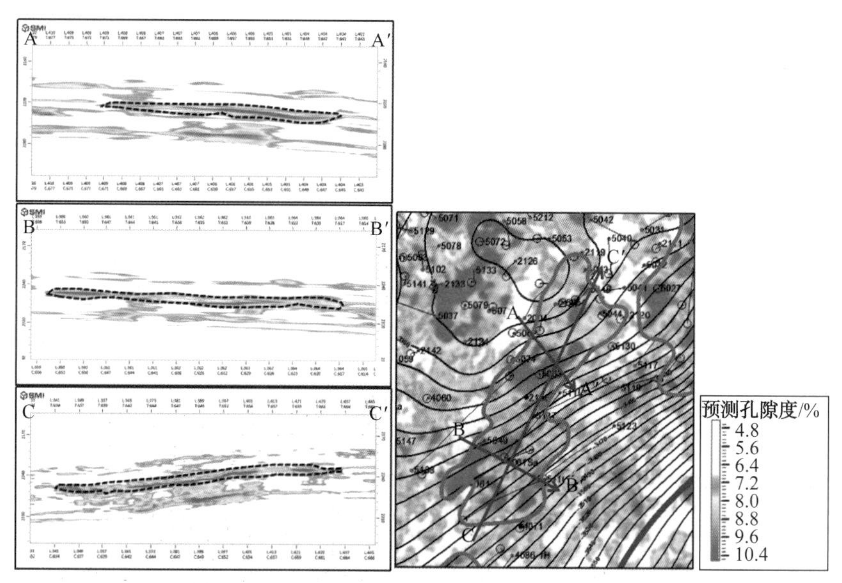

图 1-5-54　Д ю 油藏有利储层发育区 3 孔隙度波形指示模拟剖面图

有利储层发育区 4 位于 Д ю 油藏南部，面积为 0.97km²，闭合度 100m，目的层为 Д$_{B}$，从孔隙度波形指示模拟剖面图 1-5-55 看，AA' 方向和 BB' 方向储层发育均较连续，可能发育多套薄储层。

有利储层发育区 5 位于 Д ю 油藏西南部，面积为 3.77km^2，闭合度 100m，目的层为 $Д_B$，从孔隙度波形指示模拟剖面图 1-5-56 看，AA' 方向、BB' 方向和 CC' 方向储层发育均较连续，东南部储层物性较好。

Д 层储层主要发育在 $Д_1$、$Д_3$ 层，滚动扩边部署过程中，需充分利用储层预测及构造解释成果，结合已钻井测井解释成果及开发动态资料分析成果，落实油水关系，确定油水分布范围，进行科学的部署。

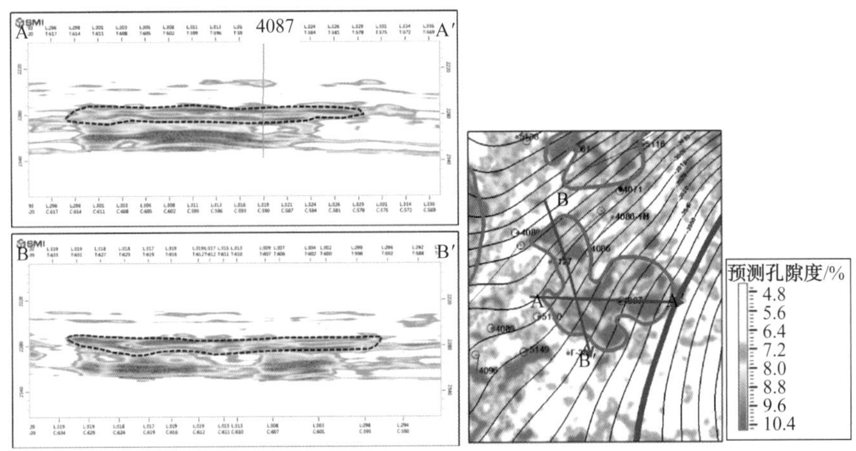

图 1-5-55　Д ю 油藏有利储层发育区 4 孔隙度波形指示模拟剖面图

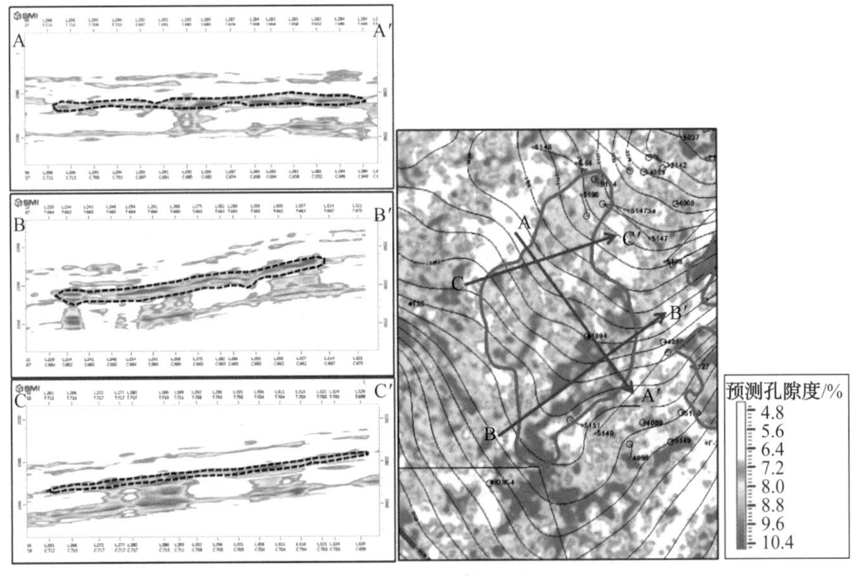

图 1-5-56　Д ю 油藏有利储层发育区 5 孔隙度波形指示模拟剖面图

十一、难采储量区油层下限确定

KT-Ⅱ层油层标准的孔隙度下限为 8%，按此标准，Д ю 南部难采储量区有 14 井层有产量无解释厚度，其中 9 口井的所有射孔井段都无解释厚度，该区域现用油层标准下限需要修正，如图 1-5-57 所示。

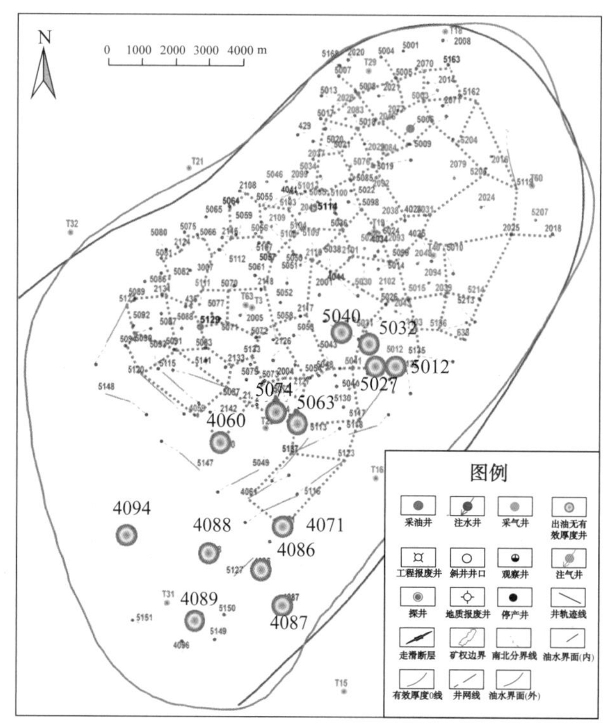

图 1-5-57　Д ю 南部出油无有效厚度井分布图

将上述 14 口井 69 层样点数据加入有效厚度解释图版后，区域油层标准孔隙度下限为 7%（图 1-5-58）。按照新的油层下限解释，这 14 口井油层厚度平均增加 4.6m。

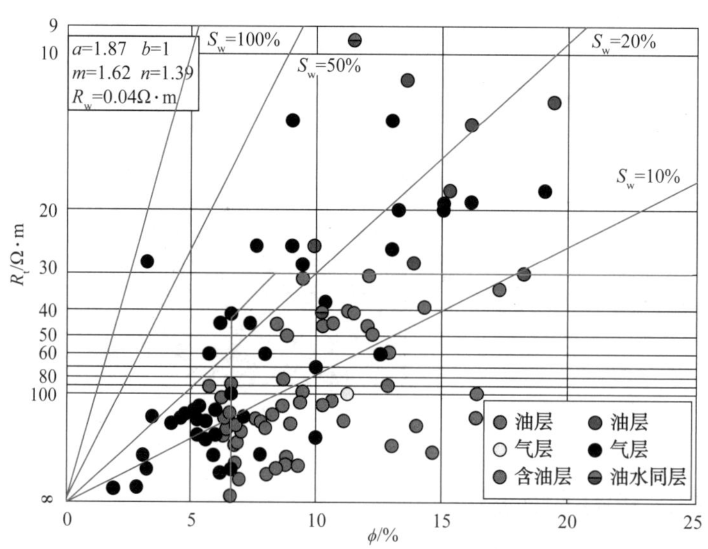

图 1-5-58　Д ю 南部电阻率—孔隙度交汇图版

第六节　油藏类型及油气层展布

一、流体组成与性质

让纳若尔油气田地层原油为弱挥发原油，具有密度低、黏度低、气油比高、体积系数大、H_2S 含量高等特点（表 1-6-1）。气顶气为中含硫、高含凝析油气藏。KT-Ⅰ层气顶气原始露点压力为 25.2MPa，凝析油密度为 731.8kg/m^3。KT-Ⅱ层气顶气原始露点压力为 28.82MPa，凝析油密度为 748.4kg/m^3。KT-Ⅰ层、KT-Ⅱ层气顶原始凝析油含量分别为 250g/m^3 和 360g/m^3。

KT-Ⅰ层地层水类型为 $CaCl_2$ 型，矿化度为 73.1~133.7g/dm^3，平均矿化度为 101.7g/dm^3，密度在 1.0583~1.091g/cm^3，总硬度为 356mmoL，pH 值在 7.0~8.0。

KT-Ⅱ层地层水类型为 $CaCl_2$ 型，水的密度在 1.048~1.071g/cm^3，矿化度为 68.2~102.6g/dm^3，平均矿化度为 82.1g/dm^3。总硬度在 253.9~504.7mmoL。

表 1-6-1　让纳若尔油气田各油藏地层原油物性参数

指标	单位	А Б В	Г 北部	Д 北部	Г 南部（预测）	$Д_В$ 南部	$Д_Н$ 南部
地面海拔	m	−2600	−3475	−3475	−3250	−3400	−3525
油藏埋深	m	61	79	79	75	78	80
原始地层压力	MPa	29.10	37.57	37.57	35.27	36.80	38.08
开始沸腾压力	MPa	25.76	34.03	29.18	29.89	28.52	26.17
地层原油密度	kg/cm^3	659.1	614.7	640.9	623.9	677.4	712.7
地层原油黏度	mPa·s	0.32	0.16	0.23	0.18	0.34	0.57
气油比	m^3/t	248.4	350.8	282.9	281.4	225.7	171.5
体积系数	f	1.5193	1.7440	1.5930	1.6080	1.4680	1.3680
折算率	/	0.6582	0.5735	0.6277	0.6219	0.6811	0.7312
20℃下的原油密度	kg/cm^3	812.1	809.1	814.	803.5	828.2	844.5
20℃下的原油黏度	mPa·s	6.39	6.36	6.22	9.26	8.45	10.76
原油中的硫含量	%	0.86	1.11	0.88	0.87	1.12	1.27
原油中的石蜡含量	%	6.74	9.50	9.93	6.73	8.28	7.13
天然气中的 H_2S 含量	%	3.17	2.77	3.33	3.24	3.86	2.58
天然气相对密度	/	0.7792	0.7684	0.7426	0.7329	0.7389	0.7463

二、油藏类型

让纳若尔油气田为带凝析气顶和边底水层状碳酸盐岩油气藏（图 1–6–1、图 1–6–2），但边底水能量弱。据试油资料，KT–Ⅰ层油气界面海拔为 –2560m，油水界面海拔变化范围 –2670~–2630m，平均 –2650m；KT–Ⅱ层油气界面海拔为 –3385m，油水界面海拔变化范围 –3580~–3540m，平均 –3570m。

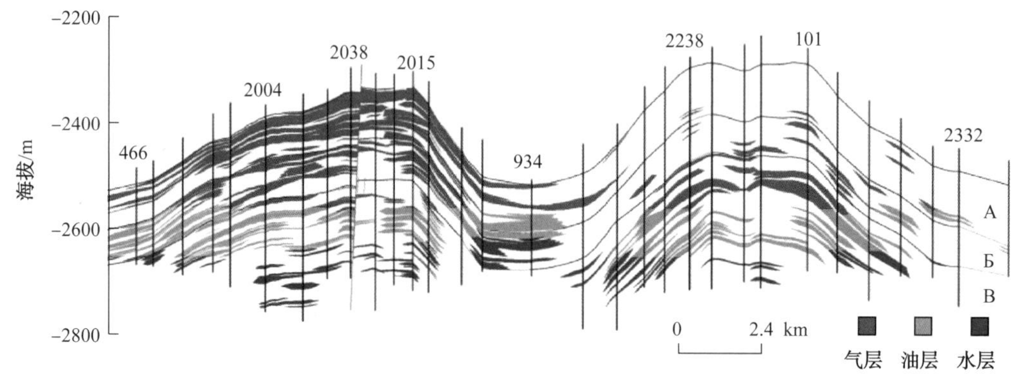

图 1–6–1　KT–Ⅰ层油气藏剖面图

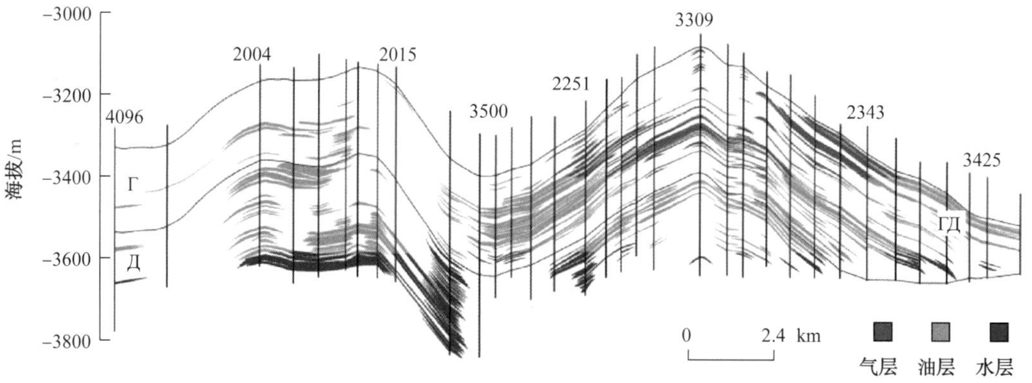

图 1–6–2　KT–Ⅱ层油气藏剖面图

地下烃的原始状态，烃藏可分为单相和双相。而双相烃藏根据石油饱和体积在烃类总体积中所占份额又可细分为油藏、气藏和油气藏等不同类型。依据“哈萨克斯坦共和国石油及天然气田开发统一规范”，让纳若尔油气田油气藏类型如表 1–6–2 所示。

А ю 层为凝析气藏，$А_с$ 层、Б ю 层、$Б_с$ 层为带油环的凝析气藏，В ю 层、$В_с$ 层和 Г с 层为带气顶的油藏，Г ю 层、Д ю 层、$Д_с$ 为油藏。气顶大小不一，А ю 为大气顶小油环油气藏，气顶指数为 3.1；Б ю 气顶和油环面积相近，气顶指数为 1.4；Г с 为小气顶大油环油气藏，气顶指数为 0.4。KT–Ⅰ层为饱和油气藏，KT–Ⅱ层的 Г с 层为饱和油气藏，Г ю 层、Д ю 层、$Д_с$ 层为未饱和油藏。

表 1-6-2 各油藏气顶指数大小

层块	石油占烃类	气顶指数	油气藏类型
А ю	0.09	3.1	凝析气藏
$А_с$	0.27	1.6	带油环凝析气藏
Б ю	0.41	1.4	带油环凝析气藏
$Б_с$	0.49	1.0	带油环凝析气藏
В ю	0.84	0.2	带气顶的油藏
$В_с$	0.63	0.6	带气顶的油藏
Г с	0.74	0.4	带气顶的油藏
Г ю	1		油藏
Д ю	1		油藏
$Д_с$	1		油藏

三、温度、压力系统

根据 1982—1985 年早期测试的资料，得到让纳若尔油气田原始地层条件下地层压力和地层温度随油藏埋藏深度变化曲线（图 1-6-3、图 1-6-4），从地层压力剖面图上可以看出，在油气界面深度附近压力梯度曲线有较明显的拐点，但是油水界面处拐点不明显。回归得到 KT-Ⅰ层和 KT-Ⅱ层地层压力与油藏埋藏海拔深度关系如公式（1-6-1）和公式（1-6-2）所示：

KT-Ⅰ层：
$$P=0.0069H+11.55 \qquad (1\text{-}6\text{-}1)$$

KT-Ⅱ层：
$$P=0.0074H+12.8 \qquad (1\text{-}6\text{-}2)$$

式中 P——原始地层压力，MPa；

H——油藏埋藏海拔深度，m。

实测的温度和油藏埋深相关性较差，回归得到让纳若尔油气田原始地层温度和埋藏深度关系如公式（1-6-3）所示：

$$T=0.0185H+8.2 \qquad (1\text{-}6\text{-}3)$$

式中 T——原始地层温度，℃；

H——油藏埋藏深度，m。

KT-Ⅰ层油气藏埋藏中深 2790m，原始地层温度为 61℃，KT-Ⅱ层油气藏埋藏中深 3684m，各油藏原始地层温度 75~80℃，原始地温梯度为 1.85℃ /hm，属于偏低温系统。

KT-Ⅰ层和 KT-Ⅱ层各油藏原始地层压力分别为 29.1MPa 和 35.27~38.08MPa，压力系数 1.013~1.045MPa/hm，属于正常压力系统。

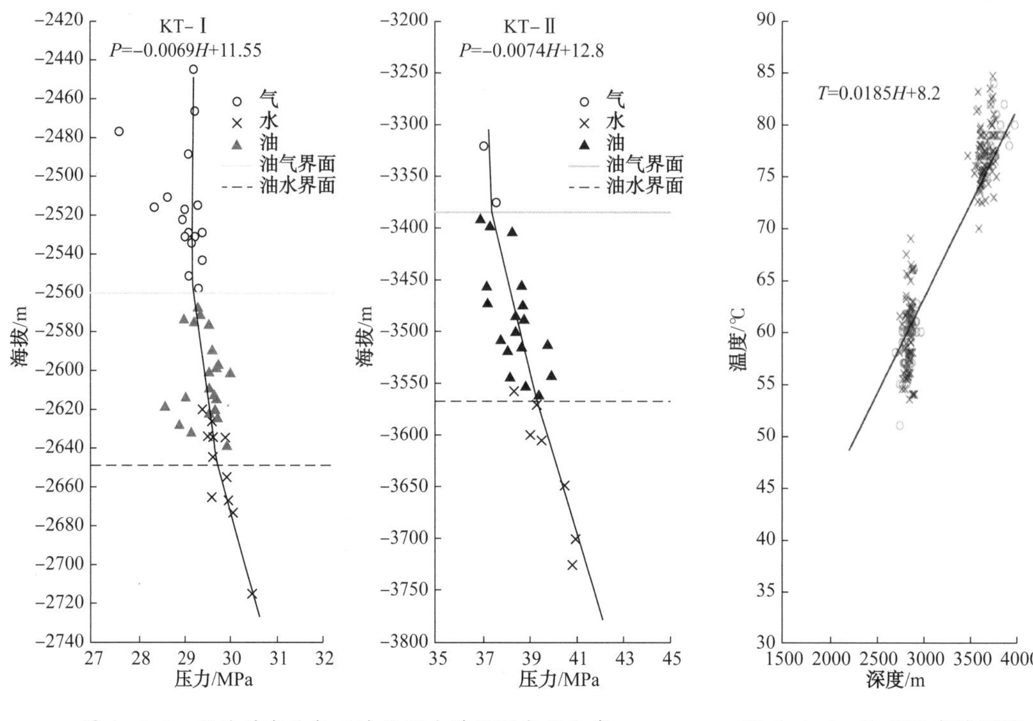

图 1-6-3　让纳若尔油气田地层压力随埋深变化曲线

图 1-6-4　地层温度随埋深变化曲线

四、油气层分布特征

根据完钻井测井解释资料，并对 297 口无解释成果数据井进行复查、核实，以准确落实含油气边界。各小层油气层厚度数据如表 1-6-3 所示，油气层厚度如图 1-6-5 所示。

A_1^1 油气层厚度 0.7~27.2m，平均 9.6m，南穹隆东部油气层发育较厚，西南部发育较薄，北穹隆西南油气层发育；A_1^2 油气层厚度 0.6~23.1m，平均 9.5m，油气层主要在南穹隆发育。

A_2^1 油气层厚度 0.5~18.4m，平均 5.3m，南穹隆发育范围大，北穹隆西南局部区域油气层发育；A_2^2 油气层厚度 0.5~15.0m，平均 5.1m，油气层主要在南穹隆发育。

A_3^1 油气层厚度 0.5~38.7m，平均 9.9m，南穹隆北部比南部发育厚，北穹隆仅西南区域油气层发育；A_3^2 油气层厚度 0.5~12.8m，平均 4.4m，油气层在南、北穹隆零星分布，厚度较小。

$Б_1^1$ 油气层厚度 0.6~17.9m，平均 4.9m，油气层发育较薄，主要在南穹隆发育；$Б_1^2$ 油气层厚度 0.5~25.2m，平均 6.5m，南穹隆全区发育，北穹隆在西南局部区域发育。

$Б_2^1$ 油气层厚度 0.5~40.4m，平均 10.8m，南穹隆北部及东部发育较厚，北穹隆在西南部发育；$Б_2^2$ 油气层厚度 0.5~20.6m，平均 6.5m，南穹隆连片发育，北穹隆呈环状发育，但整体发育较薄；$Б_2^3$ 油气层厚度 0.5~19.1m，平均 5.9m，南穹隆南部较发育，北穹隆呈环状发育，整体厚度较薄。

$В_1^1$ 油气层厚度 0.5~26.7m，平均 6.2m，南穹隆连片发育，北穹隆呈环状发育；$В_1^2$ 油气层厚度 0.5~28.0m，平均 9.2m，南穹隆连片发育，北穹隆呈环状发育。

$В_2^1$ 油气层厚度 0.5~31.3m，平均 12.4m，南、北穹隆均连片发育；$В_2^2$ 油气层厚度 0.6~9.4m，平均 4.1m，南、北穹隆零星发育，且发育差；$В_2^3$ 油气层厚度 0.5~22.7m，平均 7.4m，南穹隆北部连片发育，北穹隆呈环状发育。

$В_3^1$ 油气层厚度 0.6~15.4m，平均 6.0m，北穹隆呈环状发育，南穹隆发育差；$В_3^2$ 油气层厚度 0.6~11.6m，平均 4.5m，南、北穹隆零星发育，且发育差；$В_3^3$ 油气层厚度 0.5~19.8m，平均 7.1m，北穹隆中部局部区域发育，且发育差，南穹隆不发育。

$В_4^1$ 油气层厚度 0.5~15.3m，平均 6.6m，北穹隆零星发育，且发育差，南穹隆不发育；$В_4^2$ 层、$В_4^3$ 层油气层不发育。

表 1-6-3 让纳若尔油气田各小层油层有效厚度数据表 m

层位	油气层厚度			层位	油气层厚度		
	最小值	最大值	平均值		最小值	最大值	平均值
$А_1^1$	0.7	27.2	9.6	$Г_2^1$	0.6	18.4	7.1
$А_1^2$	0.6	23.1	9.5	$Г_2^2$	0.5	14.9	4.2
$А_2^1$	0.5	18.4	5.3	$Г_2^3$	0.6	15.0	3.4
$А_2^2$	0.5	15.0	5.1	$Г_3^1$	0.5	21.4	6.0
$А_3^1$	0.5	38.7	9.9	$Г_3^2$	0.6	30.8	10.1
$А_3^2$	0.5	12.8	4.4	$Г_4^1$	0.7	19.4	10.2
$Б_1^1$	0.6	17.9	4.9	$Г_4^2$	0.6	23.2	10.1
$Б_1^2$	0.5	25.2	6.5	$Г_4^3$	0.6	17.9	6.1
$Б_2^1$	0.5	40.4	10.8	$Г_5^1$	0.6	13.4	4.5
$Б_2^2$	0.5	20.6	6.5	$Г_5^2$	0.6	9.4	2.6
$Б_2^3$	0.5	19.1	5.9	$Г_6^1$	0.5	6.3	2.7
$В_1^1$	0.5	26.7	6.2	$Г_6^2$	0.6	8.9	3.1
$В_1^2$	0.5	28.0	9.2	$Г_6^3$	0.7	16.8	6.5
$В_2^1$	0.5	31.3	12.4	$Д_1^1$	0.5	28.2	7.8
$В_2^2$	0.6	9.4	4.1	$Д_1^2$	0.5	38.2	15.7
$В_2^3$	0.5	22.7	7.4	$Д_2^1$	0.5	20.0	5.1
$В_3^1$	0.6	15.4	6.0	$Д_2^2$	0.5	16.6	5.5
$В_3^2$	0.6	11.6	4.5	$Д_3^1$	0.5	19.5	7.0
$В_3^3$	0.5	19.8	7.1	$Д_3^2$	0.5	44.8	11.4
$В_4^1$	0.5	15.3	6.6	$Д_4^1$	0.5	14.8	4.7
$В_4^2$	0.7	4.5	2.4	$Д_4^2$	0.5	17.2	8.6
$В_4^3$	2.6	8.0	5.3	$Д_4^3$	0.5	26.6	11.6
$Г_1^1$	0.8	18.9	7.6	$Д_4^4$	0.5	26.0	8.4
$Г_1^2$	0.7	14.8	7.7	$Д_5$	2.8	33.6	18.8
$Г_1^3$	0.6	10.4	2.9				

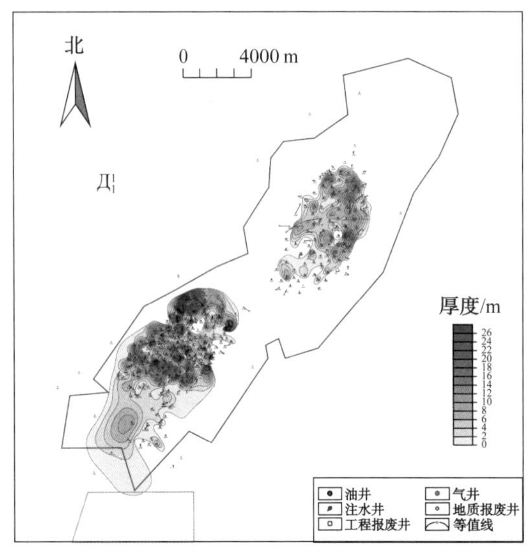

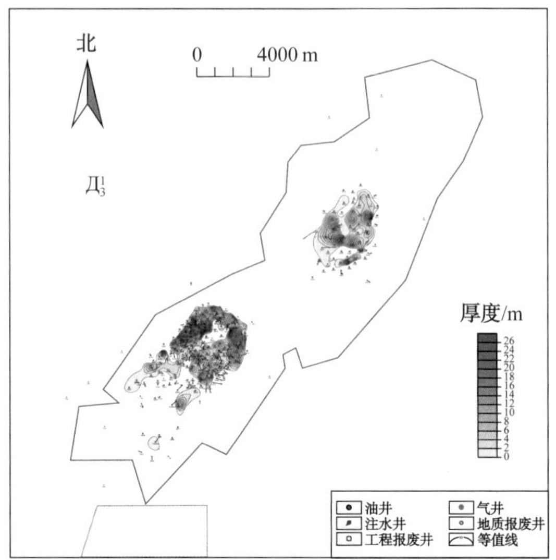

图 1-6-5 让纳若尔油气田油气层厚度图

Γ_1^1 油气层厚度 0.8~18.9m，平均 7.6m，北穹隆东北部发育较厚，西南部发育较薄，南穹隆不发育；Γ_1^2 油气层厚度 0.7~14.8m，平均 7.7m，发育特征与 Γ_1^1 相似；Γ_1^3 油气层厚度 0.6~10.4m，平均 2.9m，北穹隆发育较薄，中部呈条带状分布，西南部呈点状分布，南穹隆不发育。

Γ_2^1 油气层厚度 0.6~18.4m，平均 7.1m，北穹隆中部发育较厚，南穹隆发育较薄，呈条带状及点状分布；Γ_2^2 油气层厚度 0.5~14.9m，平均 4.2m，北穹隆西北部发育较厚，南穹隆发育较薄，呈点状分布；Γ_2^3 油气层厚度 0.6~15.0m，平均 3.4m，北穹隆西南部发育较厚，南穹隆发育较薄，呈点状分布。

Γ_3^1 油气层厚度 0.5~21.4m，平均 6.0m，北穹隆西南部发育较厚，南穹隆有效厚度发育较薄，呈点状分布；Γ_3^2 油气层厚度 0.6~30.8m，平均 10.1m，发育特征与 Γ_3^1 层相似。

Γ_4^1 油气层厚度 0.7~19.4m，平均 10.2m，北穹隆西南部发育较厚，南穹隆发育较薄；Γ_4^2 油气层厚度 0.6~23.2m，平均 10.1m，北穹隆西北部发育较厚，南穹隆发育较薄；Γ_4^3 油气层厚度 0.6~17.9m，平均 6.1m，北穹隆西南部发育较厚，南穹隆发育较薄。

Γ_5^1 油气层厚度 0.6~13.4m，平均 4.5m，北穹隆发育较厚，南穹隆发育较薄，呈条带状及点状分布；Γ_5^2 油气层厚度 0.6~9.4m，平均 2.6m，发育特征与 Γ_5^1 层相似。

Γ_6^1 油气层厚度 0.5~6.3m，平均 2.7m，仅在北穹隆发育且较薄，南穹隆不发育；Γ_6^2 油气层厚度 0.6~8.9m，平均 3.1m，北穹隆东南部发育较厚，呈条带状分布，南穹隆西北部发育较厚，呈条带状及点状分布；Γ_6^3 油气层厚度 0.7~16.8m，平均 6.5m，北穹隆中部发育较厚，南穹隆发育较薄。

$Д_1^1$ 油气层厚度 0.5~28.2m，平均 7.8m，南穹隆西北、东南部发育较厚，北穹隆东部发育较厚；$Д_1^2$ 油气层厚度 0.5~38.2m，平均 15.7m，南穹隆西北部及中部发育较厚，南部发育较薄，北穹隆东部发育较厚。

$Д_2^1$ 油气层厚度 0.5~20.0m，平均 5.1m，南穹隆西北部发育较厚，北穹隆发育较薄；$Д_2^2$ 油气层厚度 0.5~16.6m，平均 5.5m，发育特征与 $Д_2^1$ 层相似。

$Д_3^1$ 油气层厚度 0.5~19.5m，平均 7.0m，南穹隆西北部及东北部发育较厚，北穹隆有效厚度发育较薄，呈条带状分布；$Д_3^2$ 油气层厚度 0.5~44.8m，平均 11.4m，发育特征与 $Д_3^1$ 层相似。

$Д_4^1$ 油气层厚度 0.5~14.8m，平均 4.7m，仅在南穹隆北部发育且较薄，北穹隆不发育；$Д_4^2$ 油气层厚度 0.5~17.2m，平均 8.6m，在南穹隆北中部发育较厚，北穹隆不发育；$Д_4^3$ 油气层厚度 0.5~26.6m，平均 11.6m，发育特征与 $Д_4^2$ 层相似；$Д_4^4$ 油气层厚度 0.5~26.0m，平均 8.4m，发育特征与 $Д_4^3$ 层相似。

$Д_5$ 油气层厚度 2.8~33.6m，平均 18.8m，呈孤立点状分布。

五、储层物性展布特征

储层物性平面分布特征研究主要是利用储层参数测井解释结果，以小层为基本评价单元，绘制了 A、Б 、В、Г 、Д 共 49 个小层的储层孔隙度和渗透率平面分布图，此处只展示孔隙度平面分布图（图 1-6-6），渗透率展布与孔隙度相似。

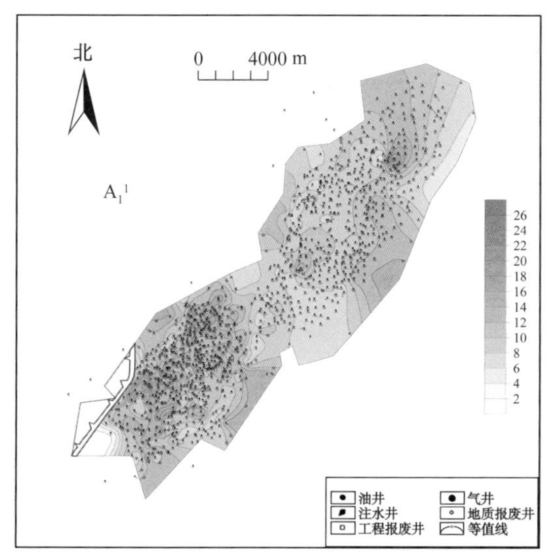

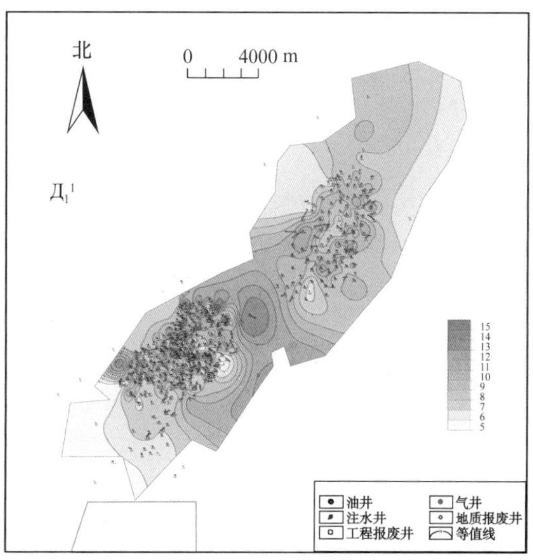

图 1-6-6　让纳若尔油气田孔隙度平面分布图

A_1^1、A_1^2、A_2^1、A_2^2 层整体表现为构造高部位储层物性较好，渗透率较高，东、西两翼储层物性较差，且南穹隆储层物性好于北穹隆的；A_3^1、A_3^2、$Б_1^1$、$Б_1^2$、$Б_2^1$、$Б_2^2$ 层在靠近鞍部附近储层渗透率较高；$Б_2^3$层在南穹隆中部及东南部渗透率较高。B_1^1层在北穹隆局部区域渗透率较高；B_1^2、B_2^1层在构造高部位储层物性较高，渗透率较高；B_2^2、B_2^3层在南、北穹隆局部区域渗透率出现高值。B_3^1、B_3^2层整体渗透率较低；B_3^3、B_4^1层北穹隆构造高部位储层物性好，渗透率较高，储层物性好于南穹隆。B_4^2、B_4^3层局部区域渗透率出现高值，整体储层物性较差（表1-6-4）。

$Г_1^1$、$Г_1^2$层在北穹隆东北部孔隙度较高，南穹隆尖灭；$Г_1^3$北穹隆中部及西北部孔隙度较高，南穹隆尖灭。$Г_2^1$层北穹隆北部及东南部孔隙度较高；$Г_2^2$层在北穹隆北部、东南部储层物性较好；$Г_2^3$层在北穹隆东南部、南穹隆西部储层物性较好。$Г_3^1$层在北穹隆西北部、南穹隆西南部储层物性较好，$Г_3^2$层在北穹隆西南部储层物性较好，孔隙度较高。$Г_4^1$层在工区鞍部、北穹隆东南部孔隙度较高；$Г_4^2$层在北穹隆南部、南穹隆西南部孔隙度较高，且北穹隆物性好于南穹隆；$Г_4^3$层在北穹隆西南部、东北部，南穹隆东北部孔隙度较高。$Г_5^1$层在北穹隆中部、东南部孔隙度较高；$Г_5^2$层在北穹隆东南部及中部、南穹隆中部及东北部孔隙度较高。$Г_6^1$层在北穹隆东南部孔隙度较高，南穹隆尖灭；$Г_6^2$层在北穹隆东南部储层物性较好；$Г_6^3$层在北穹隆东南部、南穹隆西北部储层物性较好，孔隙度较高。

$Д_1^1$层工区鞍部；$Д_1^2$层南穹隆北部及东南部、北穹隆东部较高。$Д_2^1$层工区鞍部、南穹隆构造边部、北穹隆东部较高；$Д_2^2$层在工区鞍部及南、北穹隆构造高部位储层物性较好。$Д_3^1$层在南穹隆东北部、北穹隆西南部储层物性较好；$Д_3^2$层在南穹隆东北部储层物性较好，孔隙度较高。$Д_4^1$层在南穹隆东部、北穹隆东南部孔隙度较高；$Д_4^2$层在南穹隆东北部、北穹隆中部孔隙度较高，且物性南穹隆好于北穹隆；$Д_4^3$层在南穹隆东北部、北穹隆东南部孔隙度较高；$Д_4^4$层在南穹隆东部、北穹隆东南部孔隙度较高。$Д_5$层在南穹隆中部及东南部、北穹隆中部孔隙度较高。

表1-6-4 让纳若尔油气田各小层储层物性数据表

层位	孔隙度/%			渗透率/$10^{-3}\mu m^2$		
	最小值	最大值	平均值	最小值	最大值	平均值
A_1^1	3.0	22.5	12.2	0.01	517.09	54.00
A_1^2	4.5	23.1	12.3	0.01	552.48	54.36
A_2^1	1.8	25.9	11.8	0.01	2187.52	57.99
A_2^2	6.0	21.0	11.5	0.01	866.48	34.05
A_3^1	5.1	19.9	10.5	0.01	219.58	19.42
A_3^2	4.4	18.0	10.7	0.01	330.14	22.56
$Б_1^1$	6.5	17.1	10.5	0.01	429.80	20.34
$Б_1^2$	4.7	19.0	10.6	0.01	273.25	18.27
$Б_2^1$	4.5	20.0	10.0	0.01	254.51	16.31

续表

层位	孔隙度 /%			渗透率 /$10^{-3}\mu m^2$		
	最小值	最大值	平均值	最小值	最大值	平均值
$Б_2^2$	4.3	16.9	10.0	0.01	244.35	18.84
$Б_2^3$	5.5	17.0	9.6	0.01	209.82	16.33
$В_1^1$	4.6	19.5	9.4	0.01	616.85	26.96
$В_1^2$	5.1	19.5	9.4	0.01	326.30	16.25
$В_2^1$	5.1	17.2	9.2	0.01	250.23	12.12
$В_2^2$	5.8	16.5	9.2	0.01	240.88	13.92
$В_2^3$	3.8	16.0	9.1	0.01	186.85	13.36
$В_3^1$	3.5	15.5	8.9	0.01	124.51	8.65
$В_3^2$	4.5	17.4	9.8	0.01	86.60	11.14
$В_3^3$	5.0	25.7	10.5	0.01	614.65	17.02
$В_4^1$	5.9	25.4	11.4	0.01	560.77	27.59
$В_4^2$	4.4	22.0	10.3	0.01	834.21	10.91
$В_4^3$	5.8	26.1	10.6	0.01	989.37	18.93
$Г_1^1$	5.8	15.3	11.3	0.01	281.6	19.0
$Г_1^2$	5.0	17.3	11.3	0.01	4468.7	79.6
$Г_1^3$	6.6	13.2	9.9	0.06	155.9	7.7
$Г_2^1$	6.8	15.0	10.1	0.03	209.0	4.8
$Г_2^2$	6.2	13.2	9.6	0.02	32.0	1.4
$Г_2^3$	5.4	14.6	9.6	0.03	131.7	3.5
$Г_3^1$	5.5	13.5	9.8	0.02	42.0	2.5
$Г_3^2$	6.1	13.9	10.0	0.02	128.6	6.0
$Г_4^1$	7.3	15.0	10.4	0.04	685.1	8.6
$Г_4^2$	6.6	14.9	10.4	0.02	181.8	6.8
$Г_4^3$	6.7	12.6	9.7	0.01	16.8	1.9
$Г_5^1$	6.3	13.8	9.2	0.02	68.8	2.1
$Г_5^2$	6.5	15.3	10.0	0.02	259.9	5.2
$Г_6^1$	7.0	15.5	10.2	0.04	335.4	7.3
$Г_6^2$	6.3	12.0	10.0	0.02	8.9	1.6
$Г_6^3$	6.5	14.0	10.1	0.02	70.6	4.1
$Д_1^1$	5.8	14.0	9.2	0.03	4144.9	16.0
$Д_1^2$	5.5	19.8	9.2	0.01	1969.8	8.4
$Д_2^1$	5.8	13.5	9.0	0.01	375.8	3.5
$Д_2^2$	6.4	12.6	8.7	0.02	16.5	0.7
$Д_3^1$	6.2	14.1	8.9	0.02	289.7	3.5

续表

层位	孔隙度 /%			渗透率 /$10^{-3}\mu m^2$		
	最小值	最大值	平均值	最小值	最大值	平均值
$Д_3^2$	6.3	22.0	9.2	0.02	6000.0	32.9
$Д_4^1$	6.3	13.3	9.4	0.02	85.8	3.4
$Д_4^2$	6.0	15.2	10.3	0.02	429.2	21.1
$Д_4^3$	6.7	14.5	10.1	0.04	231.6	10.0
$Д_4^4$	6.0	14.2	9.6	0.04	991.2	17.7
$Д_5$	6.6	17.7	10.6	0.04	2717.8	89.4

第七节　碳酸盐岩储层建模技术

一、地质建模的目的层

自 2017 年以来，让纳若尔油气田新钻井 159 口，随着油田的深入勘探开发，需要精细的地质模型来配合研究。本次研究的目的层是 KT-Ⅰ、KT-Ⅱ层，KT-Ⅰ层细分为 A、Б、В 三个油层组，KT-Ⅱ层细分为 Г、Д 两个油层组。随着钻井的增多，开发井网较完善，结合地震新解释成果，建立精细地质模型，为措施挖潜、方案调整和油藏的经营管理服务。

二、建模的原则与思路

将地震解释成果、地质认识和井点资料充分结合，把井点作为硬数据，地震解释构造约束井间趋势，提高构造模型的可靠性。采用确定性建模方法建立属性模型。分层井点处的油层厚度为该层内解释油层厚度的算术累加值，在平面分布趋势上进行插值运算，井间采取井距之半控制油层边界，油层在边部（综合考虑油水界面等高线）外推一个井距作为边界。孔渗模型中单井各小层的孔隙度和渗透率为有效厚度的加权平均值。

三、数据准备

地质建模工作应用 RMS 建模软件，利用了以下几类数据。

1. KT-Ⅰ层

①井数据：矿权范围内 1187 口井的坐标及井轨迹数据；

②层面数据：地震解释 А、Б、В 层顶、底面构造数据，工区内 1187 口井的地质分层数据；

③断层数据：断层性质、断距等，共计 52 条断裂；

④储层数据：1187 口井目的层测井解释成果数据，包括油水层解释、孔隙度、渗透率和含油饱和度数据；各小层的油气层边界，油气层厚度、孔隙度、渗透率分布图等。

2. KT-Ⅱ层

①井数据：矿权范围内 696 口井的井口坐标及井轨迹数据；

②层面数据：地震解释 $Г_1^1$、$Г_2^1$、$Г_3^1$、$Г_4^1$、$Г_5^1$、$Г_6^1$、$Д_1^1$、$Д_2^1$、$Д_3^1$、$Д_4^1$、$Д_5$ 层顶面构造数据，工区内 696 口井地层对比数据；

③断层数据：断层性质、断距等，共计 52 条断裂；

④储层数据：工区内 696 口井目的层的测井解释成果数据，包括各井垂向上的油水层解释、岩性解释、孔隙度、渗透率和含油饱和度参数，利用 GPT 油藏描述软件圈定了各小层的油气层分布边界，并在边界内绘制了油气层厚度、孔隙度、饱和度、渗透率等图件，并以此作为建模前的准备数据。

四、构造建模

1. KT-Ⅰ层构造模型

构造模型分为断层模型和层面模型两部分。利用最新的断裂解释成果，建立断层模型，明确断层性质、断层产状、断距大小等。让纳若尔油气田 KT-Ⅰ层发育断层 52 条，包括正断层、逆断层和走滑断层，断层交切关系复杂。通过对断层的削截、相交关系的反复对比和校正，以提高断层模型的精度。本区无断点资料，主要利用井上分层数据，对断层模型进行检查和校正，结果如图 1-7-1 所示。

根据对 А、Б、В 层的地质认识，А 层纵向上划分了 6 个小层，Б 层纵向上划分了 5 个小层，В 层纵向上划分了 11 个小层。在前期建模的基础上，本次建模利用构造新认识将地震解释的 $А_1^1$、$Б_1^1$、$В_1^1$、$В_5$ 4 层顶面作为主层面，其他小层为亚层面。为提高构造建模的质量，首先结合地震解释及地质分层建立了 $А_1^1$、$Б_1^1$、$В_1^1$、$В_5$ 四层顶面模型，在此基础上通过参考主层面的构造并结合每个小层的厚度分布，建立 $А_1^2$、$А_2^1$、$А_2^2$、$А_3^1$、$А_3^2$、$Б_1^2$、$Б_2^1$、$Б_2^2$、$Б_2^3$、$В_1^2$、$В_2^1$、$В_2^2$、$В_2^3$、$В_3^1$、$В_3^2$、$В_3^3$、$В_4^1$、$В_4^2$、$В_4^3$ 共 19 个小层的顶面模型（图 1-7-2）。

在前期建模的基础上，利用新的构造认识及新井分层，南部扩边井、鞍部加密井点丰富，结合地震解释，进行构造模型校正，重点校正 KT-Ⅰ层鞍部及南部。KT-Ⅰ层整体构造形态由南、北两个背斜组成，中间以鞍部相连，各层构造继承性较好，构造特征相似（图 1-7-3），平面上被多条断裂切割。

图 1-7-1 KT-Ⅰ层断层模型

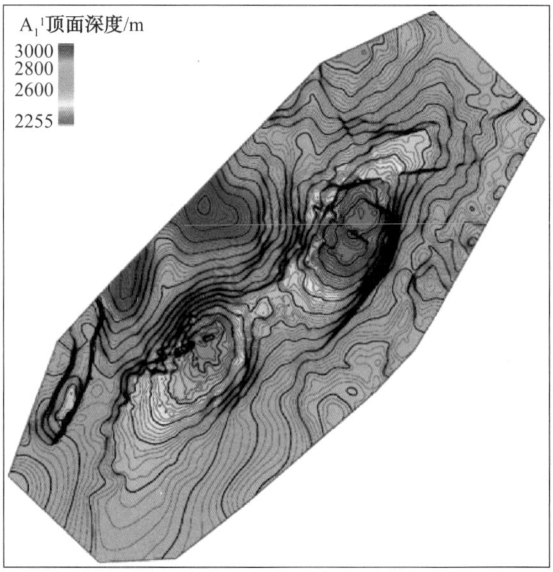

$A_1{}^1$顶面深度/m
3000
2800
2600
2255

图 1-7-2 $A_1{}^1$ 顶面构造图

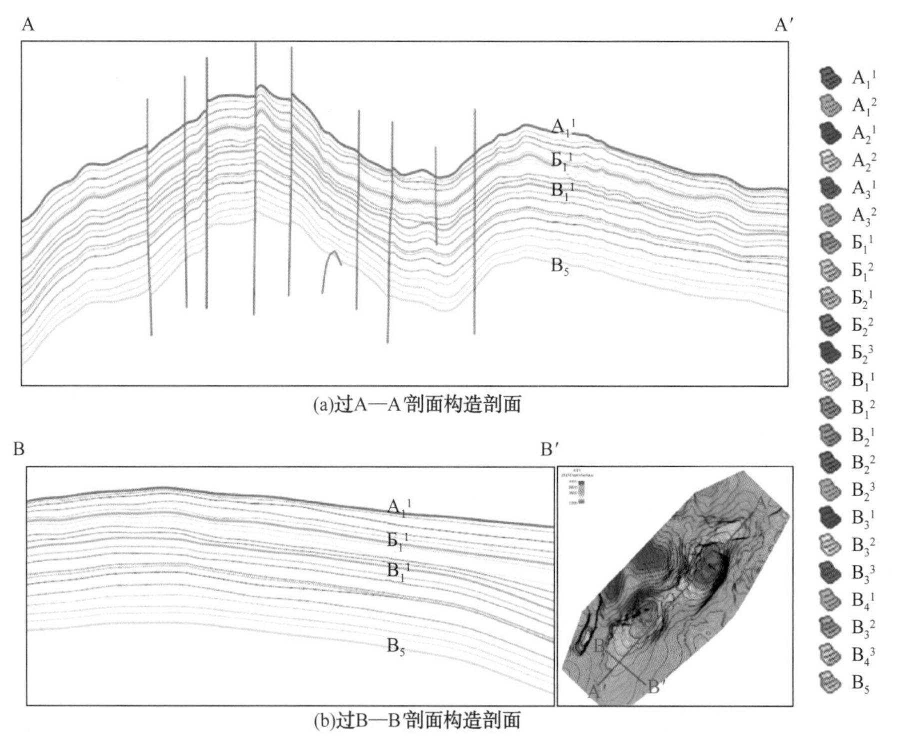

(a)过A—A′剖面构造剖面

(b)过B—B′剖面构造剖面

图 1-7-3 过任意剖面构造模型图

2. KT-Ⅱ层构造模型

整体分析断层模型是否合理，断层的削截、相交等关系是否正确等。反复对比和校正，都会进一步提高断层模型的精度，降低不确定性。让纳若尔油气田 KT-Ⅱ层发育断层

52 条，包括正断层、逆断层和走滑断层，断层交切关系复杂。利用现有资料对断层模型进行检查和校正。本区无断点资料，主要利用井上分层数据。在断层附近，出现分层和层面异常问题，在确定分层没有问题的情况下，根据分层点调整断层位置和断面形态，重建断层模型（图 1–7–4）。沿平行及垂直构造方向做剖面检查并对构造模型进行精细调整，整体构造特征为南、北两个背斜，被多条断裂切割，鞍部发育 X 形走滑断裂（图 1–7–5）。

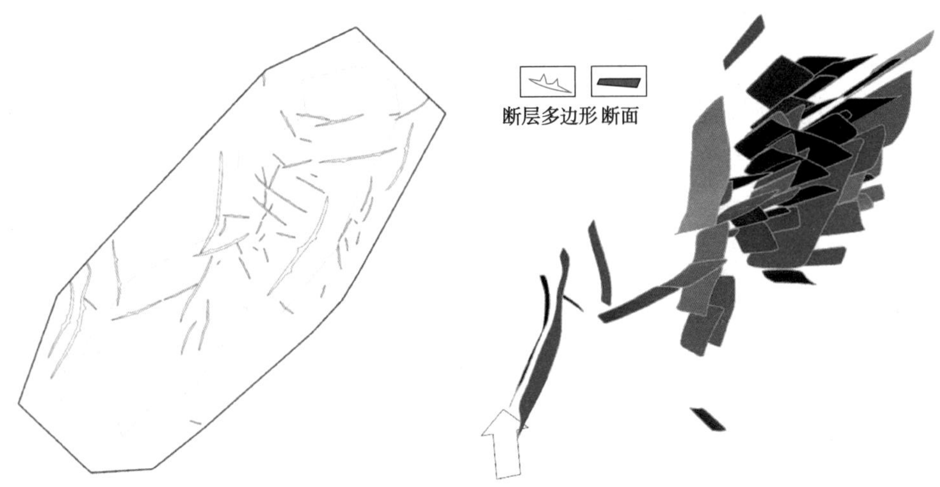

图 1–7–4 断层分布及模型

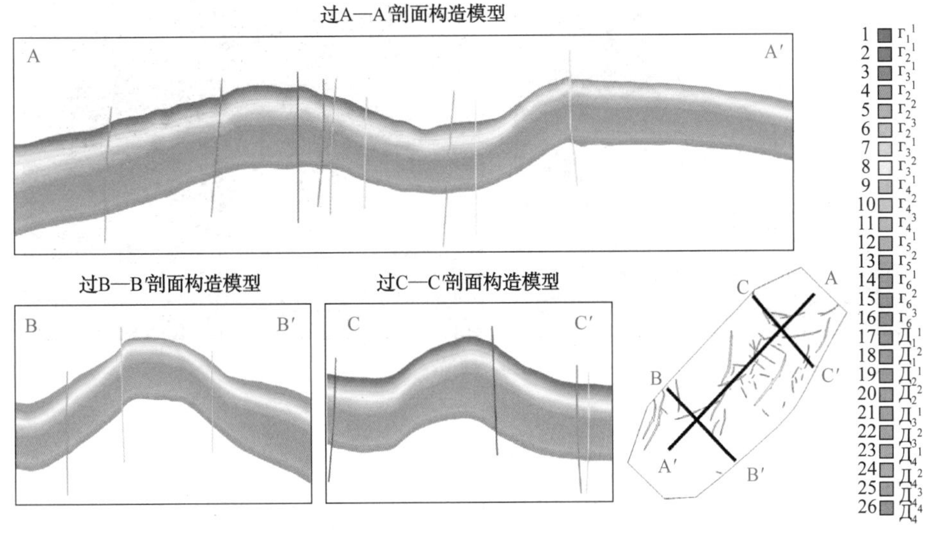

图 1–7–5 过任意剖面检查构造模型

根据对 Г、Д 层的地质认识，Г 层纵向上划分了 16 个小层，Д 层纵向上划分了 11 个小层。本次建模将地震解释的 $Г_1^1$、$Г_2^1$、$Г_3^1$、$Г_4^1$、$Г_5^1$、$Г_6^1$、$Д_1^1$、$Д_2^1$、$Д_3^1$、$Д_4^1$、$Д_5$ 顶面作为主层面，其他小层为亚层面。为提高构造建模的质量，首先结合地震解释及地质分层建立了主层面 $Г_1^1$、$Г_2^1$、$Г_3^1$、$Г_4^1$、$Г_5^1$、$Г_6^1$、$Д_1^1$、$Д_2^1$、$Д_3^1$、$Д_4^1$、$Д_5$ 层

顶面模型。在此基础上通过参考主层面的构造并结合地质分层中各小层的厚度分布，建立亚层面 Γ_1^2、Γ_1^3、Γ_2^2、Γ_2^3、Γ_3^2、Γ_4^2、Γ_4^3、Γ_5^2、Γ_6^2、Γ_6^3、Д_1^2、Д_2^2、Д_3^2、Д_4^2、Д_4^3、Д_4^4 层顶面模型。KT-Ⅱ层地层受上部地层剥蚀，在研究区西南部引起地层尖灭，在 Γ_1^1、Γ_1^2、Γ_1^3、Γ_6^1、Д_5 层均存在不同程度的尖灭，精细调整构造面，控制尖灭形态。

让纳若尔油气田 KT-Ⅱ层整体构造模型具有以下特征。

（1）KT-Ⅱ层顶面构造由南、北两个雁行排列的局部高点组成，走向为北东—南西向的复合型背斜构造，各小层构造继承性很好，构造特征相似。

（2）Γ 层呈北厚南薄的趋势，其他层厚度分布稳定，Γ_1^1 到 Γ_1^3 南部高点地层尖灭，由上至下尖灭范围逐渐变小，此外，Γ_6^1 在南高点处尖灭。

（3）全区发育断裂 52 条，多为正断裂，其中有 5 条走滑断裂，分布于南北高点之间，呈 X 形分布。

五、网格设计

根据油田地质情况、井网密度以及后期开发需要，将模型平面网格定义为 30m×30m；纵向网格每层一个，KT-Ⅰ层网格总数为 8270790 个，KT-Ⅱ层网格总数为 14964768 个（图 1-7-6）。

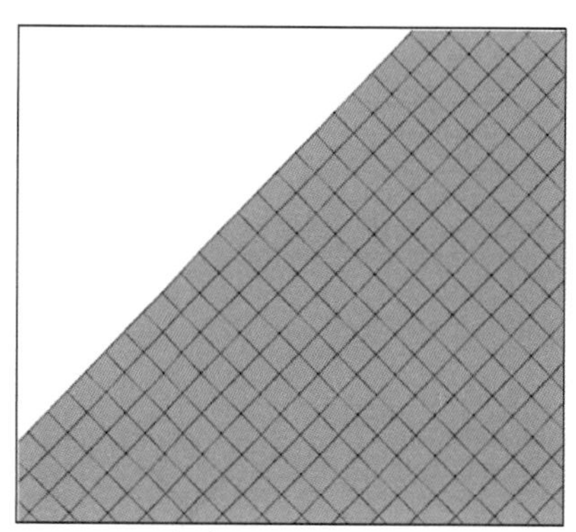

图 1-7-6　平面网格方向

岩相
非储层
储层

图 1-7-7　KT-Ⅰ层岩相模型

六、岩相模型

首先，根据测井解释结论对井数据进行储层相与非储层相的划分；其次，把井点储层相离散化到三维构造网格中，统计分析所有井储层在每一层的垂向分布规律；最后，利用滑动平均方法进行插值计算，根据每一层测井储层分布规律，给定截取值得到三维相分布数据体，从而分别建立 KT-Ⅰ层和 KT-Ⅱ层三维储层岩相分布模型（图 1-7-7~图 1-7-10）。

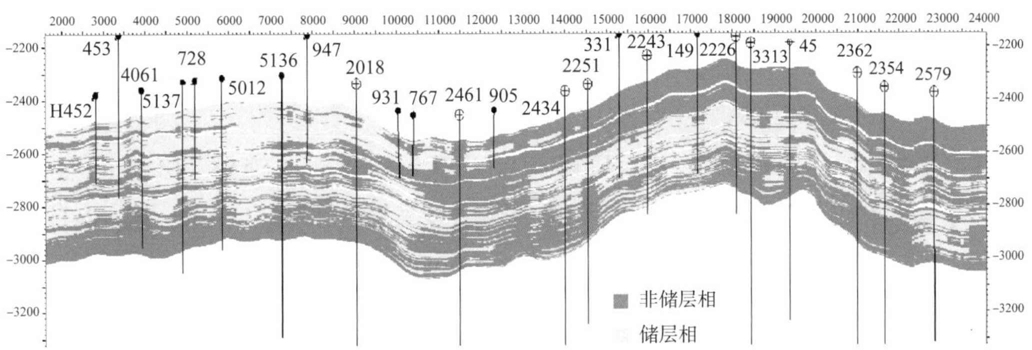

图 1-7-8　KT-Ⅰ层模型南北向岩相剖面

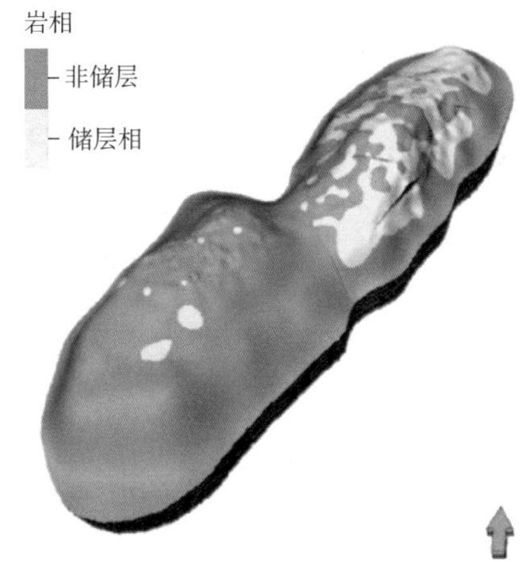

图 1-7-9　KT-Ⅱ层岩相模型

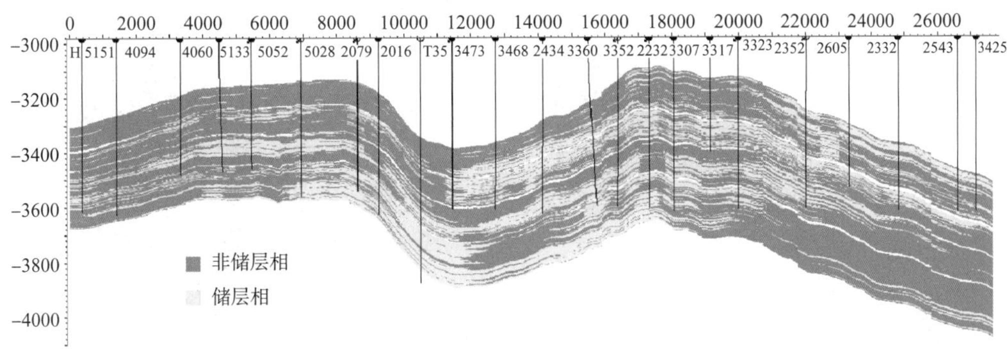

图 1-7-10　KT-Ⅱ层模型南北向岩相剖面

七、属性模型

油气储层厚度建模是在构造模型的基础上，在沉积模式的指导下，应用油气层厚度平面场数据进行井间三维预测。储层属性模型是以测井解释孔隙度、渗透率和含油饱和度为基础数据，经过数据统计分析，平面趋势分布成图后，采用确定性建模的方法，对小层孔隙度、渗透率和含油饱和度进行赋值，在油水分布的约束下，建立孔渗饱模型。

1. KT-Ⅰ层属性模型

$А_1^1$、$А_1^2$、$А_2^1$、$А_2^2$、$А_3^1$、$А_3^2$层以气层发育为主，含油较少，$Б_1^1$、$Б_1^2$、$Б_2^1$、$Б_2^2$、$Б_2^3$层含油逐渐增多，为主要的产油层，В层主要发育油层（图1-7-11~图1-7-13）。

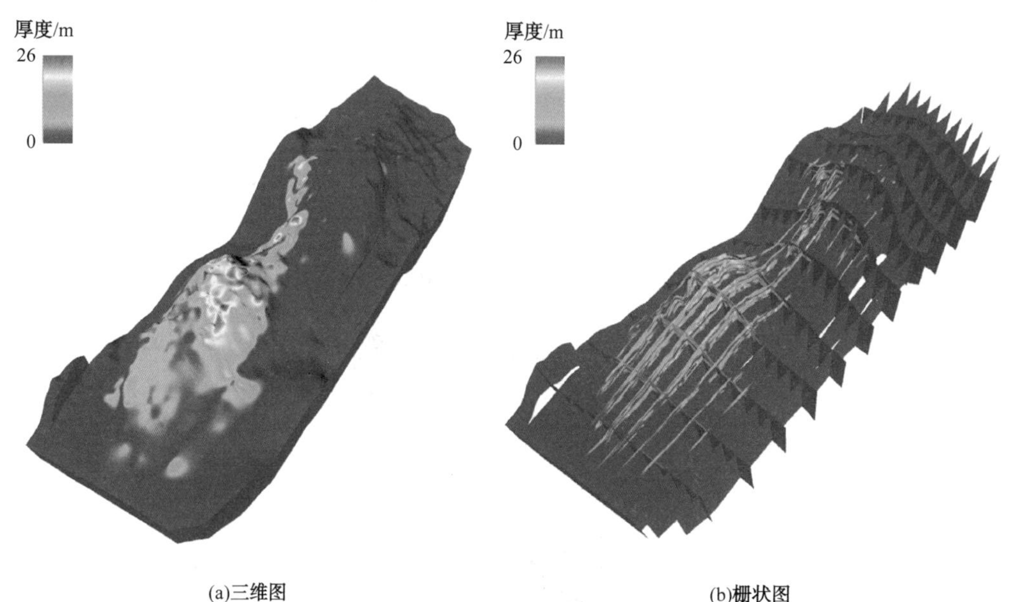

图1-7-11　KT-Ⅰ层有效厚度模型三维图和栅状图

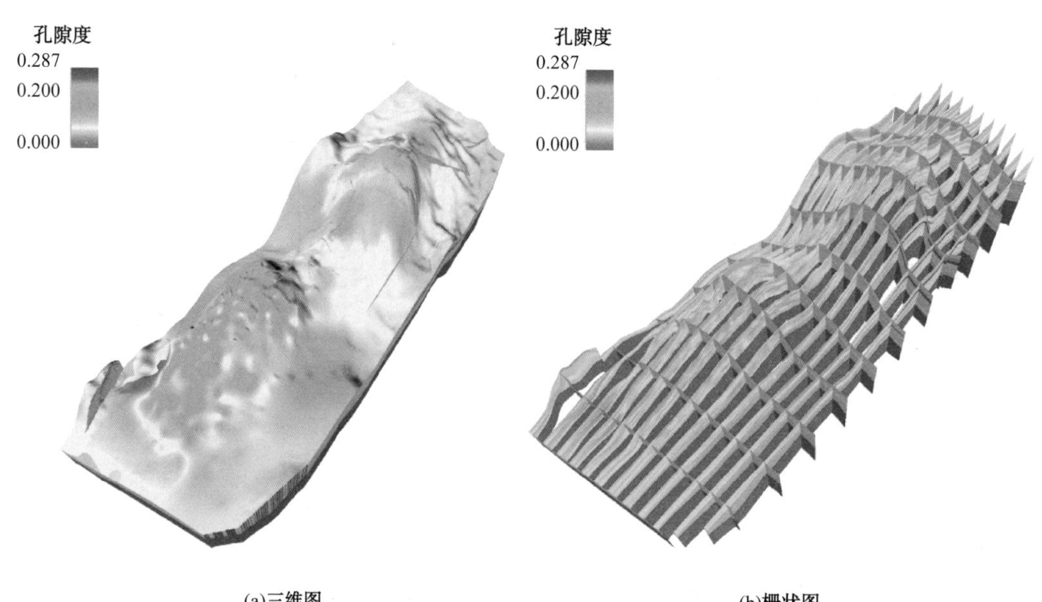

图1-7-12　KT-Ⅰ层孔隙度模型三维图和栅状图

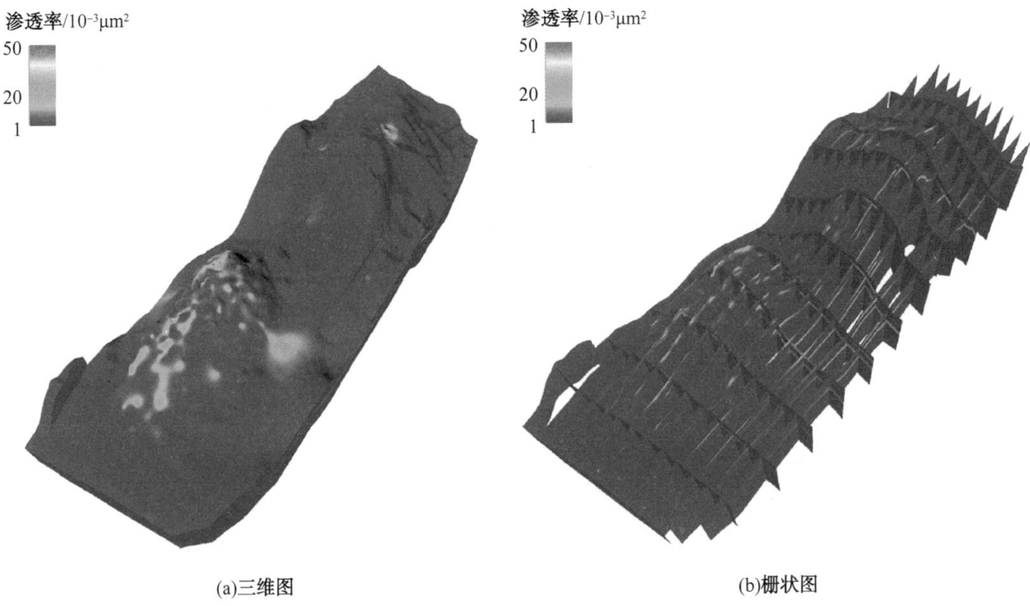

图 1-7-13 KT-Ⅰ层渗透率模型三维图和栅状图

2. KT-Ⅱ层属性模型

采用 KT-Ⅰ层属性模型相同方法建立了 KT-Ⅱ层属性模型（图 1-7-14~ 图 1-7-16）。

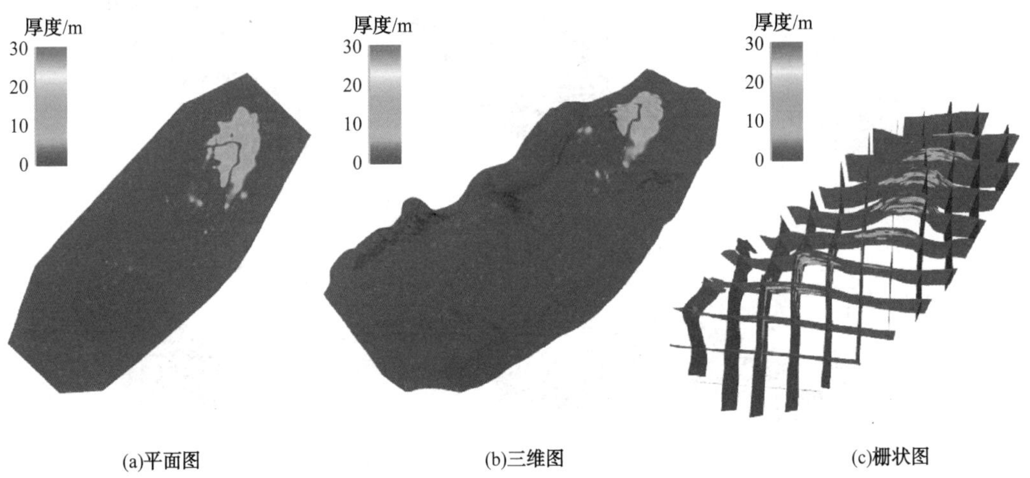

图 1-7-14 KT-Ⅱ层厚度模型平面图、三维图和栅状图

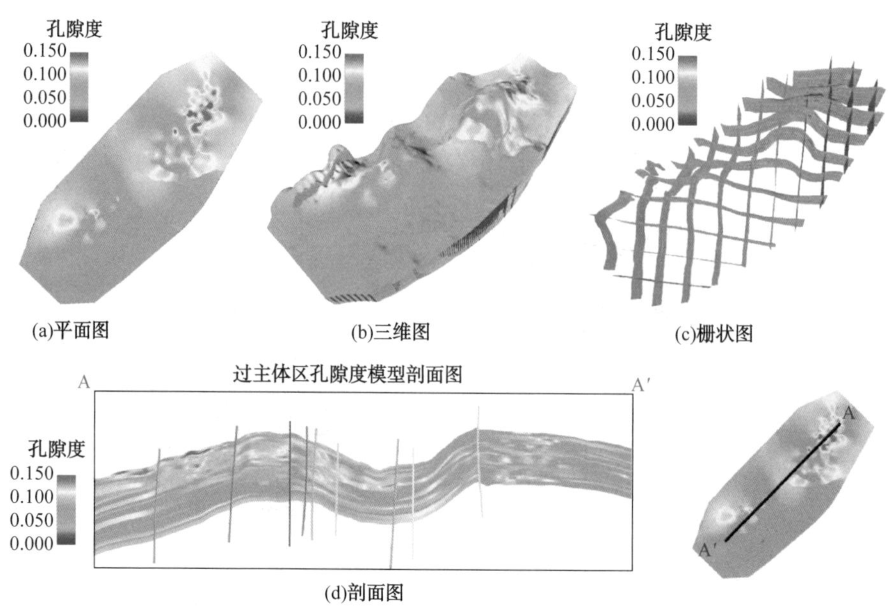

图 1-7-15 KT-Ⅱ层孔隙度模型平面图、三维图、栅状图和剖面图

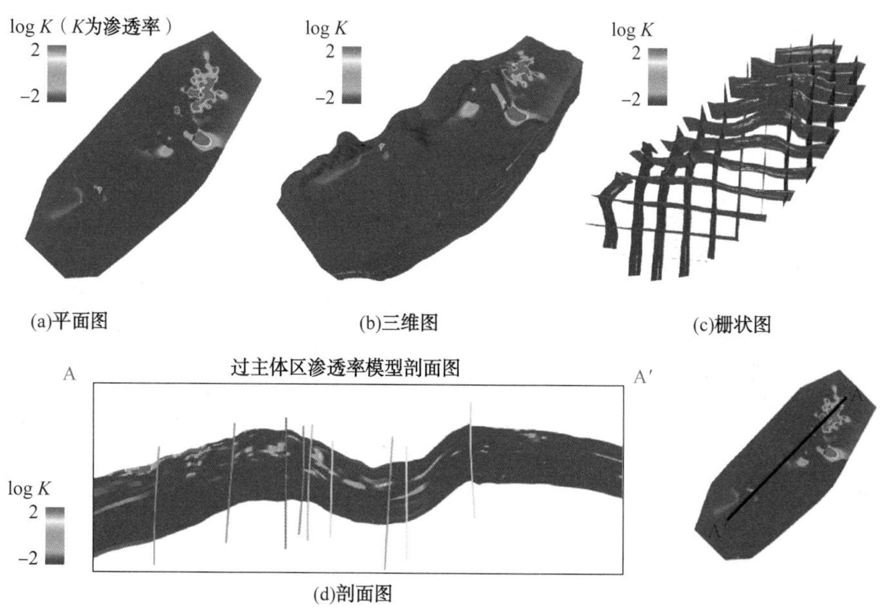

图 1-7-16 KT-Ⅱ层渗透率模型平面图、三维图、栅状图和剖面图

第二章
油气藏剩余油气分布

第一节 剩余油赋存机理

一、微观渗流模拟的技术路线

对于常规岩芯，基于数字岩芯和孔隙网络模型进行微观渗流模拟研究的技术路线如图 2-1-1 所示。具体思路如下：首先，基于真实岩样，采用最优化方法和一定的数值算法构建三维数字岩芯；其次，在满足流动相似和几何相似的原则下提取几何拓扑结构等价的三维孔隙网络模型，从而形成微观流动模拟的研究平台[25]；最后，基于数字岩芯研究平台可对岩芯结构特征和流体渗流特征进行简单分析，基于孔隙网络模型研究平台可进一步分析岩芯的几何拓扑结构特征，并模拟流体在多孔介质中的流动，进而形成完整的微观渗流理论。

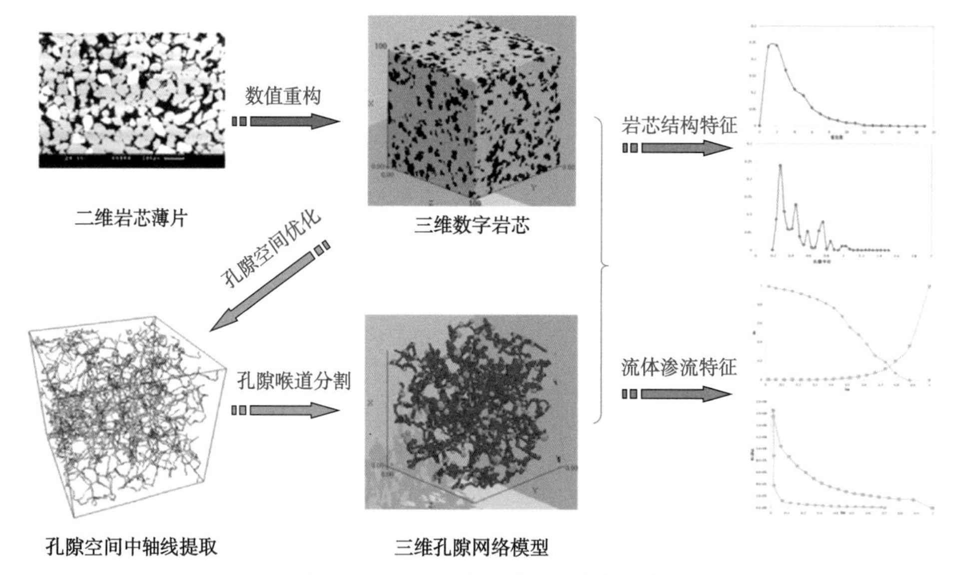

图 2-1-1 微观渗流模拟的技术路线

数字岩芯的建模技术主要分为物理实验法和数值重建法[26]两大类。物理实验法是指通过高精度仪器直接获取岩芯的三维结构数据体，即数字岩芯。包括系列切片法、聚焦扫描法和 CT 扫描法。物理实验法在获取有价值三维孔隙结构的图像时，设备要求高并且价格昂贵，工业化推广应用较难；此外，这类方法还受到分辨率和图像尺度的限制，因为高分辨率和大尺寸图像是不可兼得的，这样就限制了以 CT 扫描为代表的物理实验方法的应用。数值重建法是指基于少量的岩芯二维薄片资料，通过数值计算来构建三维数字岩芯的方法。目前常见的数值重建法主要有以下几种：高斯模拟法、过程模拟法、模拟退火法、多点统计法和马尔可夫链蒙特卡洛法。

三维孔隙网络模型是进行多孔介质微观多相流研究的基础，孔隙网络模型能够再现复杂的孔隙空间，在提取的孔隙网络模型中模拟微观流动，不仅可以降低实验成本，缩短实验数据获取周期，还可以得到实验室内难以测量的实验数据，对提高原油采收率具有重要意义。根据所建网络模型的拓扑特征，可将三维孔隙网络模型分为规则拓扑孔隙网络模型和真实拓扑孔隙网络模型两类。

碳酸盐岩在成岩过程中常常伴随着出现化学溶解、二次沉淀、白云岩化和压裂等复杂现象，非均质性强，孔隙尺寸跨度大，孔隙空间存在孔隙、裂缝和溶洞，不同类型孔隙空间尺寸差距巨大，可以达到几个数量级。

二、双孔隙网络模型的构建

双孔隙网络模型的构建尽可能保留原始大孔隙网络模型和微孔隙网络模型的性质，而孔隙网络模型的几何拓扑结构是保证模型准确性的重要评价标准。因此首先需要对大孔隙和微孔隙网络模型的几何拓扑结构参数进行分析。几何参数主要包括孔喉尺寸概率分布、孔隙体积概率分布、喉道长度概率分布、形状因子、迂曲度等，拓扑参数主要包括网络连通性函数、配位数等。

2000 年，Ioannidis 等引入双孔隙网络模型的概念描述溶洞型油藏中的溶洞孔隙和次生孔隙的结构特征，其中次生孔隙的孔隙分布特征通过 X 射线 CT 设备进行扫描获取，基于孔隙度分布函数叠加溶洞系统，进而描述溶洞孔隙和次生孔隙之间的局部连通性特征。溶洞系统和次生孔隙系统有着不同的渗透率和孔隙度，该模型能够对溶洞型油藏中多尺度孔隙的传输性质和毛管现象进行简单的分析，但是该模型过于简化，不能有效描述多尺度孔隙之间拓扑结构特征。

在岩芯驱替实验中通过计算机成像技术使剩余油饱和度可视化，并用神经网络来解释 CT 扫描，在此基础上重建三维的原油饱和度模型。人工神经网络方法在高含水后期确定薄、差储层剩余油分布方面，具有一定的应用价值。进一步分析和提高该方法的精度，首先要分析取芯的方法、测井解释的精确性、精细地质研究的可靠性及动态监测资料的精细化，进行多方面、多学科的综合研究。由于各油田、各井区薄、差储层的沉积环境、沉积特征、油水分布规律以及油层动用程度的差异，所以该方法应用在不同的井区时，需采用该井区的取芯检查井资料和测井资料以识别剩余油，其应用具有区域性、局部性的特点。

通过岩芯扫描技术，分析开发中后期储层孔隙结构、喉道特征、润湿性、相对渗透率及储层非均质性的变化，描述剩余油分布，建立储集层预测模型，实现从微观到宏观尺度上定量化描述油藏静动态剩余油[27]（图 2-1-2）。

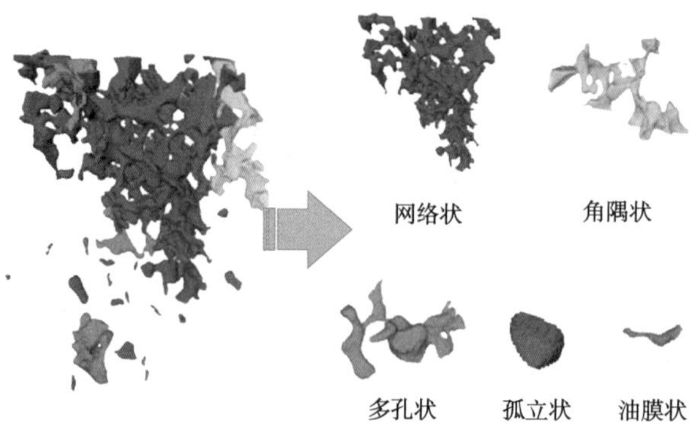

图 2-1-2　基于数字岩芯分析技术的残余油特征描述

第二节　井间连通性模型优势通道识别

一、井间连通模型建立

为了表征井间连通关系，同时实现动态指标计算，以井间连通单元为模拟对象，根据物质平衡原理、油水两相前缘推进方程等建立一种新的水驱油藏井间动态连通性模型[28]。

首先，进行油藏注采系统的简化表征。为反映井间的相互作用并降低模型复杂性，依据油藏储集体特征将油藏简化为一系列井与井之间的连通单元（图 2-2-1）。每个连通单元具有两个模型特征参数（传导率与控制体积），前者表征了单元的流动能力，后者反映了单元的物质基础。传导率越大，控制体积越小，在相同水驱压差条件下，该单元越容易突破见水，反之，则见水较慢。

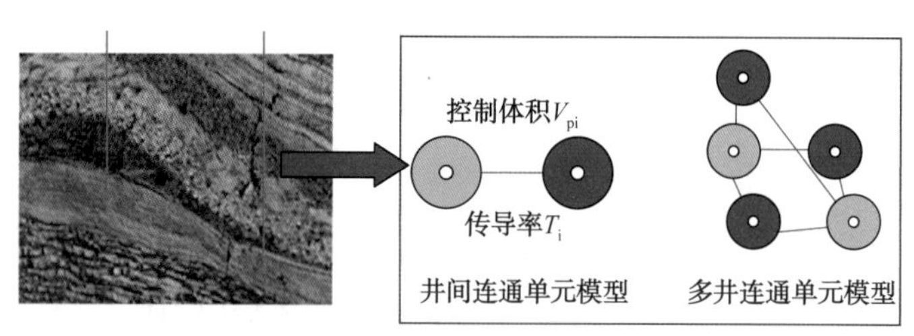

图 2-2-1　井间单元表征示意图

其次，进行压力分布求解和饱和度追踪计算。以连通单元为模拟对象建立体积物质平衡方程，经过差分离散和方程求解，得到井点平均泄油压力及连通单元内流量分布；根据压力下降方向，利用贝克莱水驱油理论研究连通单元内饱和度分布规律。

最后，进行生产动态指标的计算。根据各连通单元压力和饱和度计算结果，即可求得各单井及全区产水、产油、含水率等生产动态指标。

1. 油藏注采系统简化表征

（1）连通单元划分。油藏是一个错综复杂的大系统，渗透率、孔隙度等多种物性参数分布、非均质性强，包含喉道、空隙、裂缝、大孔道等多种结构，如何对油藏系统进行简化表征是个难题。井间动态连通性模型的研究对象是井间连通单元，需要对油藏进行简化，判断两口井是否连通是关键。通过井间距离法、三角剖分法和动态分析法三种方法进行实现。

（2）连通单元特征参数赋值。连通单元划分结果确定后，需要对连通单元特征参数（传导率和孔隙体积）进行赋值，通过井点参数法和网格参数法两种方法进行实现。井间距离一般在两百米以上，井间连通单元控制范围较大，进行准确表征较困难。因此，在把握渗流基本规律的情况下，把连通单元内的渗流近似为一维线性渗流，传导率表征井间平均流动能力，孔隙体积表征连通单元物质基础。对于没有进行过油藏数值模拟研究的油田，利用井点处物性参数近似井间平均物性，从而对连通单元特征参数赋值；对于进行过油藏数值模拟研究的油田，充分利用油藏物性参数的细致描述，对连通单元特征参数赋值。

2. 压力分布求解及井间流量分布

井间连通性动态模型示意图如图 2-2-2 所示，其中虚线圆圈区域为单井泄油区，灰色区域为井间连通单元。考虑油、水、岩石压缩性，而忽略了毛细管力、重力作用，以第 i 口井为对象，其油藏条件下物质平衡方程为：

$$\sum_{j=1}^{N_{\mathrm{w}}} T_{ij}(t)\left[p_j(t)-p_i(t)\right]-q_i(t)=\frac{\mathrm{d}p_i(t)}{\mathrm{d}t}C_{ti}V_{pi}(t) \tag{2-2-1}$$

式中 N_{w}——井数，口；

i，j——第 i，j 井；

t——生产时间，天；

T_{ij}——第 i 井和第 j 井间的平均传导率，$\mathrm{m^3/(d\cdot MPa)}$；

p——单井泄油区的平均压力，MPa；

q——单井产液量或注入量，产液为正，注入为负，$\mathrm{m^3/d}$；

C_{ti}——单井泄油区的综合压缩系数，$\mathrm{MPa^{-1}}$；

V_{pi}——单井泄油区体积，$\mathrm{m^3}$。

3. 饱和度追踪及生产动态指标计算

得到连通性模型压力分布和井间流量分布后，就可以基于贝克莱水驱油理论进行饱和

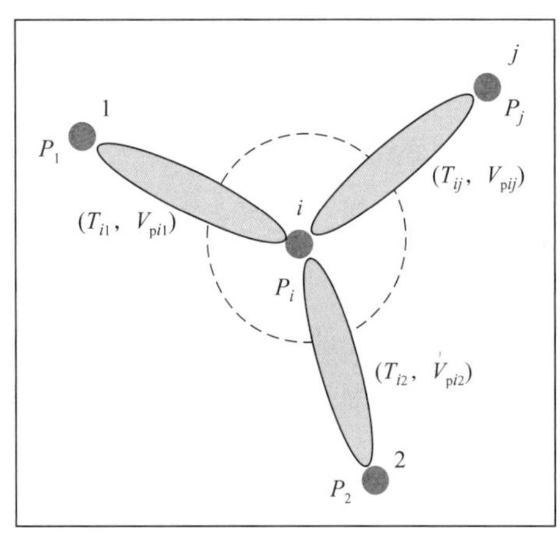

图 2-2-2 油藏井间连通单元示意图

度追踪。连通性模型将油藏划分成一系列连通单元，连通单元内部发生流体流动，连通单元之间也会通过井点相互影响。为了测试饱和度追踪方法的正确性，首先以单个连通单元进行研究，然后再进行连通性模型饱和度追踪的方法推导。进行一维概念算例测试，连通单元内油水流动主要沿着井间最大压降梯度方向，因此连通单元内饱和度追踪过程可近似为一维油水两相流问题。根据贝克莱水驱油理论，距离注入端任意位置处含水饱和度与累计流量间满足公式（2-2-2）。

$$x=\frac{Q_t}{\varphi A}f_{\mathrm{w}}'\left(S_{\mathrm{w}}\right) \tag{2-2-2}$$

式中 φ——孔隙度，%；

A——渗流横截面积，m^2；

Q_t——累计流量，m^3；

S_{w}——位置 X 处的含水饱和度，%；

$f_{\mathrm{w}}'\left(S_{\mathrm{w}}\right)$——水相分流量（含水率）$f_{\mathrm{w}}$ 对 S_{w} 的导数。

二、优势通道识别

基于前述建立的井间连通性模型自动反演以及生产优化方法体系，结合前期动态统计及认识，通过油藏油水井内在相互作用规律和连通关系进行研究，研究步骤如下。

（1）基于动静态资料认识，完成井间连通性模型特征参数初值计算和校正。将碳酸盐岩油藏注采系统简化为一系列等效井间连通单元，连通单元可由油水井间、油井间及水井间构成，避免了传统连通性模型中仅考虑油水井间相互作用和连通，可更好地反映油井间或水井间的相互干扰，更符合存在井间干扰情况的碳酸盐岩油藏开发特点。

（2）开展油藏生产动态拟合工作，反演连通性模型参数，并进行示踪剂及生产动态验证。在所建立的碳酸盐岩连通性模型的基础上，通过贝叶斯反问题理论建立历史拟合目标函数，通过有限差分梯度或无梯度类优化算法进行油藏自动历史拟合求解。

（3）基于反演结果，获得水体信息，分析断层封闭性，揭示注水利用状况，评价油井能量利用情况。

（4）基于油藏注水状况认识，完成模型注采参数优化工作，制定注采参数及转注时机优化方案。结合自动历史拟合反演的油藏信息，建立油藏水驱开发生产优化数学模型，以实现油藏开发效益最大化为目标，将生产参数设计转化成最优控制问题，考虑到实际生产中各种约束条件，采用投影梯度、增广函数等方法结合无梯度或有限差分近似梯度法等对开发效益目标函数进行迭代约束优化，形成一套针对碳酸盐岩油藏的注采优化及转注时机优化方案，并进行可行性验证。

让纳若尔油气田 Γc 油藏北部工区（图 2–2–3）呈 EN—SW 走向的带气顶边水油藏，地层岩性主要是生物碎屑灰岩、鲕粒灰岩、内碎屑灰岩和团块灰岩。工区东北主体区孔、渗值较高，南部相对较低；该区块于 1988 年 6 月开始生产，1995 年开始注水开发（屏障注水 + 行列注水），共 82 口井，其中 23 口注水井，2023 年 12 月区块含水率为 55.3%，累计注水量 2694 × 10^4t，工区井位分布如图 2–2–3 所示。

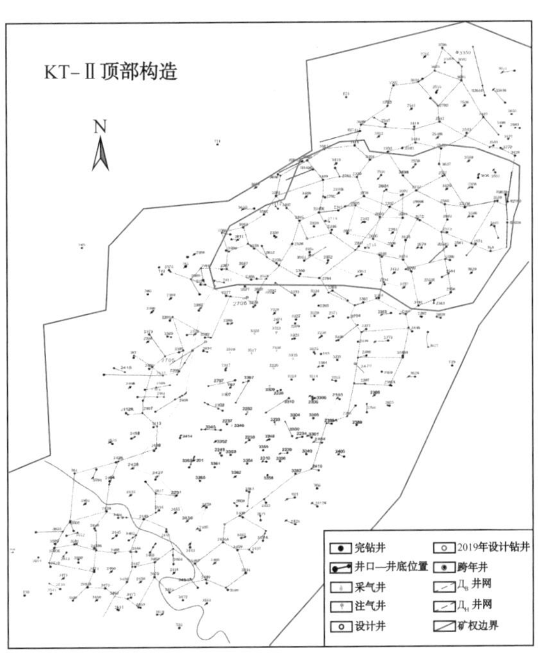

图 2–2–3 让纳若尔油气田 Γc 油藏北部工区井位图

1. 油藏连通性模型建立及参数反演

利用现有井点的坐标信息，考虑井点处的渗透率及厚度信息，通过三角剖分方法建立了连通性模型，模型有 82 个真实井点。由含水率和厚度等实际地质资料计算得到模型连通参数初值（图 2–2–4），该模型很好地结合了地质信息，反映了井间真实连通状况。

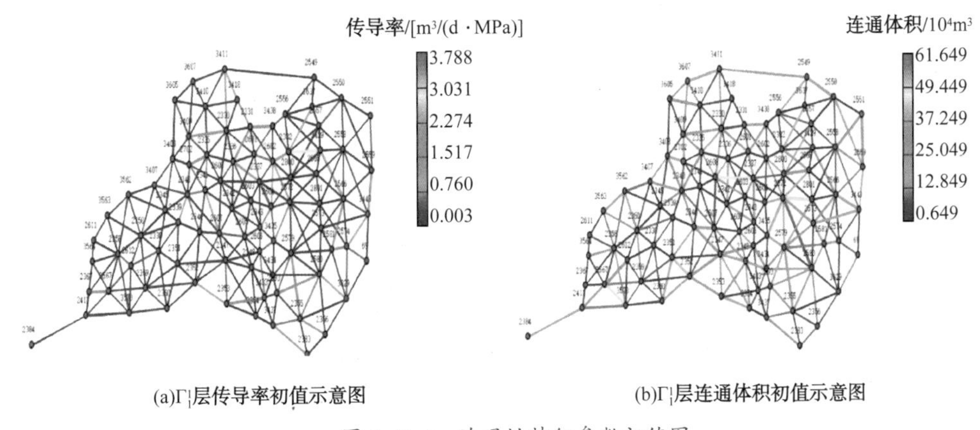

(a)Γ层传导率初值示意图　　(b)Γ层连通体积初值示意图

图 2–2–4 连通性特征参数初值图

基于建立的油藏井间连通性模型，以含水率、日产油量、累计产油量等作为拟合动态数据，建立了自动历史拟合最优化模型；进一步采用了随机扰动梯度算法对目标函数进行优化，使其达到最小化的收敛条件。

图 2-2-5 为区块指标拟合结果，可见不加密的连通性模型反演得到的区块累计产油及区块累计含水率与现场实际值匹配程度较高，生产后期累计产油与含水率曲线基本一致，说明经过拟合后的模型能够反映区块的真实生产情况，能够进一步作为碳酸盐岩油藏开发调整优化的基础模型。图 2-2-6 为单井拟合效果，可见拟合后各个单井的日产油量及含水率匹配程度较高，与真实生产情况吻合程度高。

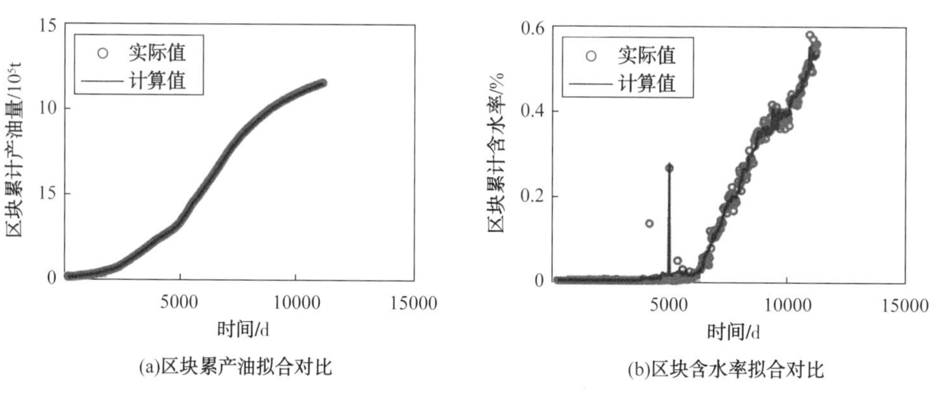

图 2-2-5　区块指标拟合结果

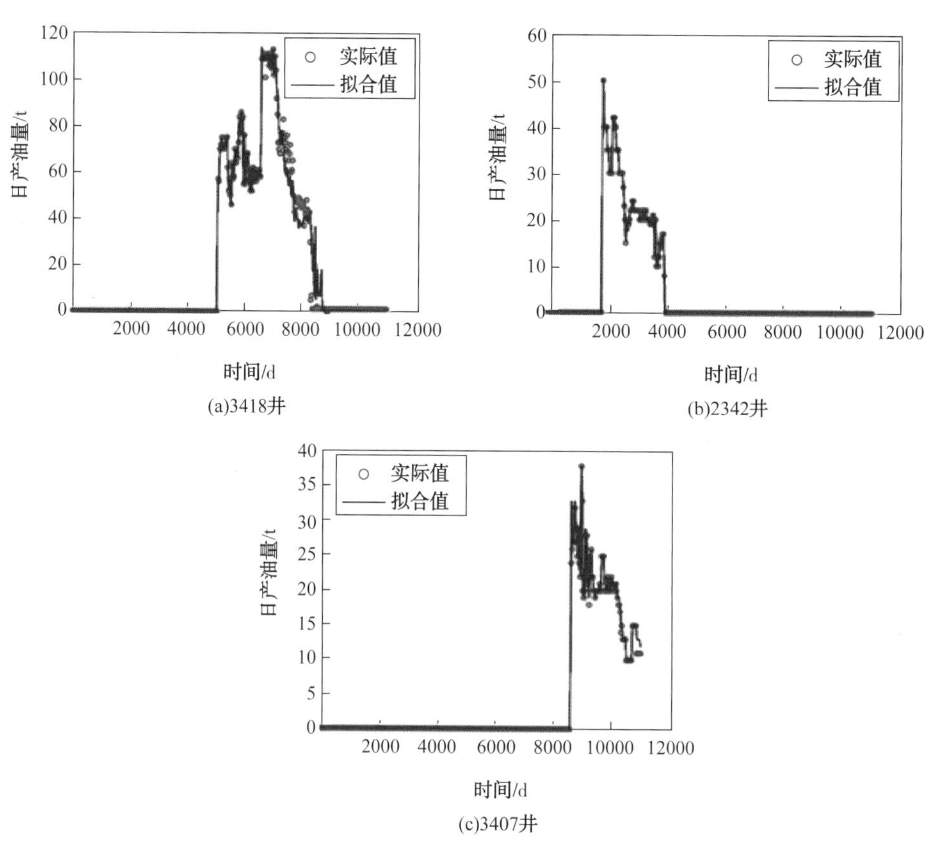

图 2-2-6　单井日产油量拟合结果

经过拟合得到的区块传导率和连通体积如图 2-2-7、图 2-2-8 所示。拟合后的传导率、连通体积值与油藏真实情况相对应，反映了真实的地层参数信息。

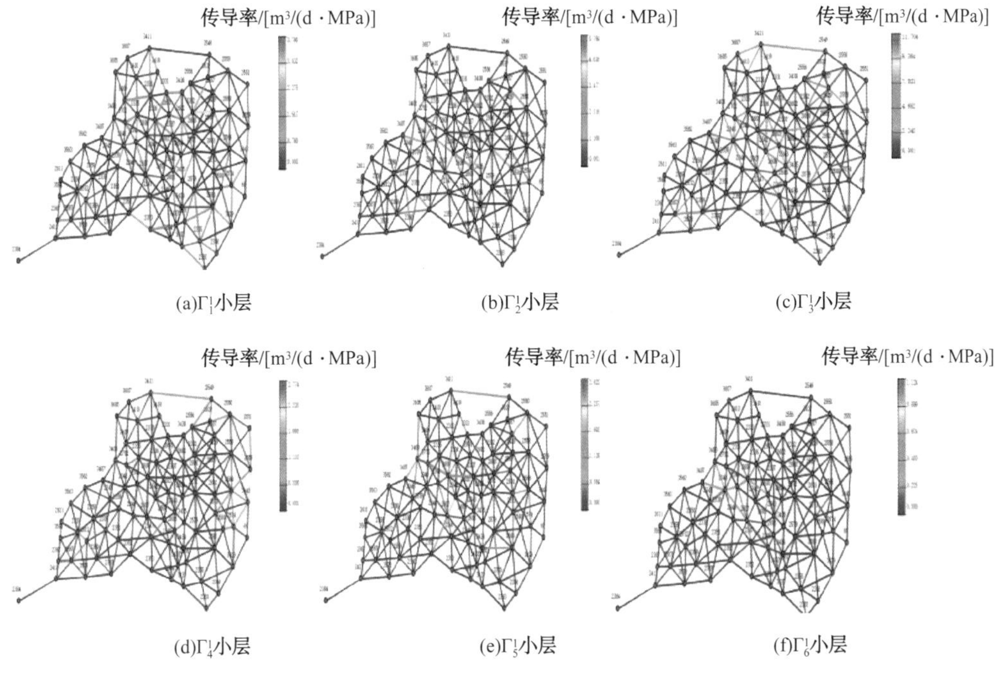

(a)Γ_1^1小层　(b)Γ_2^1小层　(c)Γ_3^1小层

(d)Γ_4^1小层　(e)Γ_5^1小层　(f)Γ_6^1小层

图 2-2-7　各层井间连通传导率示意图

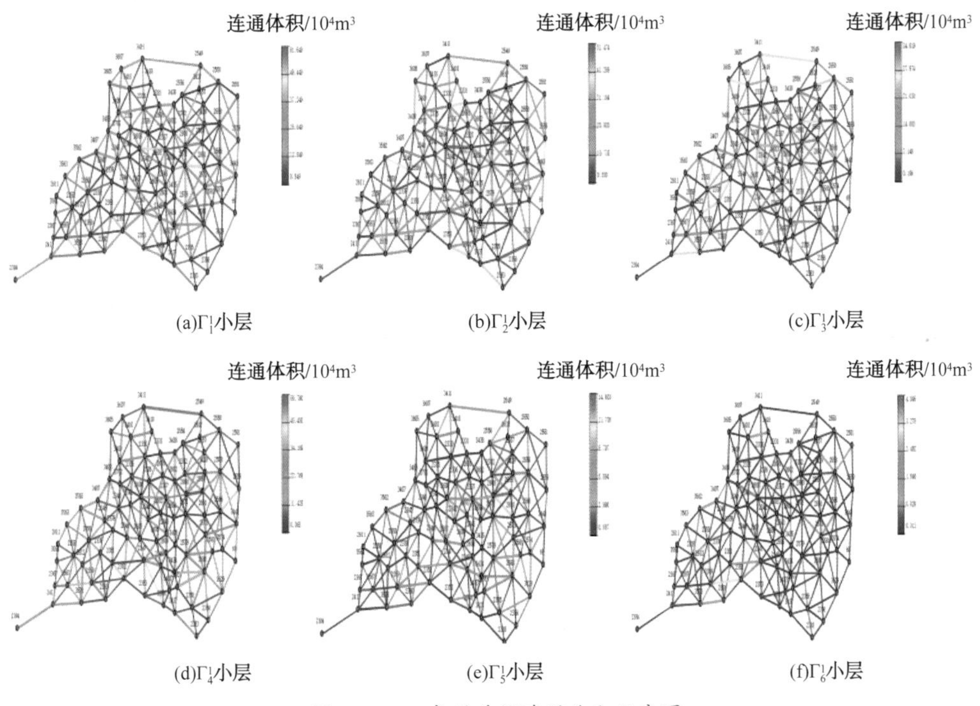

(a)Γ_1^1小层　(b)Γ_2^1小层　(c)Γ_3^1小层

(d)Γ_4^1小层　(e)Γ_5^1小层　(f)Γ_6^1小层

图 2-2-8　各层井间连通体积示意图

计算所得注采劈分系数分布如图 2–2–9 所示。将其与现场示踪剂监测结果和单井产吸剖面数据等矿场资料进行对比，进一步验证让纳若尔油气田 Гc 油藏连通性的可靠性。

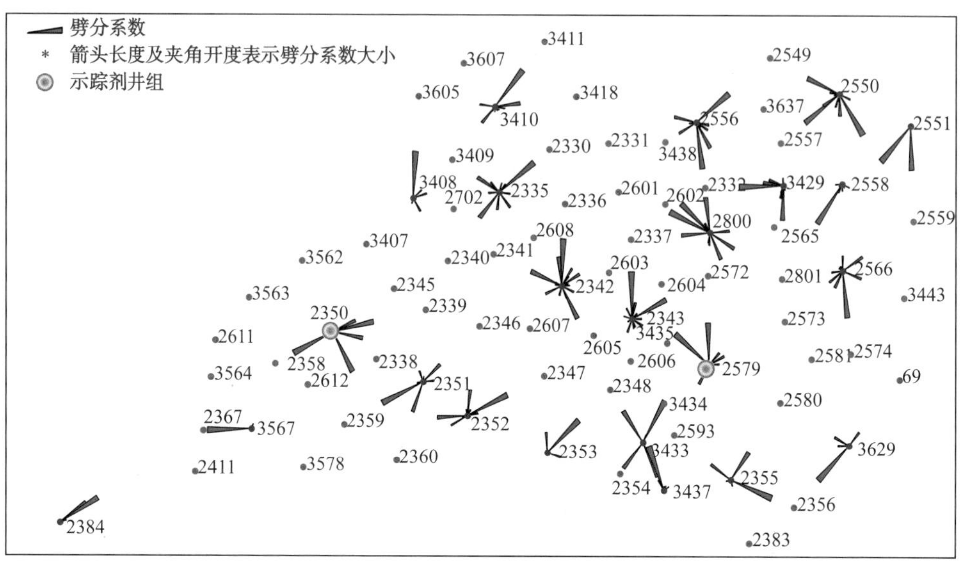

图 2–2–9　区块注采劈分系数示意图

2. 示踪剂验证

分别选取目标区块 2350 井和 2800 井组 2 个示踪剂监测井组，对比 2 个井组模型计算的劈分系数与示踪剂监测结果的水驱方向可以看出，建立的连通性模型与示踪剂结果具有良好的对应性，如表 2–2–1 和图 2–2–10 所示。

表 2–2–1　示踪剂监测台账

井组	井号	井距 /m	水驱速度 / (m/d)	劈分系数 /%
2350 井组	2360	1121	80.10	48.50
	2347	1829	30.00	19.00
	2341	1556	21.60	13.10
	2358	491	21.40	10.00
	3562	636	16.30	60.00
	3563	793	12.60	—
	2339	897	10.30	30.00
2800 井组	2574	1544	102.90	23.50
	2603	935	71.90	20.30
	2593	1630	70.90	20.00
	2581	1323	57.50	13.00
	2332	374	28.80	9.20
	3414	1568	21.80	9.00

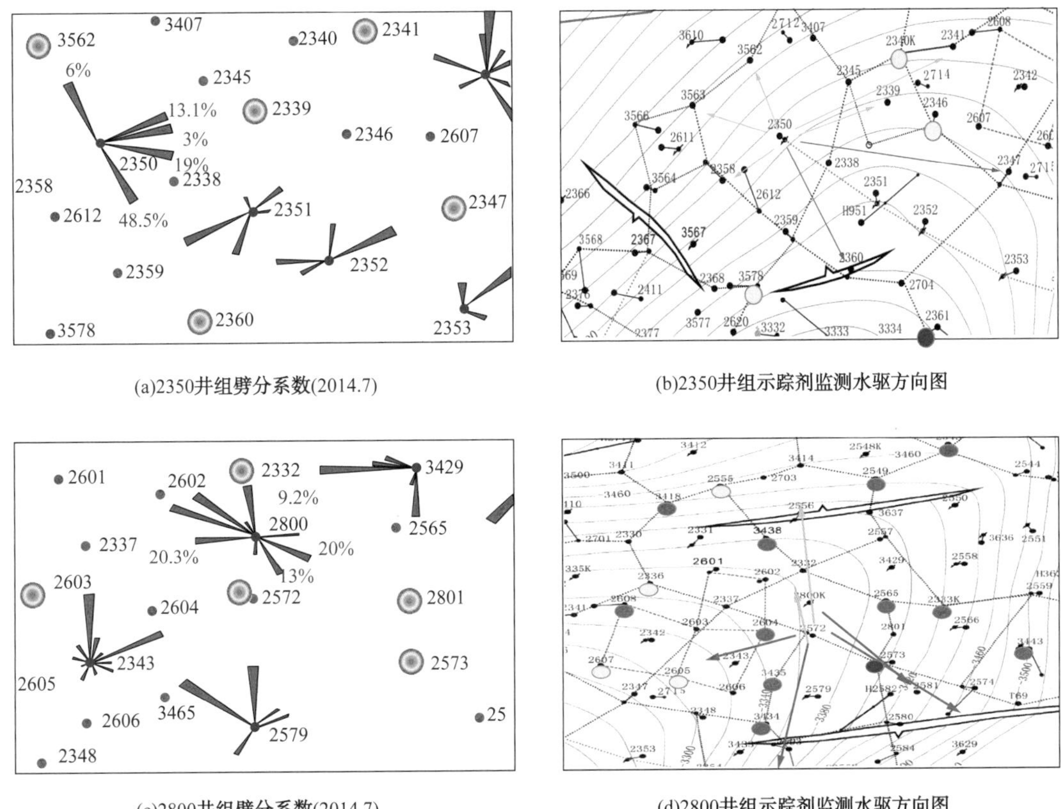

(a)2350井组劈分系数(2014.7)　(b)2350井组示踪剂监测水驱方向图

(c)2800井组劈分系数(2014.7)　(d)2800井组示踪剂监测水驱方向图

图 2-2-10　模型劈分系数与示踪剂监测结果对比图

3. 产吸剖面验证

从单井吸水剖面数据可以看出，注水井 2551 在 Γ_4^1、Γ_4^2 和 Γ_4^3 层吸水能力最强，对比模型计算的分层累计注水量（Γ_4^1、Γ_4^2 和 Γ_4^3 注水量最大），说明模型与实测值对应性好，如图 2-2-11 所示。

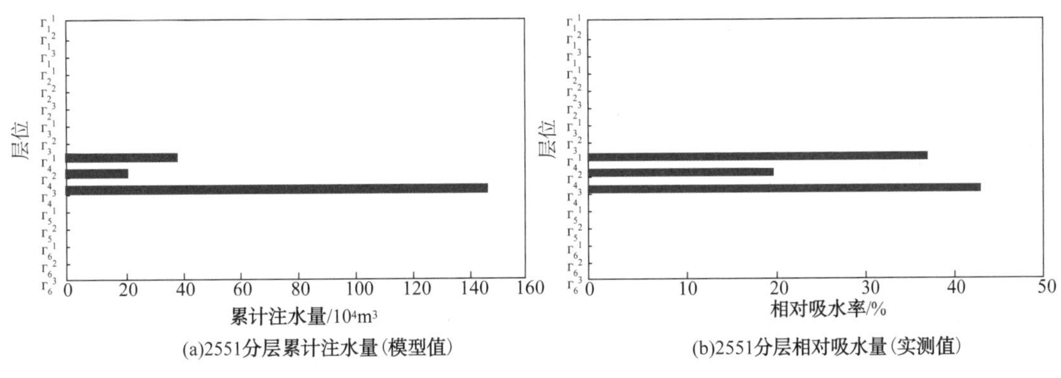

(a)2551分层累计注水量(模型值)　(b)2551分层相对吸水量(实测值)

图 2-2-11　吸水剖面验证结果

第三节　数值模拟及剩余油分布

一、油气藏数值模拟建立

2000年让纳若尔油气田补充方案是以油组为单元建立了A层数值模型，进行气顶开发指标优化。但KT-Ⅰ层A、Б、B是具有统一的油水界面和油气界面的整体，单独建立A层模型不能准确反映油气水运动规律，且劈分后的合采井产量影响数模精度，不能满足精细数模要求。本次以亚小层为单元建立KT-Ⅰ层整体数值模型，提高了数值模拟精度，为开发方式优化打下基础。

采用tNavigator三维三相组分模拟软件进行数值模拟，模拟层位为让纳若尔油气田KT-Ⅰ层，模拟分层为22层，与地质分层相同，即A_1^1、A_1^2、A_2^1、A_2^2、A_3^1、A_3^2、$Б_1^1$、$Б_1^2$、$Б_2^1$、$Б_2^2$、$Б_2^3$、B_1^1、B_1^2、B_2^1、B_2^2、B_2^3、B_3^1、B_3^2、B_3^3、B_4^1、B_4^2、B_4^3。网格步长为30m，模拟网格系统：353×1065×22=8270790（个），建立了KT-Ⅰ层A、Б、B整体数模模型（图2-3-1）。模拟起止时间从1983年11月到2023年12月，模拟时间步长为1个月，模拟井数达总井数389口，拟合方式采用油井定液量拟合、气井定气量拟合。

运用相同的方法对Гc油气藏建立全油气藏数值模型（图2-3-2），采用tNavigator三维三相组分模拟软件，模拟分层为16层，与地质分层相同，即$Г_1^1$、$Г_1^2$、$Г_1^3$、$Г_2^1$、$Г_2^2$、$Г_2^3$、$Г_3^1$、$Г_3^2$、$Г_4^1$、$Г_4^2$、$Г_4^3$、$Г_5^1$、$Г_5^2$、$Г_6^1$、$Г_6^2$、$Г_6^3$。网格步长为30m，模拟网格系统：366×662×16=3876672（个）。模拟起止时间从1988年10月到2023年12月，模拟时间步长为1个月，模拟井数达总井数363口，拟合方式采用油井定液量拟合、气井定气量拟合。

二、相态拟合

1. 凝析气顶油藏相态评价

将KT-Ⅰ层46口井取样时的地层压力和泡点压力点绘制在图2-3-3上，发现泡点压力和地层压力出现一致性变化，看不出随深度变化规律；将样品单脱气油比、体积系数和饱和压力点绘制在图2-3-4上，可发现其数据点的分布趋势和同一原油的多级脱气时的气油比、体积系数分布趋势一致，这说明该油藏是饱和油藏，只是取样是在不同脱气情况下取得的油样。

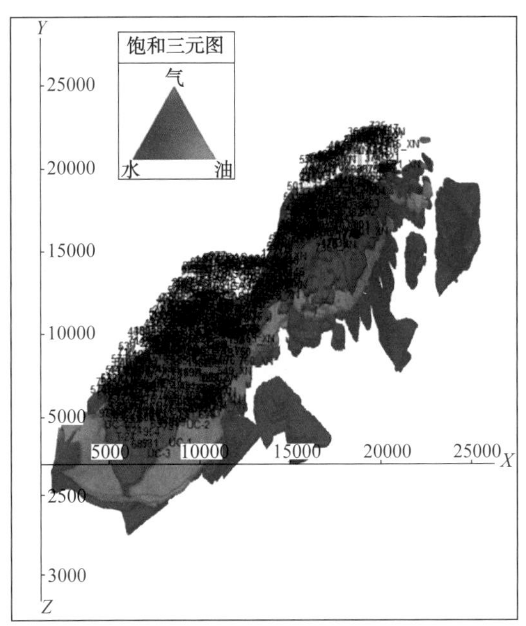

图 2-3-1　让纳若尔油气田 KT-Ⅰ层油藏地质模型图（附原始油气分布图）

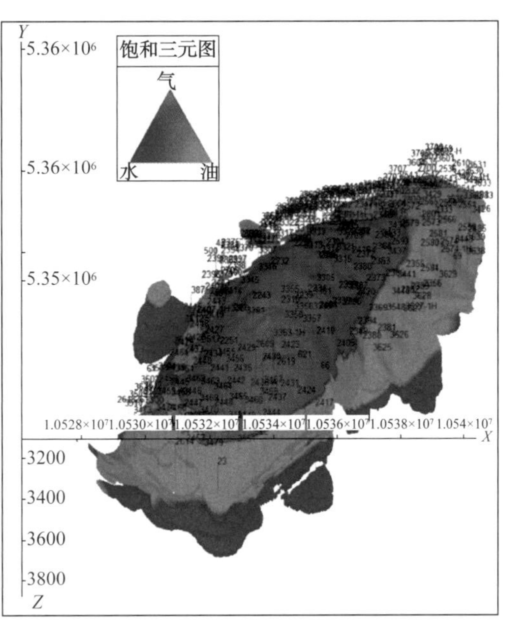

图 2-3-2　Γc 油气藏地质模型图（附原始油气分布图）

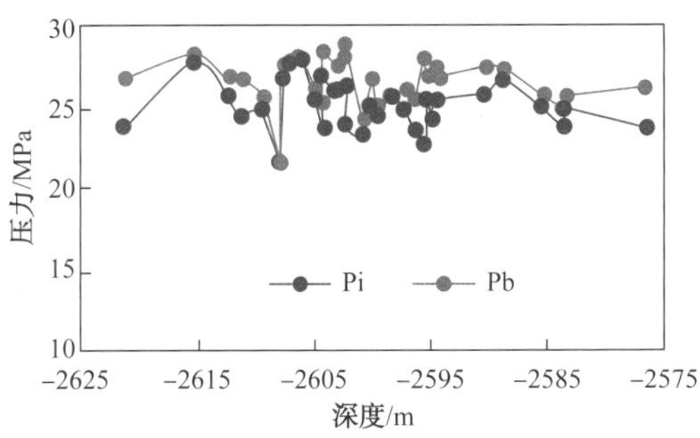

图 2-3-3　地层压力和泡点压力关系

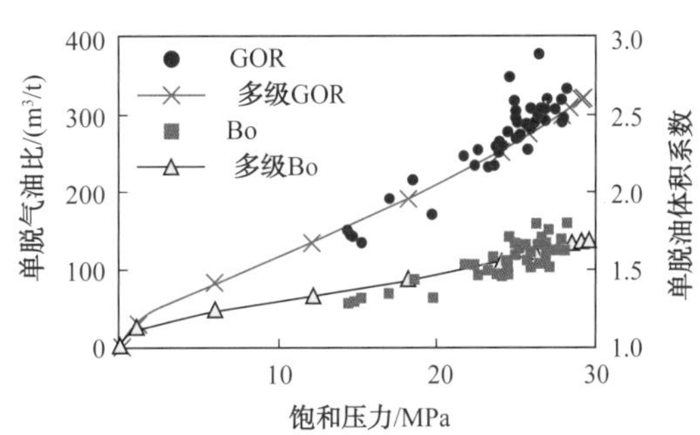

图 2-3-4　气油比、体积系数和饱和压力关系

2. 相态恢复

选取 2004 年脱气油样 3316 井的 PVT 测试数据，并结合生产气油比，用斯伦贝谢公司 Eclipse 软件的 PVTi 相态软件包，选用 PR 状态方程进行模拟。通过分析计算，最终确定了油环油为普通黑油，气顶气为凝析气。将原油 14 组分虚拟为 6 种拟组分，将天然气 16 组分虚拟为 6 种拟组分进行拟合，露点及泡点压力拟合精度高（表 2-3-1），并分析了凝析气及原油的变化特征[29]（图 2-3-5~图 2-3-10）。

表 2-3-1　凝析气露点压力和原油泡点压力对比拟合表

流体类型	温度 /℃	露点（泡点）压力实测值 /MPa	露点（泡点）压力拟合值 /MPa	误差 /%
凝析气	58.0	25.20	25.20	0.0009
地层油	61.2	25.77	25.77	0.0080

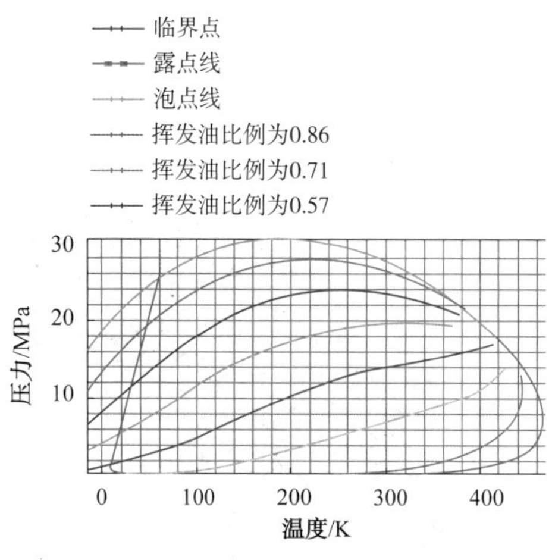

图 2-3-5　地层油 $P-T$ 相图

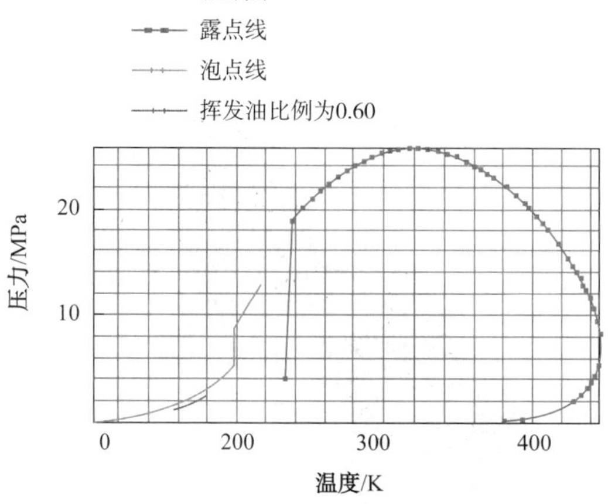

图 2-3-6　凝析气 $P-T$ 相图

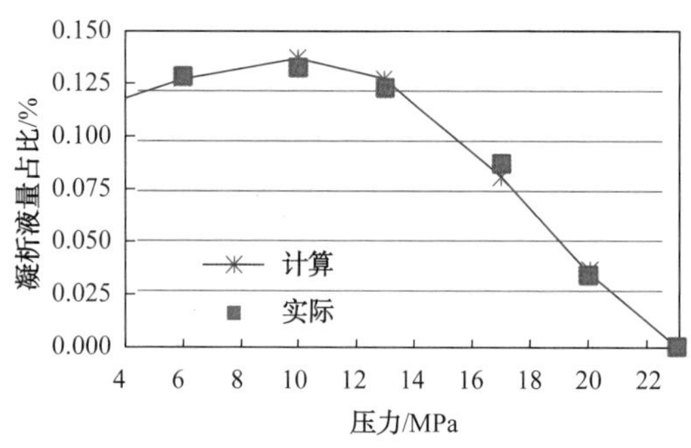

图 2-3-7　CVD 实验凝析液量拟合曲线

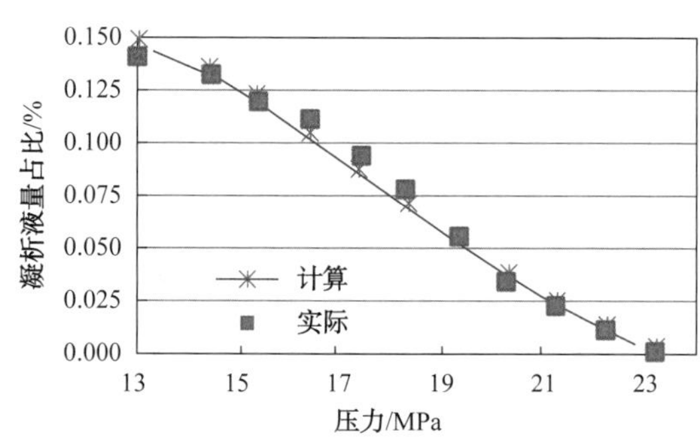

图 2-3-8　CCE 实验凝析液量拟合曲线

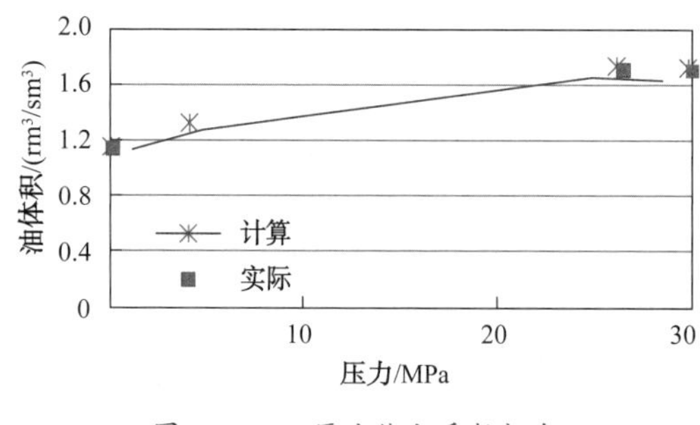

图 2-3-9　原油体积系数拟合

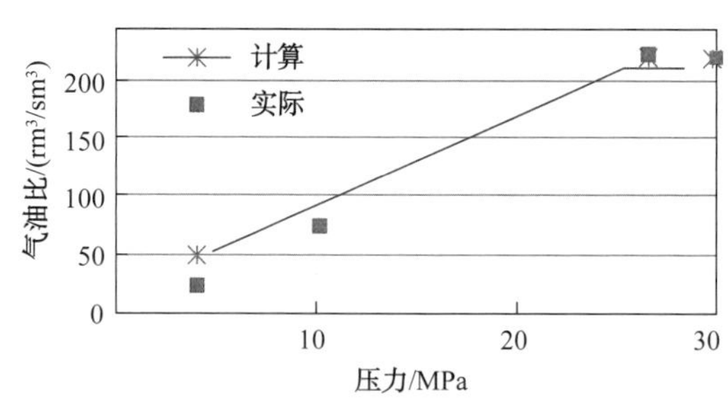

图 2-3-10　原油气油比拟合

三、凝析油拟合

通过相态恢复技术为模型提供准确的 PVT 相态数据，为气井凝析油拟合提供良好的物质基础，再通过优化分离器温压条件和拟合非达西流动系数进一步提高凝析油拟合精度[30]。

1. 分离器温压条件优化

组分模型中分离器温度压力的变化对凝析油析出量的影响很大。因此，通过优化分离器的温度与压力，可以有效提高模型中气井凝析油量拟合精度。在气顶 P–T 相图分析的基础上，结合数值模拟方法优化 Γc 气顶分离器温度压力。结果表明，Γc 气顶分离器最佳温度为 25℃，最佳压力为 8.15MPa（图 2–3–11），此时模型中气井凝析油量拟合精度最高（图 2–3–12）。将此标准运用于油田现场，也实现了凝析油产量最大化。

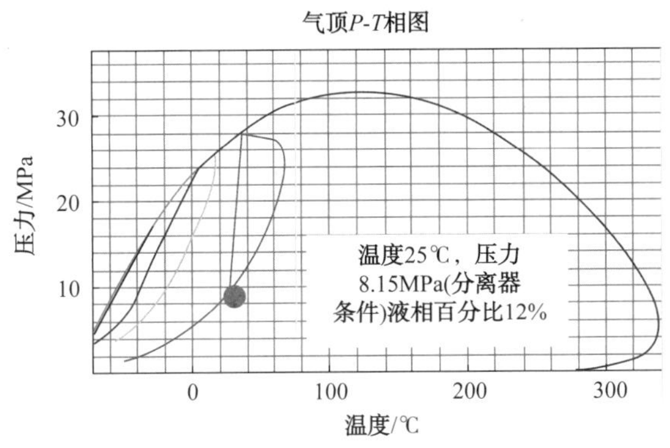

图 2–3–11　Γc 气顶最佳分离器温压条件

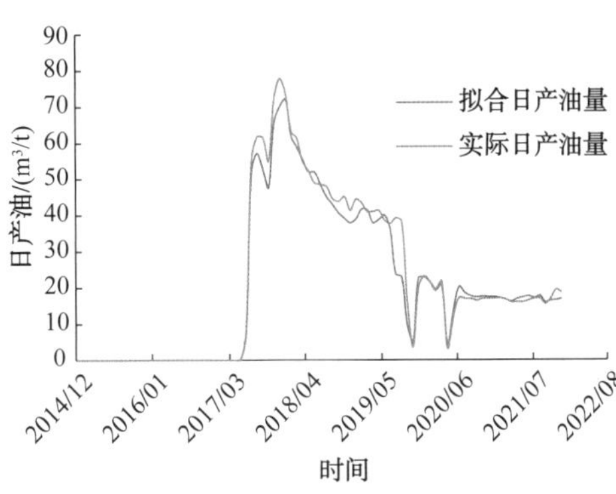

图 2–3–12　3346 气井凝析油产量拟合图

2. 非达西流动系数优化

由于部分气井生产能力低，携液能力差，受非达西流影响严重，导致凝析油产量较正常气井的低，为此，在拟合此类井凝析油产量时需考虑非达西流的影响，计算其非达西流动系数公式如下：

$$\overline{p}_{\mathrm{R}}^{2}-p_{\mathrm{wf}}^{2}=Aq_{\mathrm{sc}}+Bq_{\mathrm{sc}}^{2} \tag{2-3-1}$$

$$A=\frac{1.291\times10^{-3}T\overline{\mu Z}}{kh}\left(\ln\frac{0.472r_{\mathrm{e}}}{r_{\mathrm{w}}}+S\right) \tag{2-3-2}$$

$$B=\frac{2.282\times10^{-21}\beta\gamma_{\mathrm{g}}\overline{Z}T}{r_{\mathrm{w}}h^{2}} \tag{2-3-3}$$

$$D=2.191\times10^{-18}\frac{\beta\gamma_{\mathrm{g}}k}{r_{\mathrm{w}}h\overline{\mu}} \tag{2-3-4}$$

式中　μ——流体黏度，Pa·s；

k——渗透率，m^2；

Z——气体偏差因子；

h——有效厚度，m；

γ_{g}——气体相对密度；

r_e——泄流半径，m；

r_w——井筒半径，m。

以 3328 气井为例，试井分析二项式方程为 $\overline{p}_R^2-p_{wf}^2=4.28q_{sc}+0.26q_{sc}^2$，其中 B 等于 0.26，根据以上公式，结合数值模拟优化拟合，3328 单井非达西流动系数为 3.5×10^{-4}d/m³，此时凝析油拟合精度较高（图 2-3-13 和图 2-3-14）。

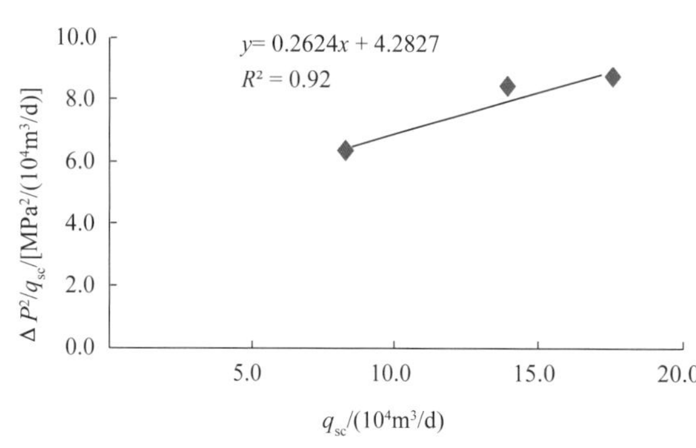

图 2-3-13　3328 井试井解释二项式方程

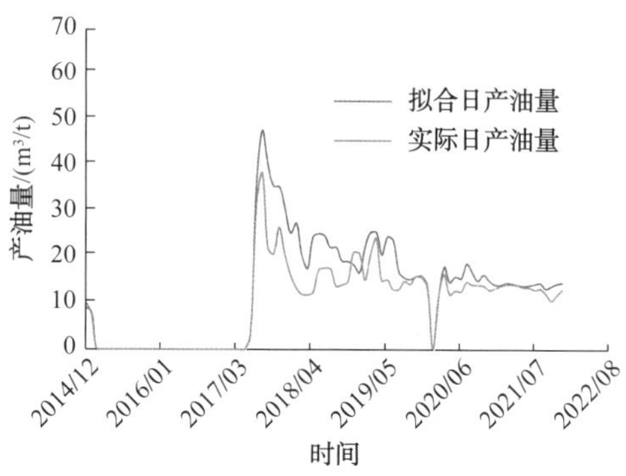

图 2-3-14　3328 气井凝析油产量拟合图

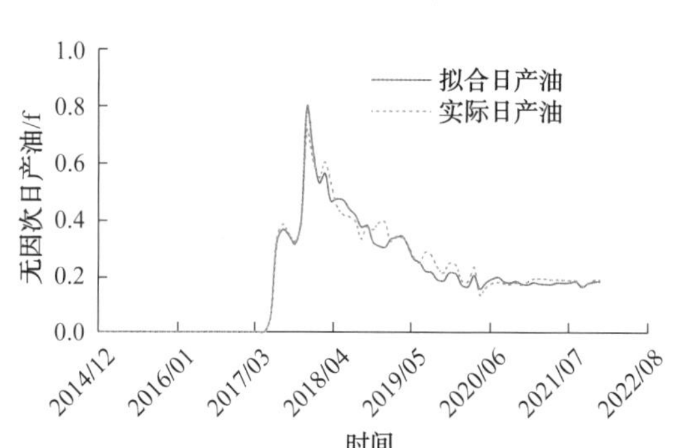

图 2-3-15　Γc 油气藏井产气量及凝析油量拟合曲线

在 PVT 相态恢复基础上，开展分离器温压条件和非达西流动系数优化，将凝析油拟合精度提高至 95%（图 2-3-15）。

四、酸化压裂拟合

1. 使用压裂功能模拟压裂井产量

针对目前使用等效模拟压裂的方法不能够准确模拟压裂后开发效果的问题，为了提高压裂井的模拟精度，根据实际压裂施工给出的裂缝长度、裂缝方向、裂缝渗透率及支撑剂的性质，利用 tNavigator 数值模拟软件动态模拟压裂支撑剂随时间的污染损坏和流失，并模拟压裂缝随压力变化的开启和闭合。此方法建立的加砂压裂模型和酸化压裂模型能够使油田的开发指标得到更好的拟合，提高了压裂数值模拟的准确性，并在开发方式优化和产能预测中体现压裂的效果，优选的开发方式更符合油田实际情况，且操作简单、方便。

tNavigator 能够根据实际压裂给出的裂缝长度、裂缝方向、裂缝渗透率及支撑剂的性质建立压裂模型，把裂缝当作井的一部分模型，能直接模拟支撑剂的渗透性质和沿着裂缝方向性质的非均一性，动态模拟支撑剂随时间的污染损坏和流失以及裂缝随压力变化的开启和闭合。其内置的压裂模型建立方法有以下三种。

（1）自动设置方法进行压裂模拟（Automatic）。只需输入压裂宽度和支撑剂体积

（图 2-3-16）即可模拟压裂效果，如果输入的裂缝宽度为 0，压裂缝的倾角、方位角和裂缝形态通过支撑剂体积自动计算；如果输入的裂缝宽度不为 0，压裂缝的倾角、走向和裂缝形态通过压裂缝渗透率与闭合压力关系计算。

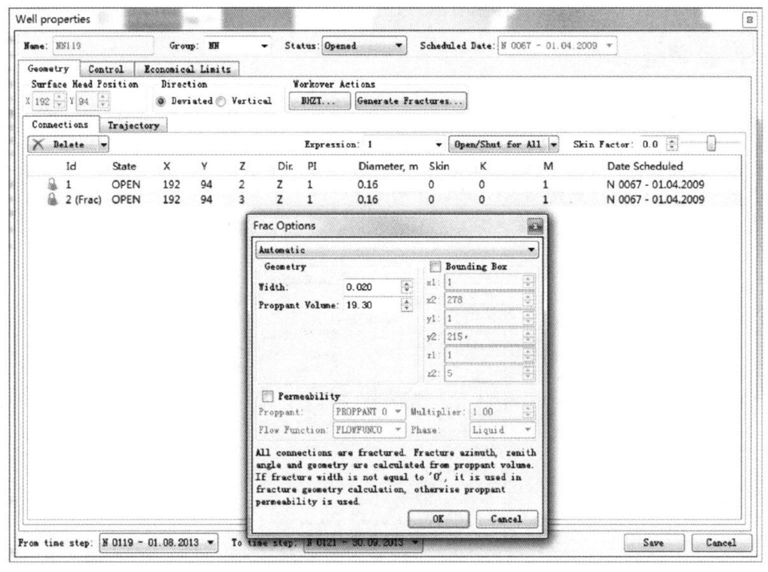

图 2-3-16 tNavigator 数值模拟软件自动设置压裂模型输入界面

（2）通过压裂体积进行压裂模拟（Calculate Geometry by Volume）。除了输入压裂缝宽度和支撑剂体积，还需输入压裂缝的倾角、方位角，即可模拟压裂效果（图 2-3-17）。如果输入的裂缝宽度为 0，裂缝形态通过支撑剂体积自动计算；如果输入的裂缝宽度不为 0，压裂缝形态通过支撑剂渗透率与闭合压力关系计算。

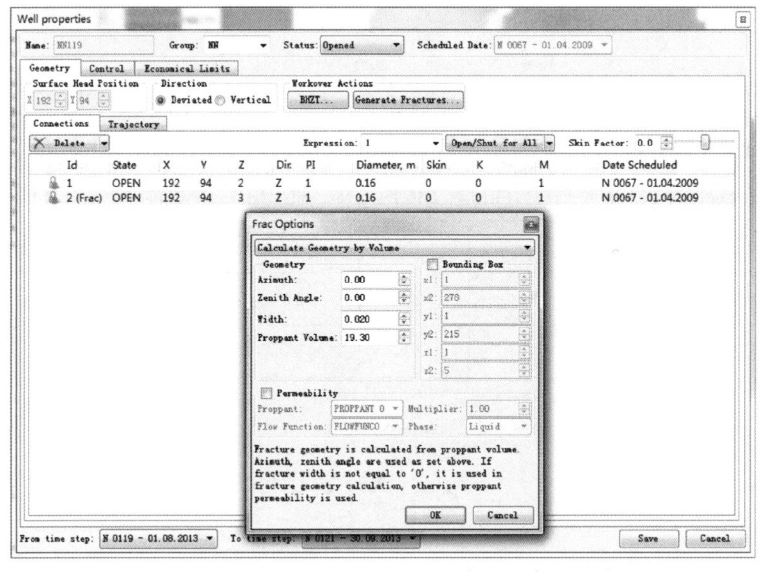

图 2-3-17 tNavigator 数值模拟软件根据压裂体积建立压裂模型输入界面

（3）手动设置方法建立压裂模型（Manual）。tNavigator 数值模拟软件还可通过手动设置方法建立压裂模型（图 2–3–18），除了输入压裂缝宽度、压裂缝的倾角和方位角、支撑剂渗透率与闭合压力关系，还需输入压裂缝的几何形态，如压裂缝顶部距 K1 顶部的距离 H_1、压裂缝底部距 K2 底部的距离 H_2、左裂缝半长 L_1、右裂缝半长 L_2，无须输入支撑剂体积来产生裂缝模型。

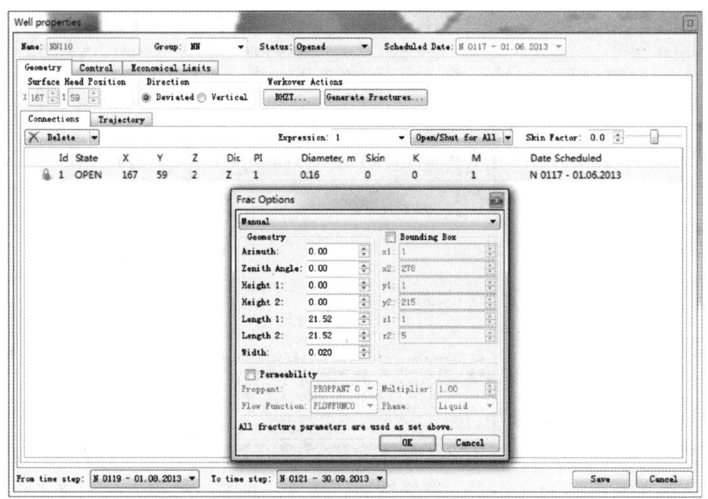

图 2–3–18　tNavigator 数值模拟软件通过手动设置建立压裂模型输入界面

2. 利用压裂施工参数建立压裂数值模型

（1）用压裂施工参数计算支撑剂渗透率与闭合压力关系。根据压裂井的施工参数（表 2–3–2），计算支撑剂渗透率与闭合压力关系曲线，导流能力对应的压裂缝等效渗透率的计算如公式（2–3–5）和公式（2–3–6）：

表 2–3–2　某油田压裂参数统计表

井号	压裂日期	压裂层位	地层渗透率 / $10^{-3}\mu m^2$	压裂参数				
				压裂跨度 / m	加砂量 / t	平均加砂浓度 / kg/m^3	裂缝半长 / m	无因次导流能力
3363	2007/12	Д c	2.60	22	30.17	262.48	60	6.47
3332	2018/12	Г c	0.10	23	70.09	515.37	93	4.23
5168	2018/12	Д ю	1.82	30	60.21	299.25	60	5.39

$$C_f = K_f \times b \tag{2-3-5}$$

$$C_{fD} = \frac{K_f \times b}{K_F \times L_f} \tag{2-3-6}$$

式中　C_f——裂缝导流能力，$10^{-3}\mu m^2 \cdot m$；

C_{fD}——无因次裂缝导流能力，f；

K_f——裂缝渗透率，$10^{-3}\mu m^2$；

K_F——地层渗透率，$10^{-3}\mu m^2$；

L_f——裂缝半长，m；

b——裂缝宽度，m。

以3363井为例，该井闭合压力为30MPa时，无因次裂缝导流能力为6.47，地层渗透率为$2.60\times10^{-3}\mu m^2$，裂缝半长为60m，根据公式计算裂缝导流能力C_f为$1009.32\times10^{-3}\mu m^2\cdot m$。根据文献可得到宜兴东方、成都陶粒、兰州砂等不同支撑剂的压裂缝闭合压力与导流能力的关系曲线（图2–3–19），因3363井压裂时选用陶粒作为支撑剂，因此可以参考成都陶粒压裂缝闭合压力与导流能力的关系曲线，将成都陶粒压裂缝闭合压力与导流能力的关系曲线平移过导流能力实际点（30MPa，$1009.32\times10^{-3}\mu m^2\cdot m$），得到3363井压裂缝闭合压力与导流能力关系曲线。3363井压裂缝宽度为0.67cm，根据$C_f=K_f\times b$，计算得到不同闭合压力下的裂缝等效渗透率（表2–3–3），输入tNavigator数值软件中，再输入压裂井的压裂层位、裂缝倾角、裂缝半长、裂缝宽度等参数要求（表2–3–4），建立压裂模型。

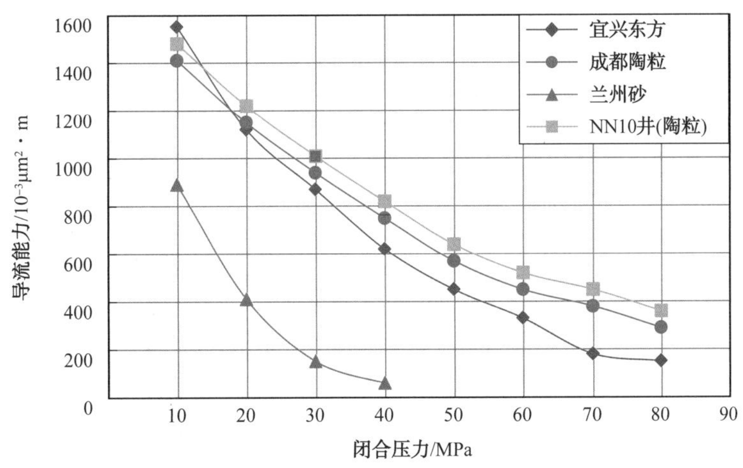

图2–3–19　不同支撑剂类型闭合压力与导流能力的关系图

表2–3–3　裂缝闭合压力与渗透率关系表

闭合压力 /MPa	裂缝等效渗透率 /$10^{-3}\mu m^2$	闭合压力 /MPa	裂缝等效渗透率 /$10^{-3}\mu m^2$
10	221121	50	95561
20	182257	60	77623
30	150867	70	67160
40	122466	80	53707

表 2-3-4 压裂参数

模拟参数	值
模拟裂缝倾角 /°	45
左裂缝半长 /m	60
右裂缝半长 /m	60
裂缝宽度 /cm	0.67

（2）根据酸化压裂参数计算出导流能力对应的压裂缝等效渗透率。让纳若尔油气田石炭系碳酸盐岩储层主要矿物组分是方解石，酸化作为有效的增产措施在该油田得到广泛使用。为了准确建立酸化压裂数值模型模拟酸化压裂效果，需要确定油田酸蚀裂缝闭合压力与渗透率的关系。

根据酸液对碳酸盐岩的溶解能力计算出酸蚀裂缝的理想缝宽。由于不同的酸液类型和不同的酸液浓度对碳酸盐岩的溶解能力不同（表 2-3-5），所以要根据油田目的层的矿物组分和酸化压裂措施所用的酸液类型确定酸液溶解能力（图 2-3-20）。

表 2-3-5 常用酸对碳酸盐岩的溶解能力 m^3/m^3

反应矿物	酸液类型	酸液浓度 /%			
		5	10	15	30
方解石	盐酸	0.026	0.053	0.082	0.175
	甲酸	0.020	0.041	0.062	0.129
	乙酸	0.016	0.031	0.047	0.096
白云石	盐酸	0.023	0.046	0.071	0.152
	甲酸	0.018	0.036	0.064	0.112
	乙酸	0.014	0.027	0.041	0.083

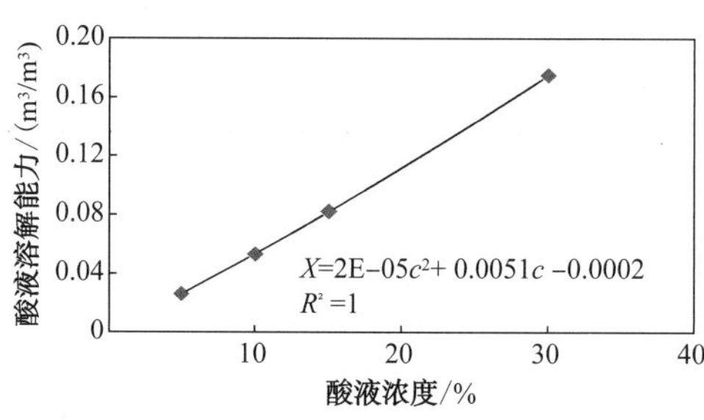

图 2-3-20 不同浓度盐酸溶液对方解石溶解能力

根据 Nierode-Kruk 方法，如果所有的酸液进入裂缝并溶解裂缝表面的岩石（无酸液滤失现象），利用公式 2-3-7 计算出所用的酸液对油层酸蚀裂缝的理想宽度：

$$\omega_{\mathrm{i}}=\frac{XV}{2(1-\varphi)h_{\mathrm{f}}X_{\mathrm{f}}} \tag{2-3-7}$$

式中 X——酸溶解能力，m^3/m^3；

V——酸液注入量，m^3；

φ——孔隙度，f；

h_f——裂缝高度，m；

X_f——裂缝半长，m。

闭合压力为 0MPa 时，酸蚀裂缝导流能力：

$$C_f = 1.46\times10^7\omega_i^{2.446}e^{-c\sigma} \quad (2\text{-}3\text{-}8)$$

$$C = \begin{cases}(13.9-1.3\ln S_f)\times10^{-3} & S_f < 137.9\text{MPa}\\(3.8-0.28\ln S_f)\times10^{-3} & S_f > 137.9\text{MPa}\end{cases} \quad (2\text{-}3\text{-}9)$$

式中 C_f——酸蚀裂缝导流能力，$10^{-3}\mu m^2\cdot m$；

ω_i——酸蚀裂缝理想缝宽，m；

σ——闭合压力，MPa；

S_f——岩石的上覆压力，MPa。

当 σ=0MPa 时，

$$C_f = 1.46\times10^7\omega_i^{2.446} \quad (2\text{-}3\text{-}10)$$

由于酸液对石灰岩和白云岩的酸蚀能力不同，针对石灰岩地层和白云岩地层，对 Nierode-Kruk 方法进行修正，得到公式 2-3-11：

$$\omega k_f = C_1 e^{-C_2 S} \quad (2\text{-}3\text{-}11)$$

对于石灰岩地层：

$$\begin{aligned}&C_1 = 0.165[DREC]^{0.8746}\\&C_2\times10^3 = \begin{cases}26.567-2.634\ln RES & 0\text{MPa} < RES < 137.9\text{MPa}\\2.9795-0.202\ln RES & 137.9\text{MPa} < RES < 3447.5\text{MPa}\end{cases}\end{aligned} \quad (2\text{-}3\text{-}12)$$

对于白云岩地层：

$$\begin{aligned}&C_1 = 13.29[DREC]^{0.5592}\\&C_2\times10^3 = \begin{cases}18.6386-0.7479\ln RES & 0\text{MPa} < RES < 137.9\text{MPa}\\2.3147-0.1513\ln RES & 137.9\text{MPa} < RES < 3447.5\text{MPa}\end{cases}\end{aligned} \quad (2\text{-}3\text{-}13)$$

式中 ωk_f——酸蚀裂缝导流能力，$10^{-3}\mu m^2\cdot m$；

S——闭合应力，MPa；

$DREC$——理想条件下、0MPa 闭合压力作用下的酸蚀裂缝导流能力，$10^{-3}\mu m^2\cdot m$；

RES——岩石的上覆应力，MPa。

根据上述公式计算得到酸蚀裂缝的闭合压力与渗透率的数据点，通过趋势线回归得到让纳若尔油气田酸蚀裂缝闭合压力与渗透率关系表（表 2-3-6）。

表 2-3-6　让纳若尔油气田酸蚀裂缝闭合压力与渗透率关系表

压力 /MPa	酸蚀裂缝等效渗透率 /10^{-3}μm^2
10	3811.6
20	2580.6
30	1747.2
40	1183.0
50	800.9
60	542.3
70	367.2
80	248.6
90	168.3
100	114.0

将计算的酸蚀裂缝闭合压力与渗透率关系数据导入软件中，然后分别输入井的酸化压裂层位、裂缝倾角、裂缝半长、裂缝宽度等参数（表 2-3-7），建立压裂模型。

表 2-3-7　520 井酸化压裂参数表

模拟参数	值
模拟裂缝倾角 /（°）	50
左裂缝半长 /m	80
右裂缝半长 /m	80
裂缝宽度 /cm	0.40

五、拟合结果

1. 全区拟合

完成 KT-Ⅰ层全区生产指标拟合，区块日产数据拟合效果较好（图 2-3-21~ 图 2-3-24）。

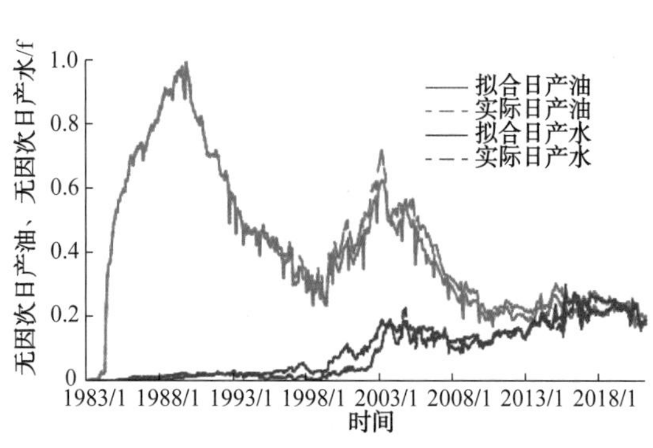

图 2-3-21　Аю 油环日产量拟合曲线

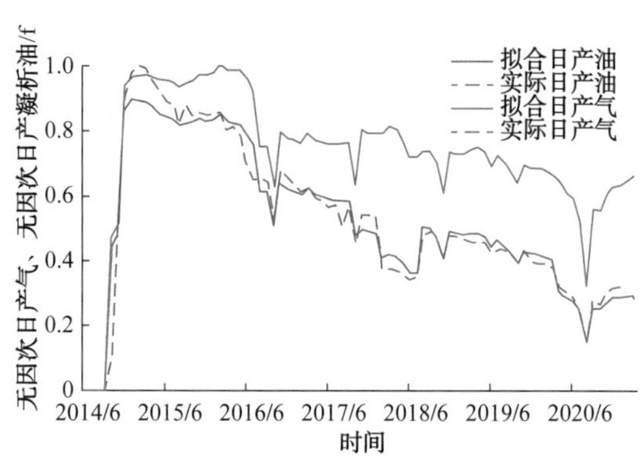

图 2-3-22　Гс 油环日产量拟合曲线

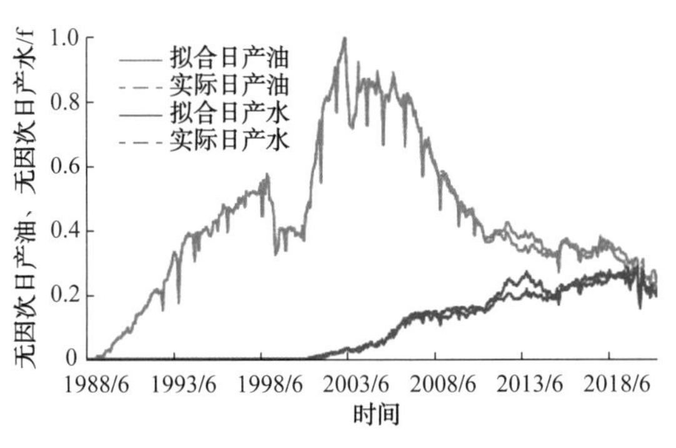

图 2-3-23 A ю 气顶日产量拟合曲线

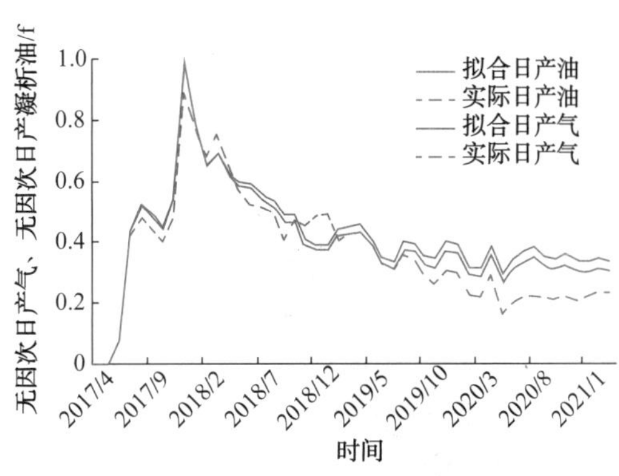

图 2-3-24 Г c 气顶日产量拟合曲线

2. 单井拟合

对全区单井进行历史拟合，单井日产水及凝析油指标拟合较好（图 2-3-25~ 图 2-3-26）。

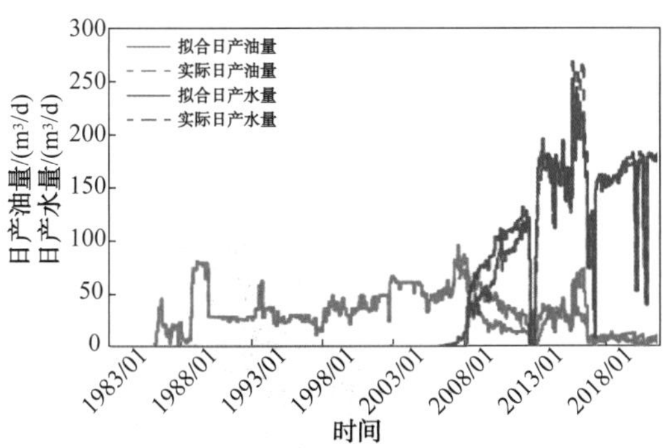

图 2-3-25 A ю 197 井日产量拟合曲线

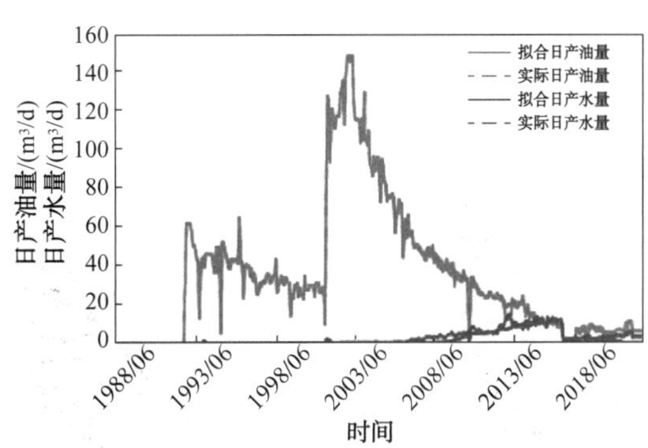

图 2-3-26 Г c2345 井日产量拟合曲线

六、剩余油气定量表征

1. 剩余油气分布特征

目前研究剩余油气主要是从剩余油气饱和度、剩余地质储量丰度、剩余地质储量、可采储量及单井层剩余油分布等角度描述其分布特征，分析在不同水淹级别、不同采出程度、不同构造部位、不同原始油水分布区域、不同渗流区域及不同开发井区剩余油气的分布状况。具体做法为在生产历史拟合结束后，利用模型中饱和度场数据以及储量丰度场数据做出剩余油气饱和度分布图和剩余油气储量丰度图，从而展示剩余油气的分布状态[31~33]。

A ю 油层段剩余油储量丰度如图 2-3-27 所示，从分布区域看，剩余油储量丰度高的区域主要位于 A 层的南部和北部，其他地区剩余油储量较低；从分布位置看，剩余油分布的高值主要出现在井间滞留区、沿断层一带难开采区以及井网不完善形成储量失控区域；从分布形态看，剩余油饱和度较高的地区呈交错状、条带状以及连片状分布，而饱和度较低的区域大多呈连片状分布。从油层物性看，物性较差的薄层与主力层合采时，储量不能有效动用，剩余油饱和度较高。

饱和度三相图
(平均)
气
水
油
3 6 9 12
km

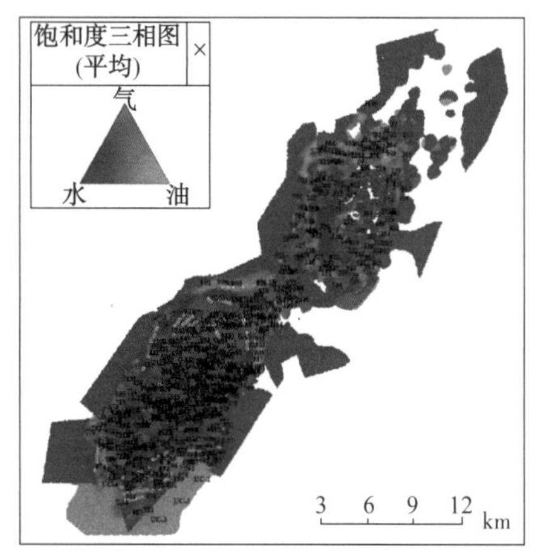

图 2-3-27　A ю 油气藏剩余油气分布图

从历史拟合完成后的结果可以看出，各层的剩余油分布差异较大，其中 A 层剩余油主要分布在南部扩边区，油气界面附近及局布井间剩余油较富集，Б 层剩余油主要分布在油气界面附近、局布井间及油藏边部，B 层剩余油主要分 B_1 层，油气界面附近剩余油较富集（图 2-3-28 和图 2-3-29）。

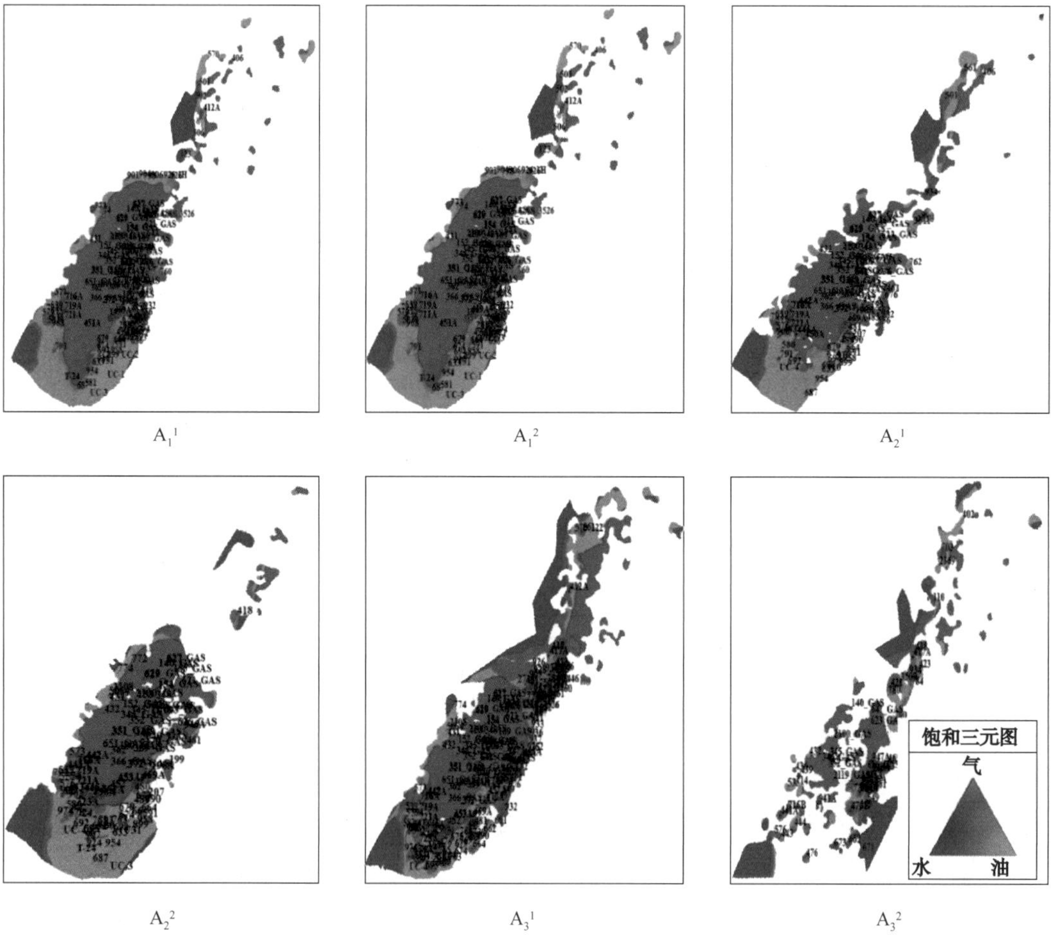

A_1^1
A_1^2
A_2^1
A_2^2
A_3^1
A_3^2
饱和三元图
气
水
油

图 2-3-28　A ю 油气藏 A 层剩余油气分布图

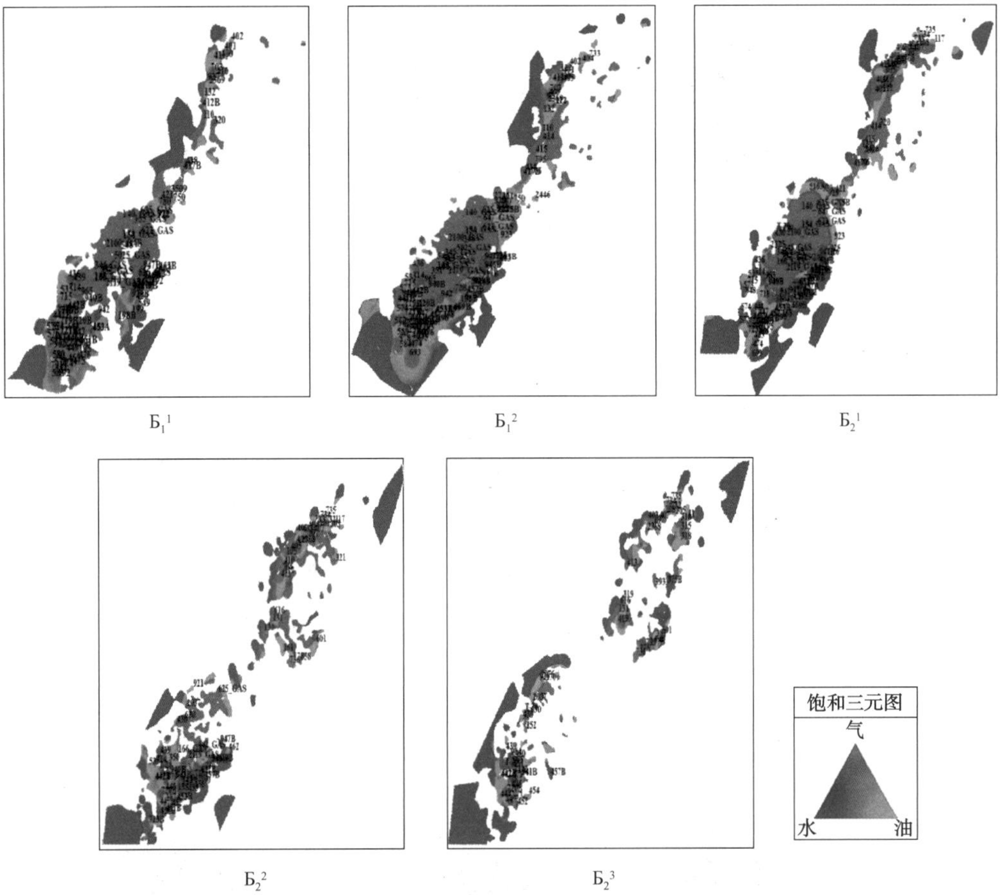

$Б_1^1$　$Б_1^2$　$Б_2^1$

$Б_2^2$　$Б_2^3$

饱和三元图
气
水　油

图 2-3-29　Аю 油气藏 Б 层剩余油气分布图

Гс 油层段剩余油储量丰度如图 2-3-30 所示，从分布区域看，剩余油储量丰度高的区域主要位于构造的西部和南部，北部和东部剩余油储量较低；从分布位置看，剩余油分布的高值主要出现在井间滞留区和油藏边部储量难动用区。

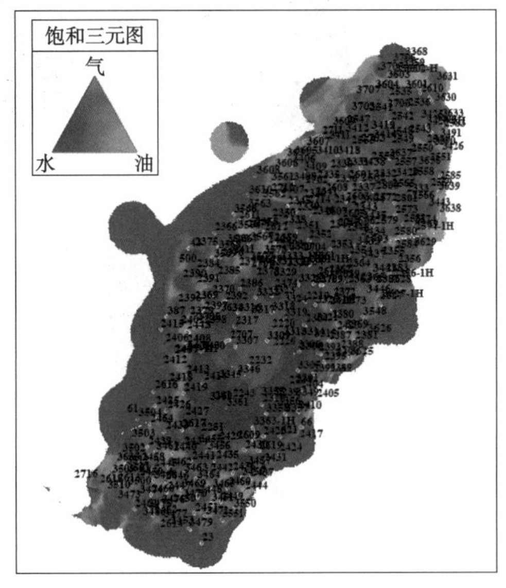

图 2-3-30　Гс 油气藏剩余油气分布图

Гс 各层的剩余油分布差异较大（图 2-3-31~ 图 2-3-33），其中 $Г_1$—$Г_2$ 层剩余油储量较少，主要分布在油藏北部扩边区和油气界面附近；$Г_3$—$Г_4$ 层剩余油储量较为丰富，集中于油气界面附近、局布井间及油藏边部；$Г_5$—$Г_6$ 层剩余油以井间和边底水避射剩余油为主。

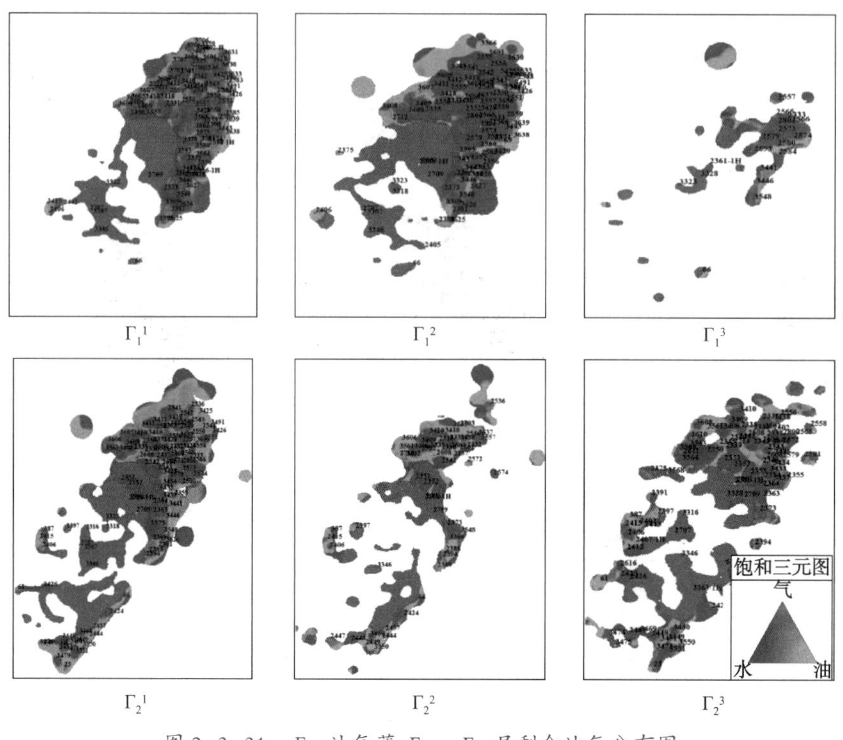

图 2-3-31　Γc 油气藏 $Γ_1$—$Γ_2$ 层剩余油气分布图

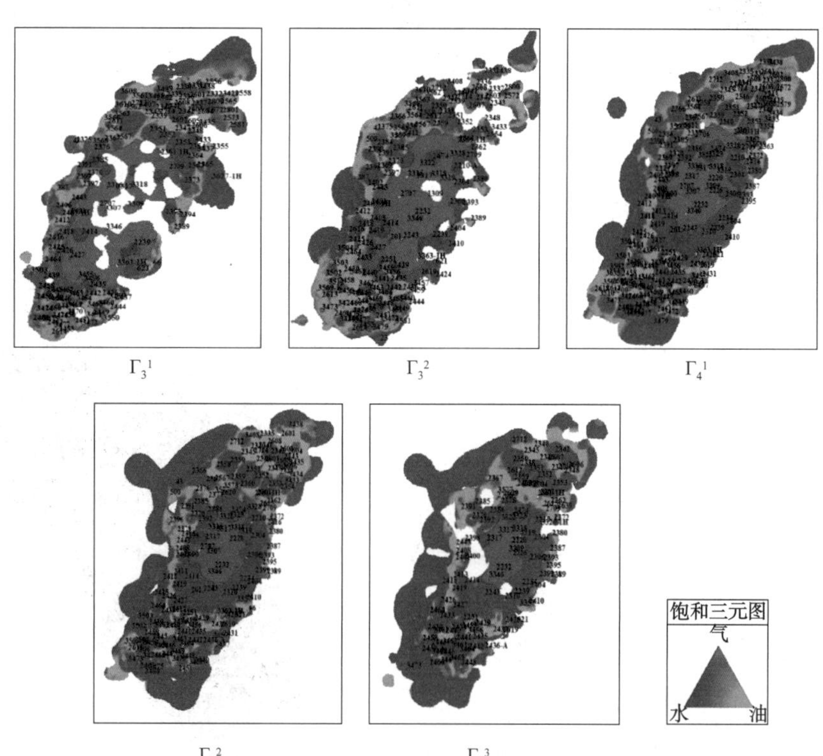

图 2-3-32　Γc 油气藏 $Γ_3$—$Γ_4$ 层剩余油气分布图

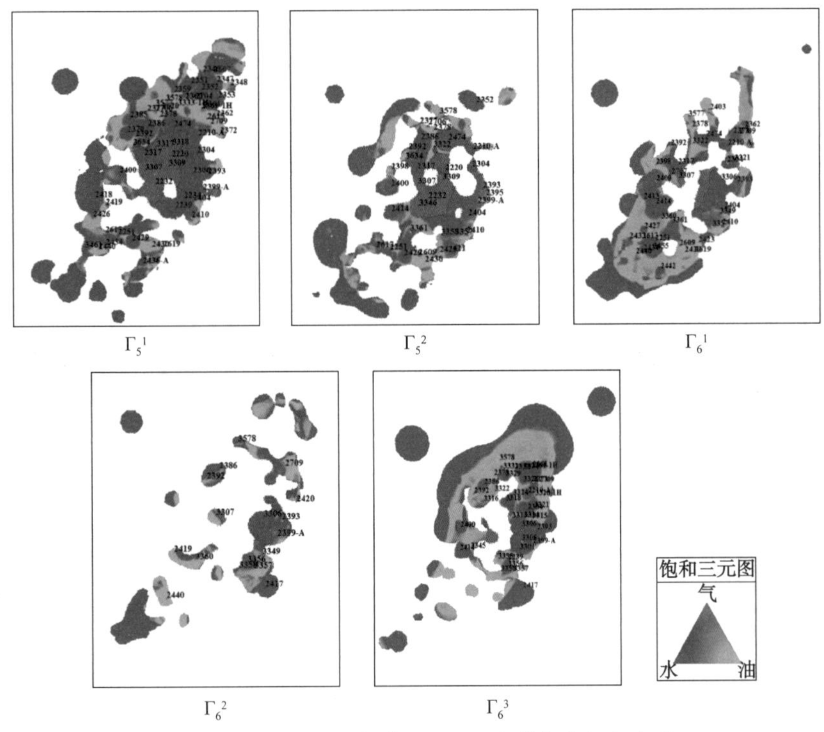

图 2-3-33 Гc 油气藏 $\Gamma_5-\Gamma_6$ 层剩余油气分布图

2. 剩余油潜力分析

在数值模拟研究的基础上，根据剩余油聚集特征将剩余油分为油藏边部剩余油、油藏内部剩余油、气顶周围滞留油、断层控制剩余油以及底水上部避射剩余油五类（图 2-3-34）。

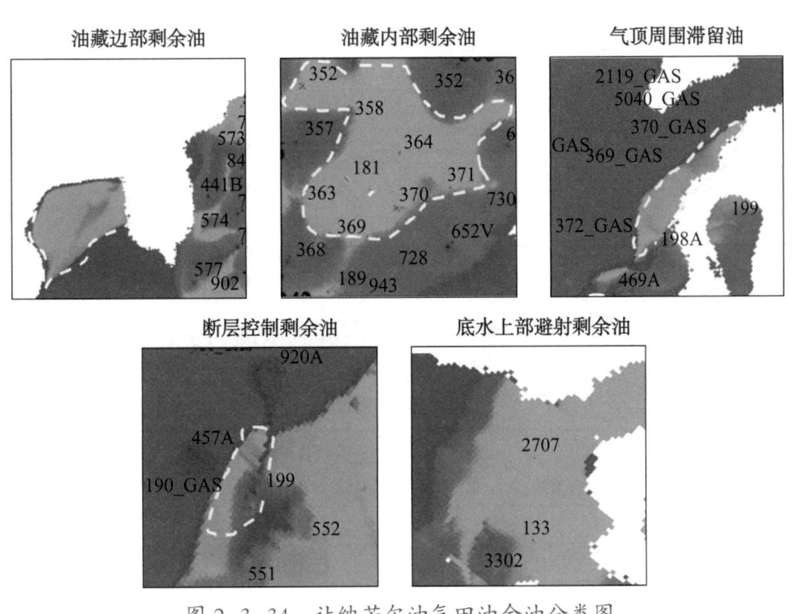

图 2-3-34 让纳若尔油气田油余油分类图

根据相对渗透率曲线的分流量曲线（图 2–3–35、图 2–3–36）计算可知，当油田含水率＜ 2.0% 时，对应的 A ю 层含水饱和度为 33.4%，Γ c 层含水饱和度为 24.0%，结合剩余油分类分别计算模型中未水淹剩余油储量。

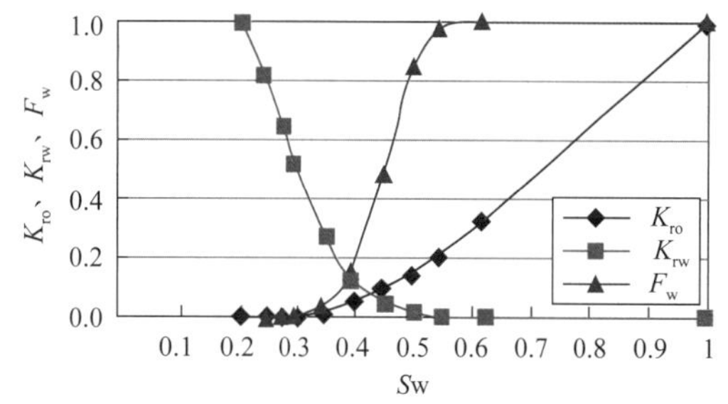

图 2–3–35　A ю 层相渗及分流量曲线

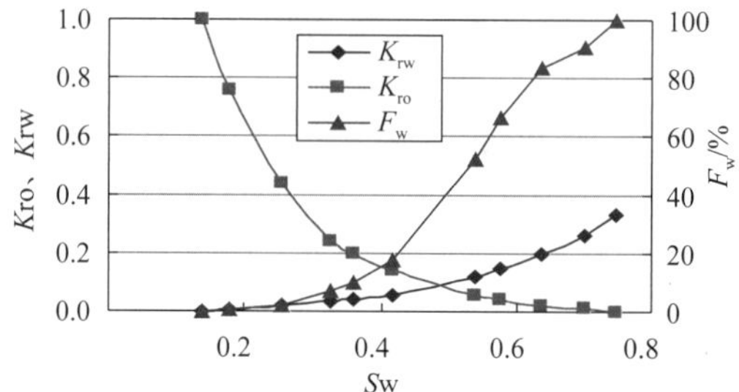

图 2–3–36　Γ c 层相渗及分流量曲线

截至 2023 年 12 月，让纳若尔 A ю 油气藏未水淹剩余油类型以油藏内部剩余油、油藏边部剩余油和气顶附近剩余油为主（表 2–3–8）。剩余储量主要分布在 A 层、Б 层和 B_1 层，B_2 层及以下剩余潜力较小。

表 2–3–8　A ю 油气藏剩余油类型与无因次剩余油潜力　f

层位	剩余油类型					
	油藏内部	油藏边部	断层控制	气顶周围滞留油	底水上部避射	合计
A_1	0.02	0.10	0.00	0.02	0.00	0.14
A_2	0.01	0.04	0.00	0.01	0.00	0.06
A_3	0.07	0.04	0.00	0.01	0.00	0.12
$Б_1$	0.04	0.06	0.00	0.04	0.00	0.14
$Б_2$	0.11	0.07	0.00	0.02	0.00	0.20
B_1	0.21	0.02	0.01	0.02	0.00	0.25
B_2	0.06	0.00	0.00	0.01	0.00	0.07
B_3	0.01	0.00	0.00	0.00	0.00	0.01
B_4	0.00	0.00	0.00	0.00	0.01	0.01
合计	0.52	0.33	0.01	0.13	0.01	1.00

Γ c 未水淹剩余油地质储量主要集中在 $Γ_3$ 层和 $Γ_4$ 层，其中 $Γ_4$ 层剩余潜力占比最大，占比 39%（表 2–3–9），剩余油类型以油藏内部剩余油为主。

表 2–3–9　Γ c 油气藏剩余油类型与无因次剩余油潜力　f

层位	剩余油类型					
	油藏内部	油藏边部	断层控制	气顶周围滞留油	底水上部避射	合计
$Γ_1$	0.03	0.05	0.01	0.00	0.00	0.09
$Γ_2$	0.08	0.01	0.00	0.02	0.00	0.11
$Γ_3$	0.21	0.00	0.00	0.07	0.00	0.28

续表

层位	剩余油类型					
	油藏内部	油藏边部	断层控制	气顶周围滞留油	底水上部避射	合计
$Γ_4$	0.37	0.00	0.02	0.00	0.00	0.39
$Γ_5$	0.04	0.00	0.00	0.00	0.00	0.04
$Γ_6$	0.06	0.00	0.00	0.00	0.02	0.09
全区	0.79	0.06	0.04	0.09	0.02	1.00

3. 剩余气潜力分析

A ю 气顶剩余气在平面上分布较稳定，呈椭圆片状在整个背斜构造的高部位。从数模结果看，2014 年气顶投入开发前，由于油环提前开发，存在天然气侵入油环导致气顶气储量损失，气顶气无因次损失储量最高达到 0.14；截至 2023 年 12 月，A ю 气顶气无因次剩余储量为 0.63，气顶气采出程度为 28.75%（表 2–3–10、图 2–3–37）。

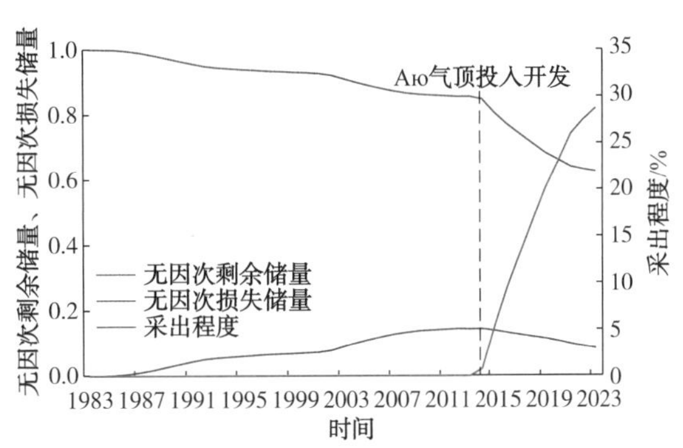

图 2–3–37　A ю 天然气储量历年变化曲线

表 2–3–10　A ю 无因次天然气储量历年变化　f

年份	剩余储量	采出程度 /%	损失储量	年份	剩余储量	采出程度 /%	损失储量
1983	1.00	0.00	0.00	2004	0.90	0.00	0.10
1984	1.00	0.00	0.00	2005	0.89	0.00	0.11
1985	1.00	0.00	0.00	2006	0.88	0.00	0.12
1986	1.00	0.00	0.00	2007	0.87	0.00	0.13
1987	0.99	0.00	0.01	2008	0.87	0.00	0.13
1988	0.98	0.00	0.02	2009	0.86	0.00	0.14
1989	0.97	0.00	0.03	2010	0.86	0.00	0.14
1990	0.97	0.00	0.03	2011	0.86	0.00	0.14
1991	0.96	0.00	0.04	2012	0.86	0.00	0.14
1992	0.95	0.00	0.05	2013	0.86	0.00	0.14
1993	0.94	0.00	0.06	2014	0.85	0.76	0.14
1994	0.94	0.00	0.06	2015	0.81	5.36	0.14
1995	0.94	0.00	0.06	2016	0.77	9.57	0.13
1996	0.94	0.00	0.06	2017	0.74	13.22	0.13
1997	0.93	0.00	0.07	2018	0.71	16.79	0.12
1998	0.93	0.00	0.07	2019	0.68	20.18	0.11
1999	0.93	0.00	0.07	2020	0.66	23.01	0.11
2000	0.93	0.00	0.07	2021	0.64	26.01	0.10
2001	0.93	0.00	0.07	2022	0.63	27.53	0.09
2002	0.92	0.00	0.08	2023	0.63	28.75	0.09
2003	0.91	0.00	0.09	—	—	—	—

Γc 气顶剩余气在平面上主要分布于油藏的西、南部以及构造高部位。从数模结果看，2016 年气顶投入开发前，Γc 天然气储量损失较严重，气顶气无因次损失储量达到 0.59；截至 2023 年 12 月，Γc 气顶气无因次剩余储量为 0.36，采出程度为 5.45%（图 2-3-38、表 2-3-11）。

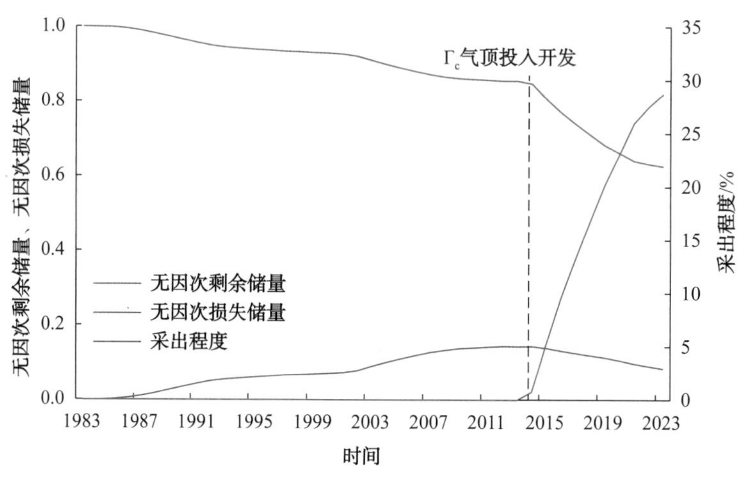

图 2-3-38　Γc 天然气储量历年变化曲线

表 2-3-11　Γc 无因次天然气储量历年变化　　f

年份	剩余储量	采出程度 /%	损失储量	年份	剩余储量	采出程度 /%	损失储量
1988	1.00	0.00	0.00	2006	0.68	0.00	0.32
1989	1.00	0.00	0.00	2007	0.66	0.00	0.34
1990	1.00	0.00	0.00	2008	0.65	0.00	0.35
1991	0.99	0.00	0.00	2009	0.63	0.00	0.36
1992	0.99	0.00	0.01	2010	0.62	0.00	0.38
1993	0.98	0.00	0.02	2011	0.61	0.00	0.39
1994	0.96	0.00	0.04	2012	0.60	0.00	0.40
1995	0.95	0.00	0.05	2013	0.58	0.00	0.41
1996	0.93	0.00	0.07	2014	0.57	0.00	0.43
1997	0.91	0.00	0.09	2015	0.55	0.00	0.45
1998	0.89	0.00	0.11	2016	0.54	0.00	0.46
1999	0.88	0.00	0.12	2017	0.51	0.43	0.48
2000	0.86	0.00	0.14	2018	0.48	1.67	0.50
2001	0.84	0.00	0.16	2019	0.45	2.46	0.52
2002	0.80	0.00	0.20	2020	0.43	3.18	0.54
2003	0.77	0.00	0.23	2021	0.40	3.93	0.56
2004	0.74	0.00	0.26	2022	0.38	4.70	0.58
2005	0.71	0.00	0.29	2023	0.36	5.45	0.59

第三章
碳酸盐岩优化注水技术

第一节　注水效果评价

一、开发简况

1. 开发历程

让纳若尔油气田自 1983 年采用天然能量投入开采，先后历经天然能量开采（1983—1988 年）、屏障注水 + 油环行列注水阶段（1989—2000 年）、屏障注水 + 油环面积注水（2001 年至今）三个开发阶段（图 3-1-1），2014 年 Аю 气顶气藏投入开发，2017 年 Гс 气顶气藏投入开发。

自 1997 年 12 月中方接管以来，经历了产量上升阶段（1999—2004 年）、持续保持年产 200×10^4t 产量阶段（2005—2014 年）、油气并举阶段（2015 至今）。

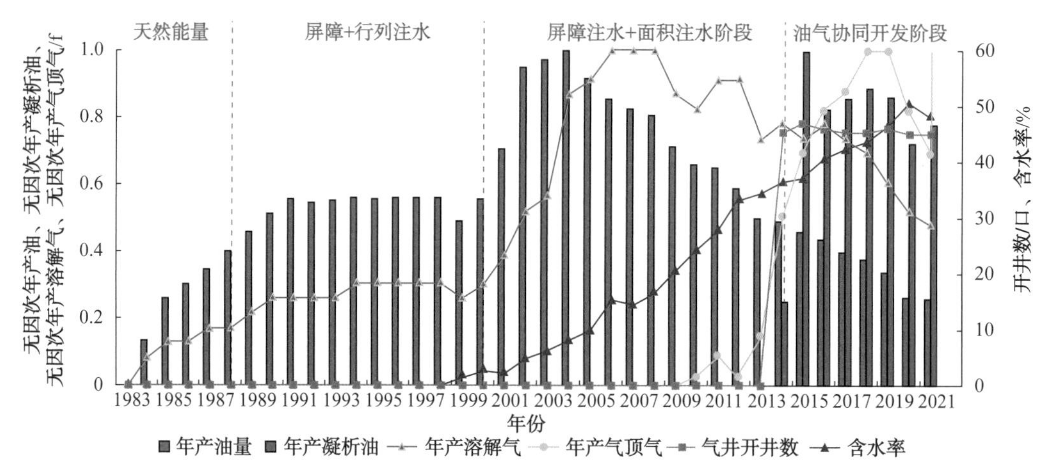

图 3-1-1　让纳若尔油气田年度开发曲线

2. 开采现状

截至 2023 年 9 月（表 3-1-1），让纳若尔油气田共有油井 693 口，开井 678 口，其中正常生产井 432 口（自喷井 8 口，机械采油井 424 口），综合含水率 45.95%，注水井 308 口（分注井 125 口，增压泵注水 39 口），开井 290 口，日注水量 19466m^3，采出程度 21.7%，累计注采比 0.79。

其中，KT-Ⅰ油藏总井数 296 口，正常生产井 135 口，自喷井 8 口，气举采油井 127 口，综合含水率 50.20%，采油速度 0.18%，采出程度 21.3%；注水井共 111 口，开井

103 口，日注水 8260m^3，屏障注水井 28 口，开井 24 口，日注水量 1843m^3。

表 3-1-1 让纳若尔油气藏开发指标

油藏	层位	开井数 / 口			单井日产油量 /t	单井日注水量 /m^3	地质储量		年综合含水 /%
		总井数	油井数	注水井数			采油速度 /%	采出程度 /%	
KT-Ⅰ	$А_с$	41	37	4	1.2	68	0.25	20.6	42.82
	А ю	123	94	29	3.4	67	0.48	15.9	38.39
	$Б_с$	50	42	8	1.8	85	0.23	32.0	65.78
	Б ю	75	37	38	2.1	44	0.10	19.3	68.77
	$В_с$	73	54	19	0.2	170	0.01	24.4	38.75
	Вю	29	24	5	1.9	91	0.09	20.5	39.64
	小计	391	288	103	2.0	80	0.18	21.3	49.97
KT-Ⅱ	Г с	270	188	82	4.6	61	0.33	31.1	52.23
	$Д_с$	41	26	15	7.2	61	0.16	9.6	48.01
	$Д_В$	170	105	65	3.9	62	0.29	17.3	27.25
	$Д_Н$	65	45	20	3.4	52	0.21	20.7	34.71
	Д ю	235	150	85	3.8	59	0.26	18.6	29.69
	$Г_Н$	31	26	5	8.0	55	0.41	10.2	31.17
	小计	577	390	187	4.7	60	0.28	21.9	44.56
全油田		968	678	290	3.5	67	0.25	21.7	45.95

让纳若尔油气田 Д 层油藏 1987 年进行试采，1987—1992 年采用天然能量开采，1993 年至今为水驱开发。2000 年将行列注水转为面积注水后，同时进行分层系井网加密、气举和酸化等增产措施，油藏产量快速上升，递减明显减缓。根据油田含水率特征，将 Д 层油藏分为三个阶段。Д ю 油藏 1987 年至 2005 年为无水采油阶段，2006 年至 2015 年为低含水阶段，2016 年至今处于中含水阶段；Дc 油藏 1988 年至 2005 年为无水采油阶段，2006 年至 2009 年为低含水阶段，2010 年至今处于中含水阶段。截至 2023 年 9 月底，Д ю 油藏共有采油井 158 口，其中开井数为 134 口，注水井总井数 87 口，开井数为 82 口，综合含水率 34.30%，区块日注水量 4904m^3；Дc 油藏共有采油井 23 口，其中开井数为 14 口，注水井总井数 14 口，综合含水率 52.10%，区块日注水量 922m^3。

让纳若尔油气田 Гc 油藏于 1988 年全面投入开发，开发分为两个阶段：1988—1995 年为天然能量开采阶段，1995 年至今为水驱开采阶段。2000 年将行列注水转为面积注水后，同时进行井网加密、气举和酸化等增产措施，油藏产量快速上升，递减明显减缓。2002 年，日产油量达到峰值，井日均产量为 49t。截至 2023 年 9 月底，Гc 油藏总油井数 190 口，正常生产井 133 口，全部为气举采油，综合含水率 52.20%，采油速度 0.33%，采出程度 31.1%；注水井开井 82 口，日注水量 4962m^3。

二、开采特征

1. KT-Ⅰ油藏开采特征分析

从油藏递减变化看，油藏近年自然水平递减呈现较为平稳的趋势，综合递减有增大趋势（图 3-1-2）；从产量构成图看，油藏近年新井与措施贡献率较低，有增大趋势（图 3-1-3）。

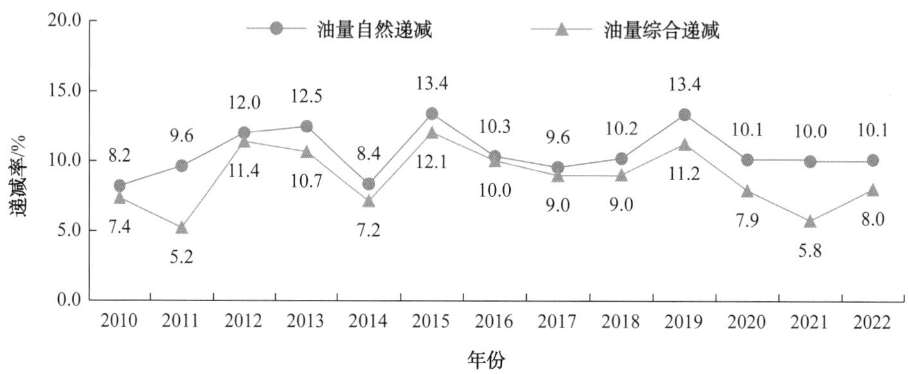

图 3-1-2　KT-Ⅰ油藏产量递减率

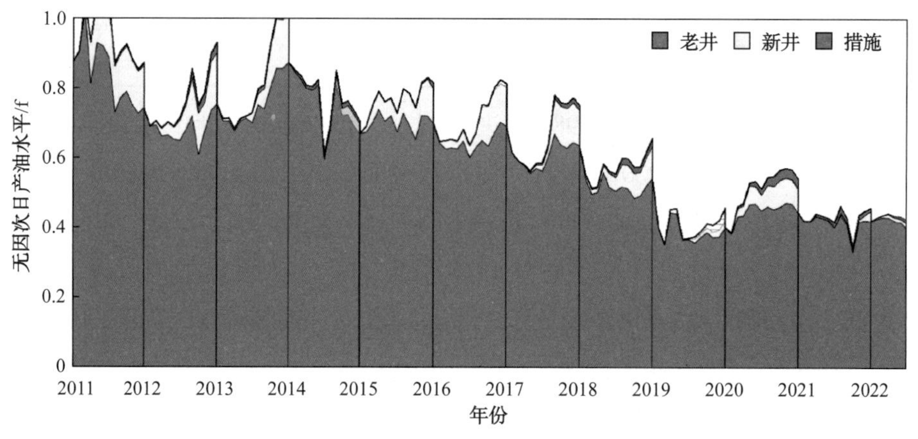

图 3-1-3　KT-Ⅰ油藏历年产量构成曲线

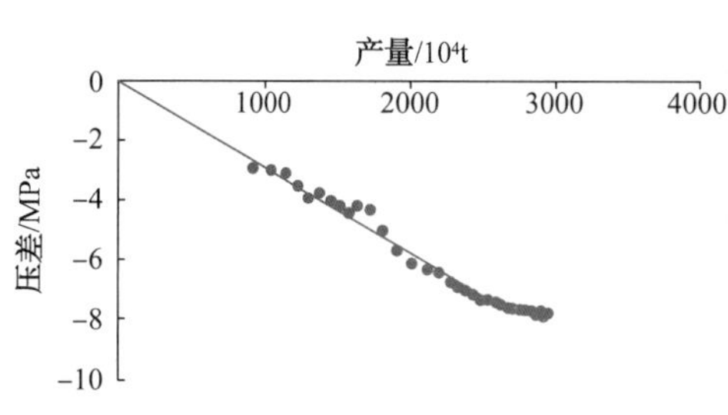

图 3-1-4　KT-Ⅰ油藏生产指示曲线

从生产指示曲线与油藏亏空变化曲线（图 3-1-4、图 3-1-5）来看，近年来油藏能量得到补充，水驱效果有变好的趋势，截至 2023 年 9 月，年注采比 2.04，累计注采比 0.97，地层累计亏空 $316 \times 10^4 m^3$，累计存水率 89.10%（图 3-1-6），水驱指数 0.98。存水率与水驱指数实际接近理论值（图 3-1-7）。

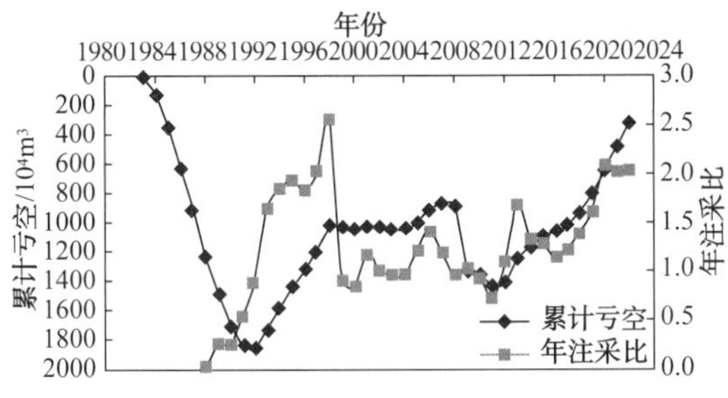

图 3-1-5　KT-Ⅰ油藏亏空与注采比曲线

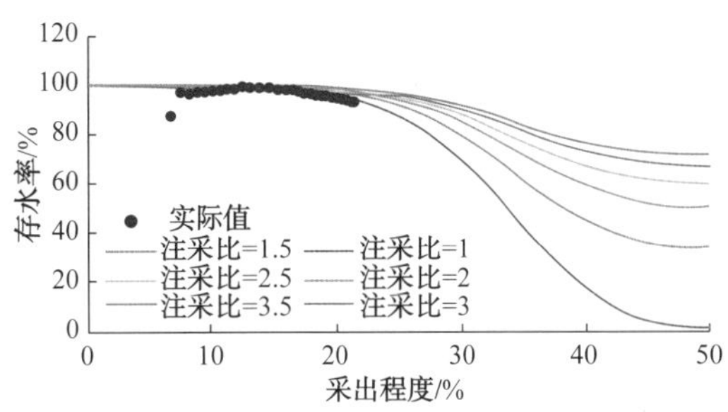

图 3-1-6　KT-Ⅰ油藏理论与实际存水率曲线

油藏原始地层压力 29.4MPa，目前，油环压力保持程度 73.5%，气顶压力保持程度 43.0%（图 3-1-8），随压力下降，因地层脱气，油环气油比逐年呈升高趋势，气顶凝析油含量呈逐年下降趋势。

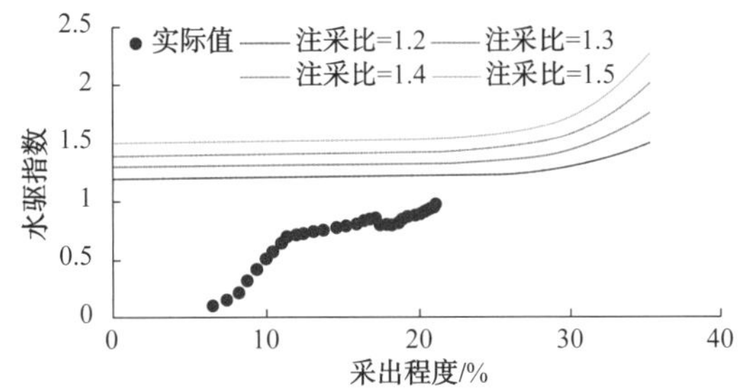

图 3-1-7　KT-Ⅰ油藏理论与实际水驱指数曲线

以产液强度为采用井动用程度划分标准，产液强度小于 0.05t/（d·m）为不动用，0.05~1t/（d·m）为弱动用，1~4t/（d·m）为动用好，大于 4t/（d·m）为动用很好。油环动用程度较高，为 82.1%，但以产液强度小于 1 的弱动用为主（图 3-1-9）。

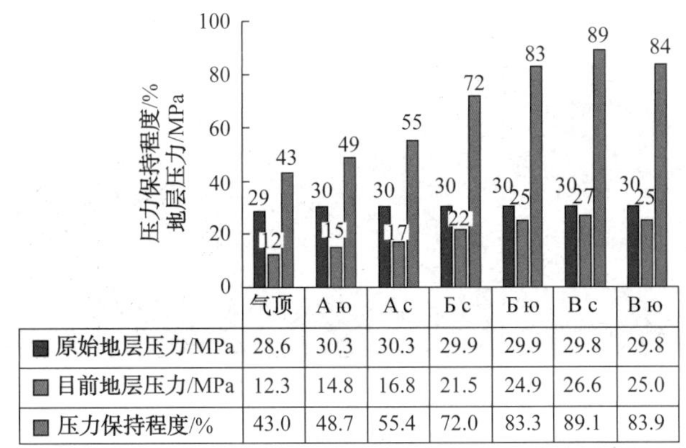

	气顶	A ю	A c	Б c	Б ю	B c	B ю
原始地层压力/MPa	28.6	30.3	30.3	29.9	29.9	29.8	29.8
目前地层压力/MPa	12.3	14.8	16.8	21.5	24.9	26.6	25.0
压力保持程度/%	43.0	48.7	55.4	72.0	83.3	89.1	83.9

图 3-1-8　KT-Ⅰ油藏各开发单元地层压力

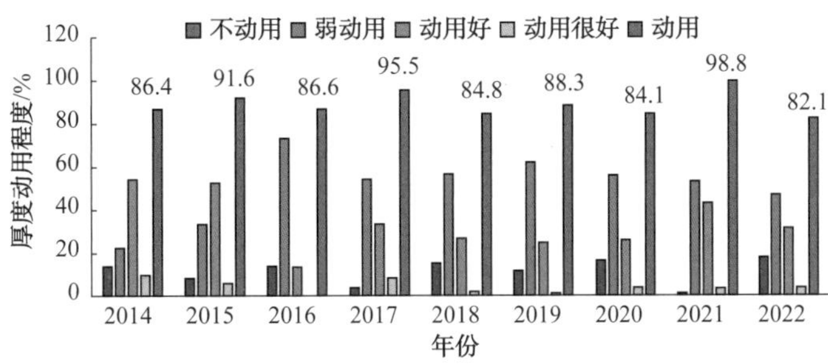

图 3-1-9　KT-Ⅰ油藏油井动用情况

2.Д 层油藏开采特征分析

从油藏自然水平递减变化看，Д ю 油藏前期自然递减较大，后期减缓，近年来递减呈上升趋势（图 3–1–10）；从产量构成图看，Д ю 油藏新井和措施贡献率逐年下降（图 3–1–11）；Д ю 油藏地层亏空逐年加大，截至目前累计亏空 $4624\times10^4m^3$（图 3–1–12）。

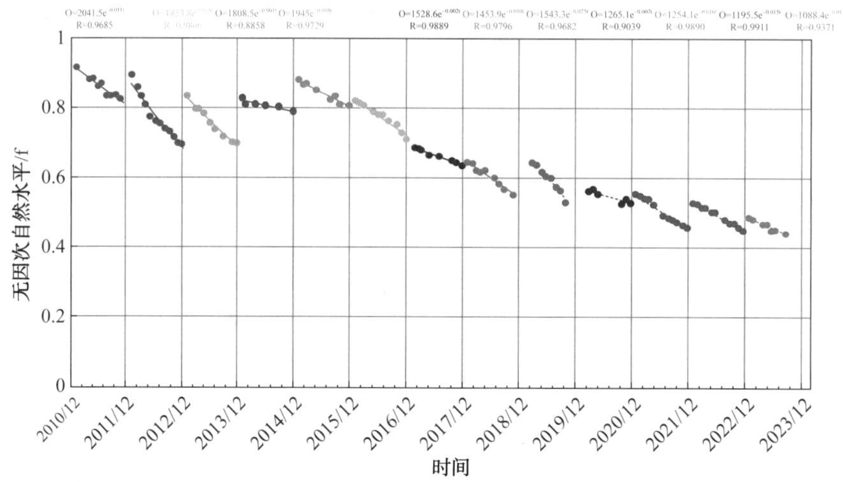

图 3–1–10　Д ю 油藏自然水平递减变化图

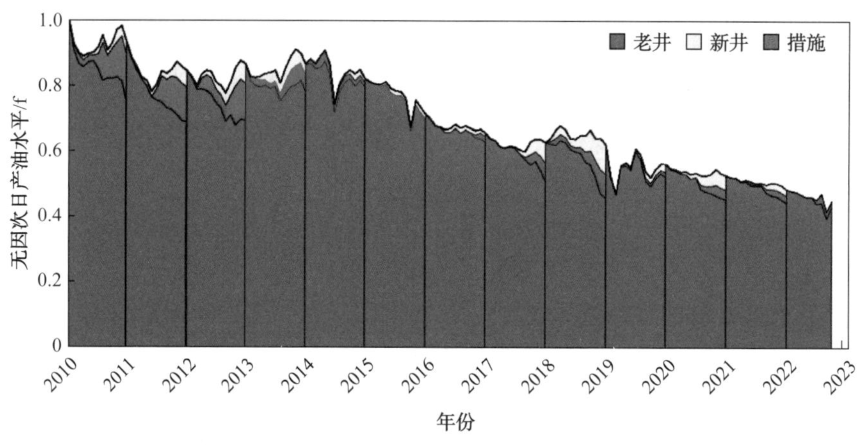

图 3–1–11　Д ю 油藏 2010—2023 年产量构成图

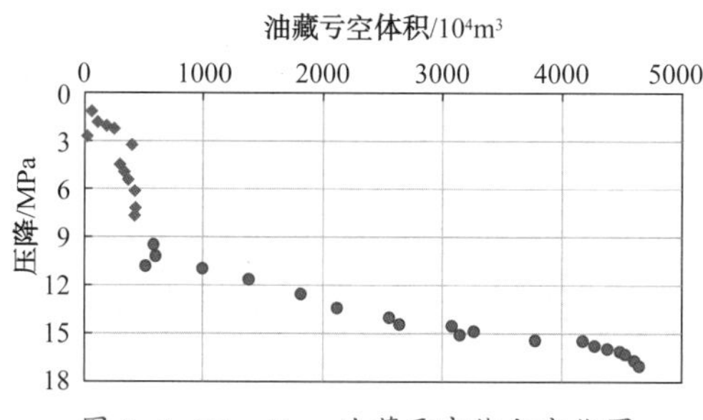

图 3–1–12　Д ю 油藏亏空体积变化图

从油藏自然水平递减变化看，Дc 油藏前期自然递减较大，后期减缓，近年来递减呈加快趋势（图 3-1-13）；从产量构成图看，Дc 油藏由于近两年侧钻取得了较好的效果，措施贡献率增加（图 3-1-14）；Дc 油藏地层亏空逐年加大，截至目前，累计亏空 $2241\times10^4m^3$（图 3-1-15）。

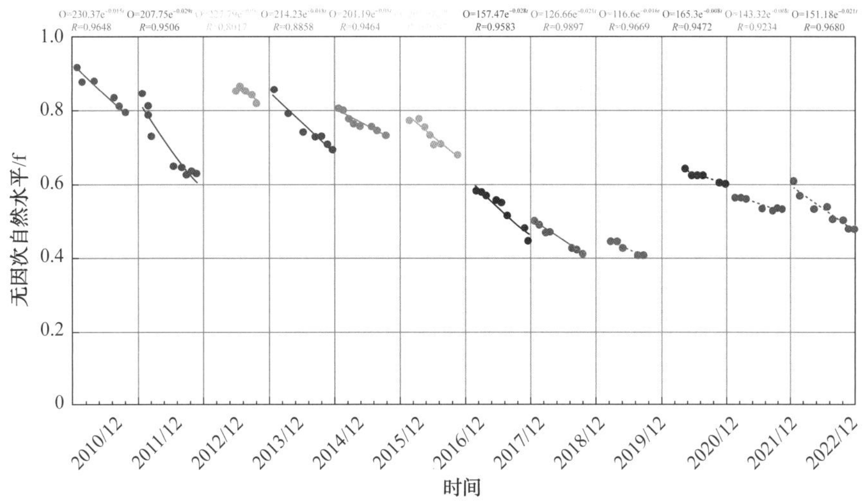

图 3-1-13　Дc 油藏自然水平递减变化图

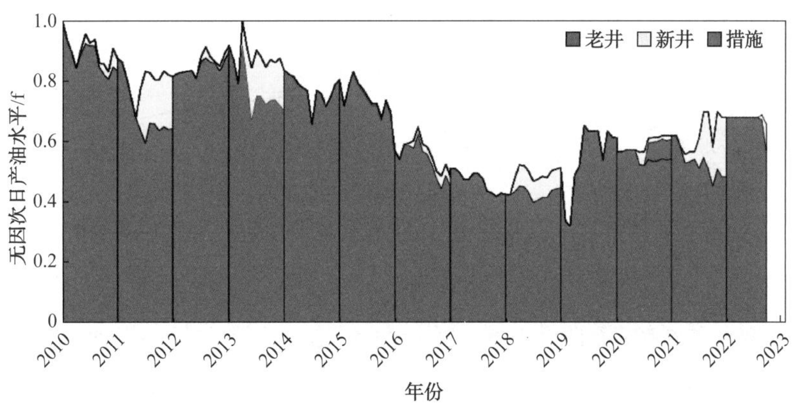

图 3-1-14　Дc 油藏 2010—2023 年产量构成图

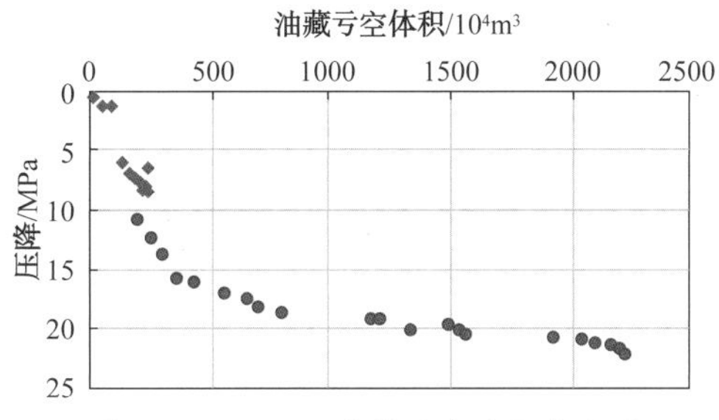

图 3-1-15　Дc 油藏亏空体积变化图

从存水率曲线和水驱指数曲线看，Дю 油藏近年存水率和水驱指数快速上升，无效注水增加（图 3-1-16、图 3-1-17）；Дс 油藏存水率和水驱指数呈下降趋势，后期水淹、水窜严重，水驱效果变差（图 3-1-18、图 3-1-19）。

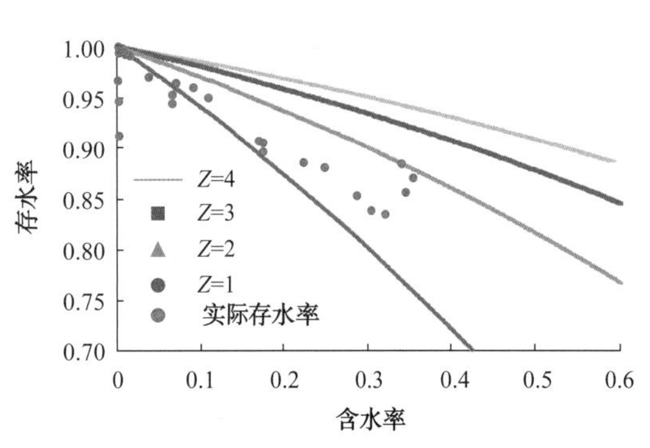

图 3-1-16　Дю 油藏存水率曲线

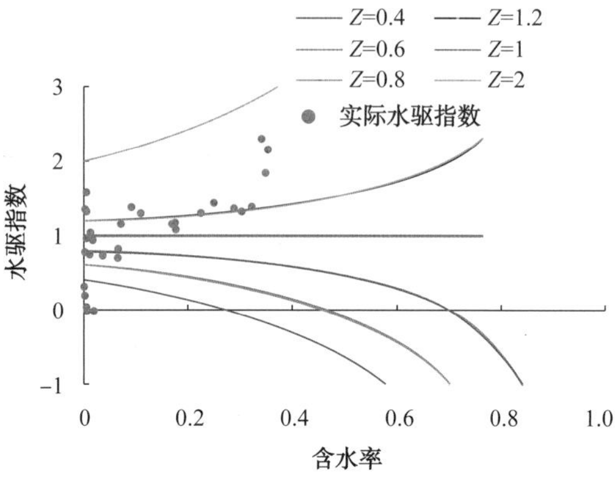

图 3-1-17　Дю 油藏水驱指数曲线

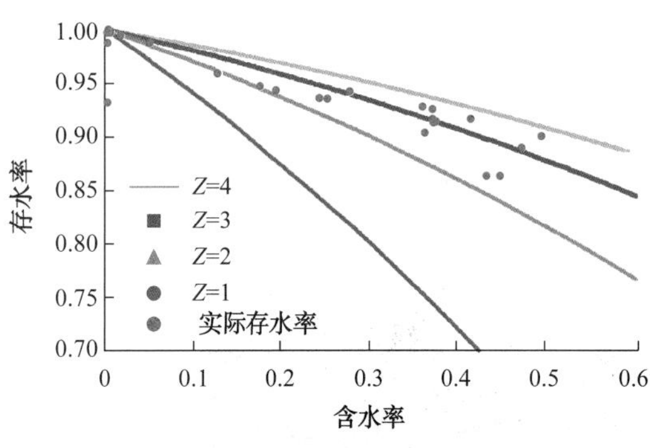

图 3-1-18　Дс 油藏存水率曲线

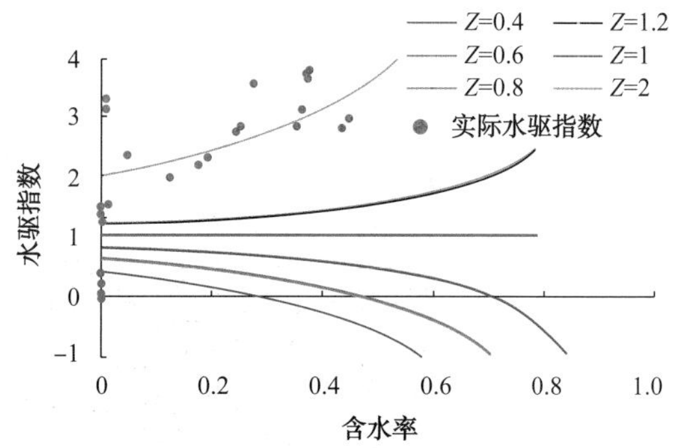

图 3-1-19　Дс 油藏水驱指数曲线

从采出程度与含水率关系曲线上看，Дю 油藏目前水驱效果保持相对稳定（图 3-1-20）；Дс 油藏目前水驱效果逐渐变差（图 3-1-21）。

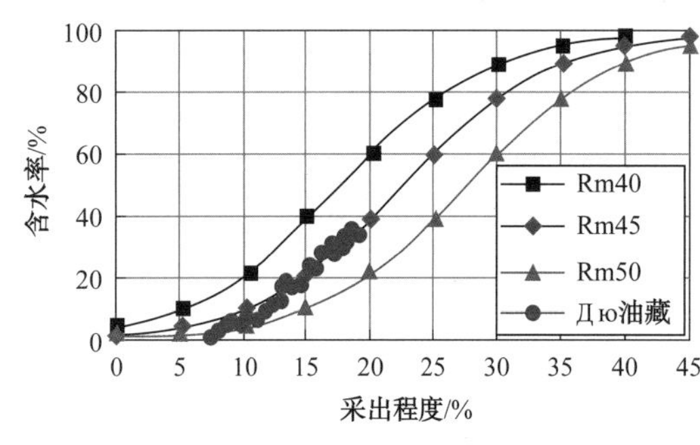

图 3-1-20　Дю 油藏采出程度与含水率关系曲线

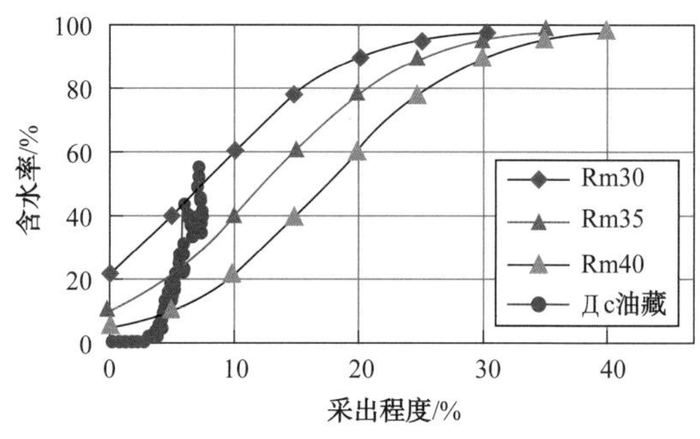

图 3-1-21　Дс 油藏采出程度与含水率关系曲线

Д 层油藏压力保持程度低，Д$_{B}$ 目前地层压力 16.8MPa，压力保持程度 43.2%；Д$_{H}$ 目前地层压力 15.0MPa，压力保持程度仅为 38.2%。Дс 目前地层压力较高，为 23.7MPa，压力保持程度达到 60.1%（图 3–1–22、图 3–1–23）。

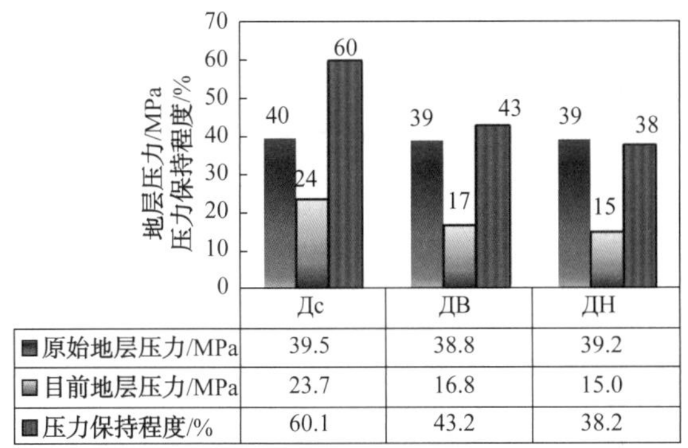

	Дс	ДВ	ДН
原始地层压力/MPa	39.5	38.8	39.2
目前地层压力/MPa	23.7	16.8	15.0
压力保持程度/%	60.1	43.2	38.2

图 3–1–22　Д 层油藏压力现状图（2023）

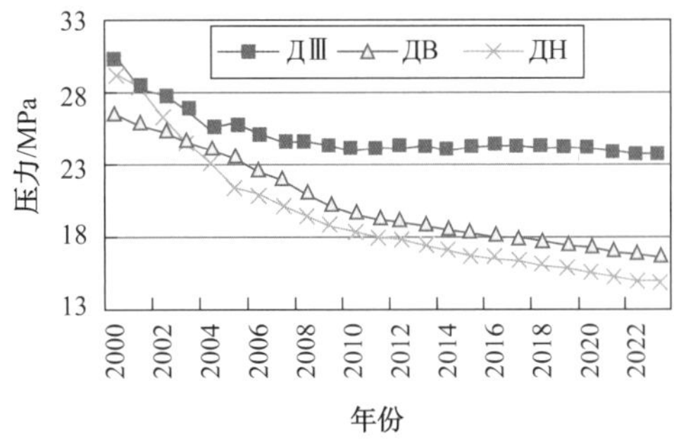

图 3–1–23　Д 层油藏历年压力曲线图

根据吸水产液剖面统计结果，Д ю 油藏纵向上动用程度有所好转（图 3–1–24、图 3–1–25），2022 年底油井动用程度达到 95.6%，其中弱动用占比高，达到 84.6%；注水井也呈现纵向上动用程度增加的趋势，截至 2022 年年底，动用程度达到 65.1%，其中弱吸水层占比上升，截至 2022 年年底达到 47.9%。

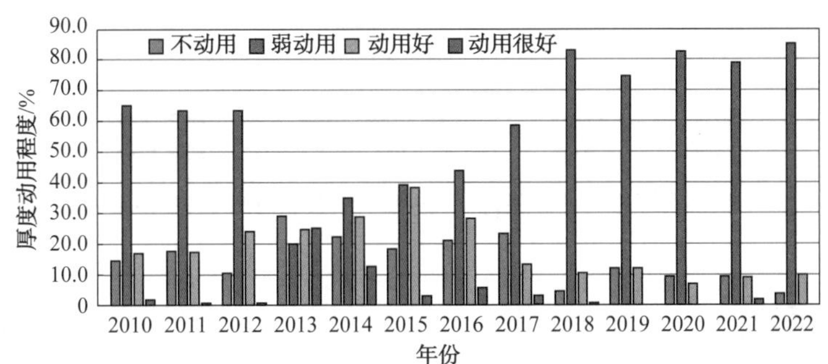

图 3–1–24　Д ю 油藏分年度动用测试程度对比图（油井）

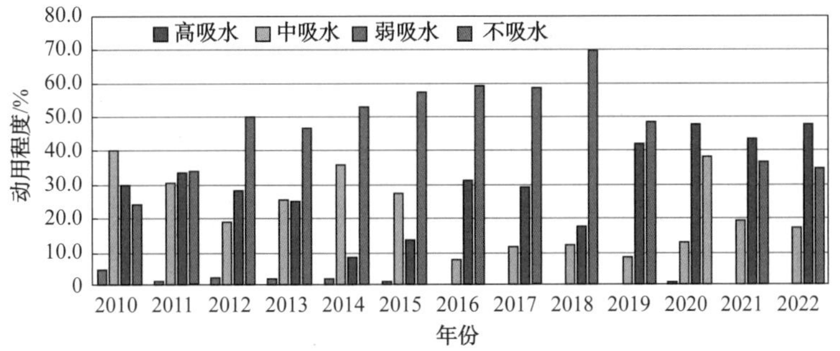

图 3–1–25　Д ю 油藏分年度动用测试程度对比图（水井）

三、存在问题

结合开发历程与开采特征分析，让纳若尔油气田油藏注水开发中存在的问题可总结为以下两类。

1. 油田产量递减快，地层能量保持程度低，采油速度低

让纳若尔油气田 Д 层储层物性差、纵向跨度大、平面非均质性强、注采对应性差，注水开发效果差，压力保持程度仅为 41.0%、61.0%。截至 2022 年年底，采油速度仅为 0.25%。

2. 注水恢复地层压力与含水上升快的矛盾突出，水驱效果差

Гс 油藏由于裂缝的存在，在实际注入水量未达到地质配注量的情况下，恢复地层压力与含水上升率快的矛盾突出，造成水淹水窜严重，水驱效果变差。利用单一孔隙介质模型不能很好地反映产油量及产水量的变化，并对生产予以指导。

结合以上问题，在该油田的注水调整及治理上采用了注采结构调整、分层注水、周期注水、精细动态配注、小井距加密试验等技术，实施后有效地改善了油田注水开发效果，对同类碳酸盐岩油藏的注水开发具有极大的借鉴意义与推广价值。

第二节　注采结构调整

一、调整开发层系

KT-Ⅰ油藏各油藏为岩性构造油气藏，包括 А、Б 和 В 三个油组，构造上，鞍部的断层将油田划分为南部和北部两个区块。平面上连续分布的不渗透隔层将各小层分隔成独立的油水系统，区块间和各油组间具有统一的油气界面和不同的油水界面。

KT-Ⅱ油藏包括 Г 和 Д 油组两套产层，这两个油组又被细分为 ГВ、ГН、ДН、ДВ 和 Дс 段。构造上，断层将油田划分为三个区块。区块 1 主要为南部穹窿，区块 2 和区块 3 位于北部穹窿，其中区块 3 位于穹窿中部，北部穹窿的其余部分为区块 2，区块 2 从三个方向包围着区块 3。各区块和各油组具有不同的油水界面，北部穹隆 KT-Ⅱ油藏顶部存在气顶，油气界面海拔深度为 –3385m。

根据下石炭统地层流体分析资料，该层段油藏原油物理化学性质总体一致，在 20℃

时原油密度在 0.8091~0.8445g/cm³。根据不同的原油性质，划分出了 Гс、Гю、Дс、ДН 和 ДВ 5 个油藏。KT-Ⅱ油藏各油藏为岩性构造油气藏。

二、优化合理井网井距

注水开发效果是实现油藏稳产的基础。增大水驱波及体积，提高注水有效率，是注水开发调整的方向。井网设计是油田开发过程中的重要内容，也是油田稳产的重要手段，直接影响油藏整体开发效果和经济效益。合理的井网可以提高储层平面上的动用程度，并且可以提高油田的最终采收率，最大限度地发挥已开发油田的生产潜力，可以延长油田的高产稳产期或减缓递减速度。

以 Гс 南部为例，根据数值模拟结果，采用 350m 反九点法井网（图 3-2-1），预测期末采出程度最高，达到 37.0%（图 3-2-2），好于目前井网。

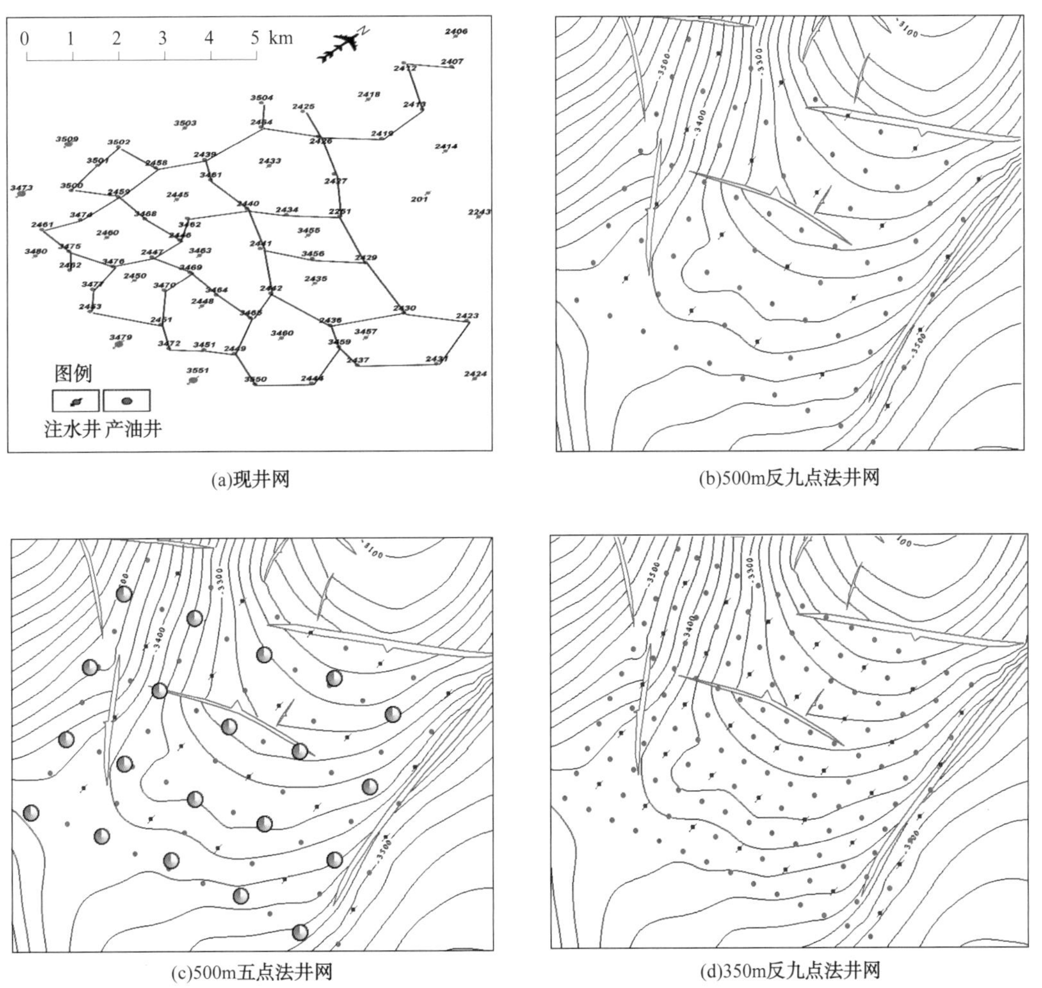

(a)现井网　(b)500m反九点法井网

(c)500m五点法井网　(d)350m反九点法井网

图 3-2-1　Гс 南部不同开采井网部署图

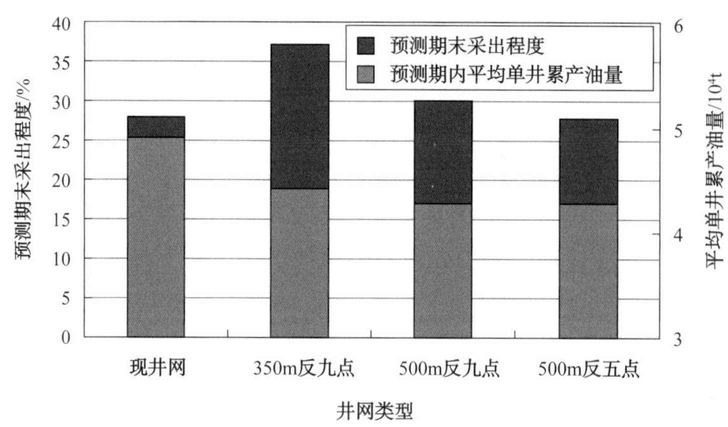

图 3-2-2 数值模拟预测不同井网条件下采出程度对比图

根据各开发层系的地质特征，经过数值模拟论证和现场注水实践确定了各开发层系的合理井网井距（表 3-2-1）。KT-Ⅰ油藏各开发层系以屏障注水加反七点 500m 井距面积注水井网为主，Аю 由于储层物性差，采用 350m 井距。Гс 采用屏障注水加反九点 350m 面积注水井网，Дс 采用反九点 350m 井面积注水井网，ДЮ 分 ДН、ДВ，分别采用反五点 350m 井面积注水井网分层系开发。

表 3-2-1 让纳若尔油气田各开发层系推荐井网 m

层块		有无气顶	井网形式	井距
Аю		有	屏障注水加反七点面积注水	350
$А_с$		有	屏障注水加不规则点状注水	—
Б ю		有	屏障注水加反七点面积注水	500
$Б_с$		有	屏障注水加反七点面积注水	500
Вю		有	屏障注水加反七点面积注水	500
$В_с$		有	屏障注水加反七点面积注水	500
Гс		有	屏障注水加反九点面积注水	350
Д ю	$Д_Н$	无	反五点面积注水	350
	$Д_В$	无	反五点面积注水	350
$Д_с$		无	反九点面积注水	350

三、完善注采井网

应用研究成果的井网优化技术进行注采井网优化，进行层系调整与井网加密相结合的注采井网重构[35-36]，将苏联确定的行列注水井网调整为面积注水井网，进行分层注水改善层间矛盾，确定合理注水和开采政策界限，实施油藏精细注水，并合理利用气顶能量，让纳若尔油田产量综合递减率和自然递减率分别由 2008 年的 9.7% 和 13.6% 下降到

2016 年的 8.7%、9.6%，含水上升率控制在 2.5% 以内，压力下降趋势减缓。

例如在 Γ 北层南区共有注水井 18 口，但在油藏边部的注采井网不完善（图 3-2-3）。为了完善注采井网，建议将 3509 井、3473 井、3479 井、3551 井转为注水井。这 4 口井及周围井的生产情况如表 3-2-2 所示，这 4 口井转注后损失油量将大于 45t/d。

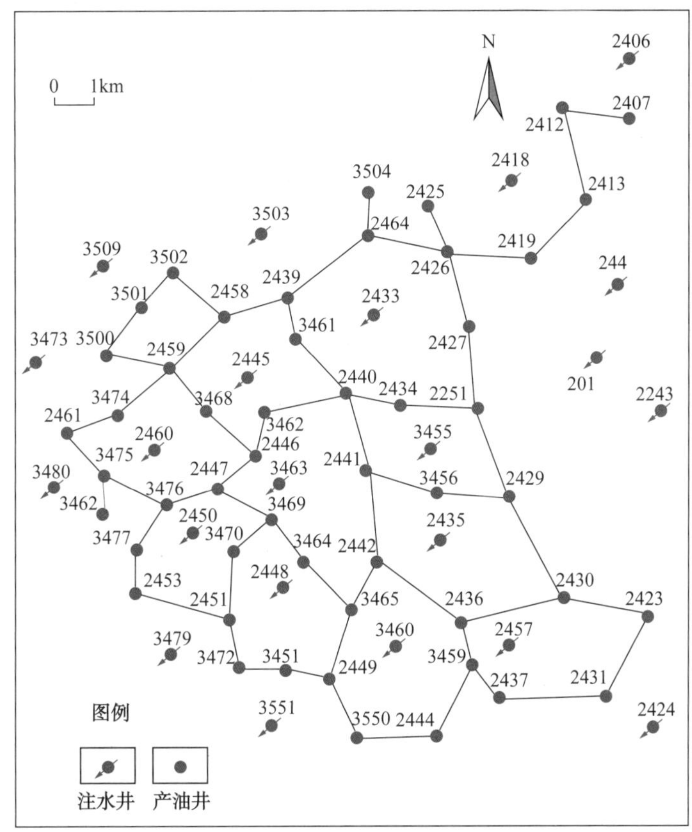

图 3-2-3 Γ 北层南区注采井网完善图

表 3-2-2 建议转注井及相关生产井目前生产情况（2004.11）

建议转注井			相关油井	
井号	产油量 /（t/d）	含水率 /%	井号	总产油量 /（t/d）
3509	0.0	0.00	3500、3501、3502	150
3473	18.0	0.00	3500、3474、2461	161
3479	27.0	0.00	2453、2451、3472	127
3551	正钻井		3472、3451、2449、3550	108

预测完善井网后的开发情况，所用注采比与未完善井网时的注采比相同。从图 3-2-4 和图 3-2-5 可看出，完善井网后可降低含水率和气油比，采出程度提高，说明完善注采井网可改善油藏的开发效果，同时也说明在相同注采比情况下，采用多注水井点及单井小注

水强度的注水方式比采用少注水井点及单井大注水强度的注水方式的效果好，因此建议将3509井、3473井、3479井、3551井转注以完善注采井网。

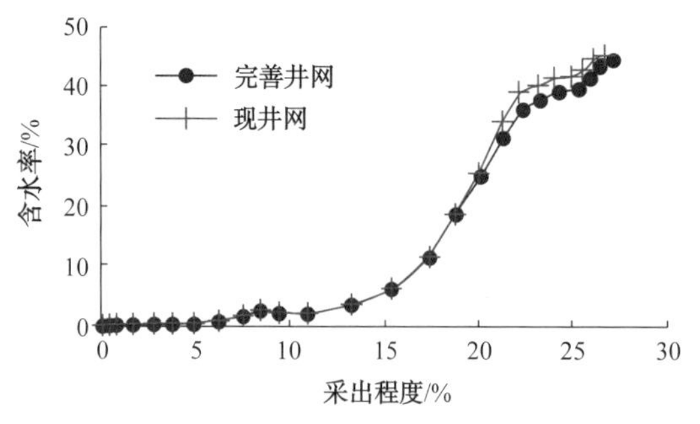

图3-2-4 完善井网前后Γc层南部采出程度与含水率关系曲线

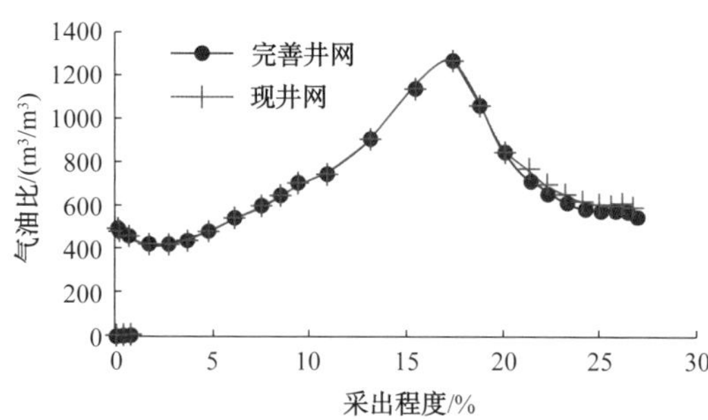

图3-2-5 完善井网前后Γc层南部采出程度与气油比关系曲线

四、小井距加密试验

在让纳若尔油气田在开发过程中，由于存在“大井段多层合采合注井层间产吸很不均匀，中低渗油层未动用或动用程度差；注采井网井距不合理，单井控制储量大，采油速度较低”等问题，为提高注入水受效程度和油层动用程度，在Γc油藏的西翼的北部优选了2337井区为加密试验区域[37]。

其试验区优选原则为：①油层发育，纵向叠加厚度大单井控制地质储量大的井区；②油藏纵向动用程度低，剩余可采储量较大的井区；③经产吸测试多层合采井，层与层之间产液差异较大的井区；④井网完善程度差，井距较大的井区；⑤试验井组的老井目前的生产层位不变，新钻井生产井组中动用程度差的油层。

加密投产要求老井采原生产层，新钻井要针对动用程度差的Γ_3^1—Γ_4^1小层进行分层改造。截至2011年12月，共完钻投产8口井，较原方案增加了4口井，加密井日产油量87t，含水率29.5%。

通过水驱曲线法、递减法、数值模拟法等方法（表3-2-3、图3-2-6、图3-2-7），对比试验区加密前后及与全区油藏含水率（图3-2-8）、水驱控制程度、水驱储量动用程度、注水波及体积与剩余可采储量采油速度等指标（表3-2-4），证明通过小井距加密，能够在提高剩余油富集区实现有效动用。

表3-2-3 Γc油藏小井距区域测算最终采收率结果对比表

计算方法	分项	最终采收率/%	提高最终采收率/%
水驱曲线法	不加密	39.6	
	加密	41.1	1.5

续表

计算方法	分项	最终采收率 /%	提高最终采收率 /%
递减法	不加密	36.6	
	加密	38.8	1.8
数值模拟法	不加密	32.7	
	加密	35.2	2.6

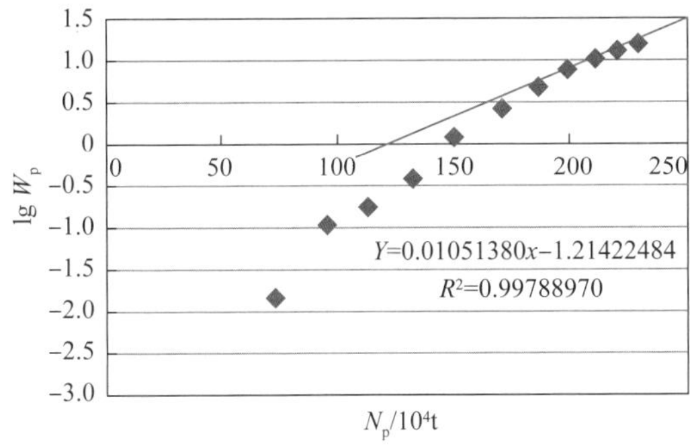

图 3-2-6　Γc 油藏小井距区域未加密水驱特征曲线（甲型）

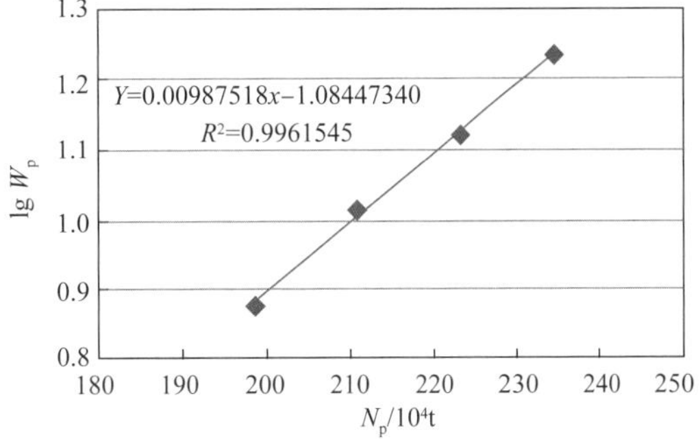

图 3-2-7　Γc 油藏小井距区域加密水驱特征曲线（甲型）

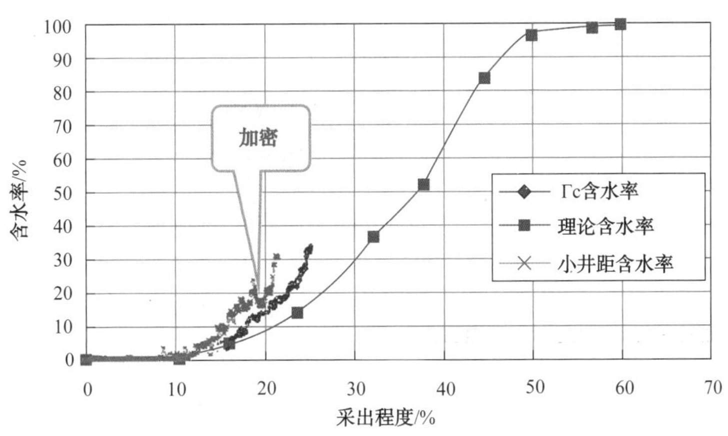

图 3-2-8　含水率与采出程度对比曲线

表 3-2-4　小井距开发效果评价结果对比表

项目	全区	小井距区域
水驱控制程度 /%	77.0	87.9
水驱储量动用程度 /%	88.5	86.6
最终采收率 /%	36.6	38.2
注水波及体积 /PV	0.874	0.869
采油速度 /%	0.80	1.17

第三节　分层注水

注水是保持油层压力、实现油田高产稳产和改善油田开发效果的有效方法。不同油层性质不同，传统的注水容易出现层间干扰。为减少层间干扰，提高油层的吸水能力，需要将油层细分层段实施分层注水。分层注水就是把封隔器下入注水井中，将差异较大的油层分隔开，再用配水器进行分层配水，这样就能使中、低渗透率油层注水量加大，高渗透层注水量得到控制。通过采用分层开采技术改善层间矛盾，能较好地调整不同性质的油层的动用状况，对提高采收率有明显的作用。

一、分层注水及效果

让纳若尔油气田的注水井以笼统注水为主，层间矛盾突出，为了改善注水井剖面上吸水不均匀，控制油井含水率上升的矛盾，对让纳若尔油气田大段合注水井进行了分层注水改造。2002 年开始进行 1 级 2 层分层注水，当年分注有效率超过 80%。截至 2016 年 12 月，分注井数 62 口，占总注水井 25%，主力油藏 Γc 分注率 55.4%。分注增加了储层动用程度，如 2433 井，2005 年分注 Γ_3/Γ_4 后，相关油井 2439 井 Γ_4 层的动用程度加强（图 3–3–1、图 3–3–2、图 3–3–3）。根据 5 口井的吸水剖面对比分析对分层注水效果进行统计（表 3-3-1、表 3-3-2），分注工艺实施后，5 口井弱动用层总吸水量由实施前的 108.7m^3/d 增加到 1024m^3/d，增加了 915.3m^3/d，增加倍数为 8.42 倍；强动用层总吸水量由实施前的 1378.3m^3/d 减少到 756.6m^3/d，减少了 621.7m^3/d，约降低了 45.1%。

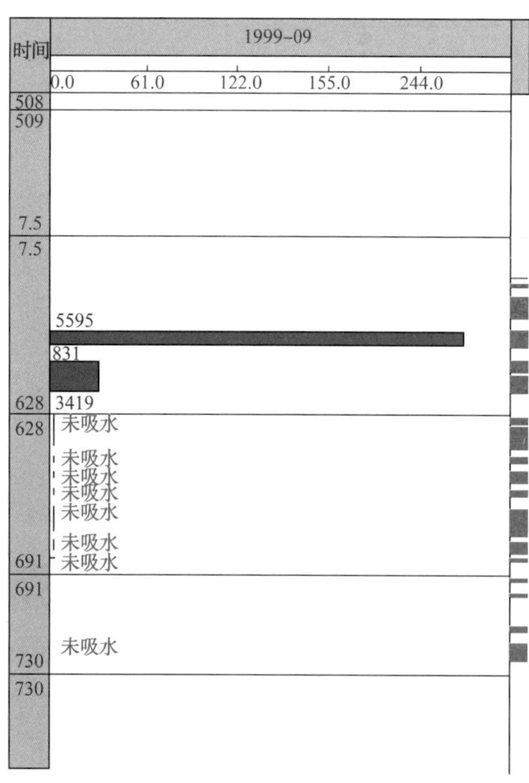

图 3–3–1　2433 井产液吸水剖面

时间	1999-09	2007-11	2009-10	2010-07	油
	0.0 36.6 51.2 46.2 61.4	61.4 11.4 21.1 54.1 64.1	601 5.2 5.2 5.2 5.2	5.2 1.1 16.6 25.5 51.0	
3516 3526					
3526 3575					
3575 $Г_3$ 3644	362.2 362.2 3646	未出产 未出产 362.2 362.2 3646	未出产 未出产 346.2 3063 3646	未出产 未出产 542.0 541.0 3646	
3644 $Г_4$ 3708	3004 未出产 未出产 3004 261 5101	3004 未出产 2604 3004 261 未出产 2691 5210	3004 未出产 2604 3004 261 未出产 未出产	3004 2604 3004 3004 3004 未出产	
3708					

图 3-3-2 2439 井产液吸水剖面

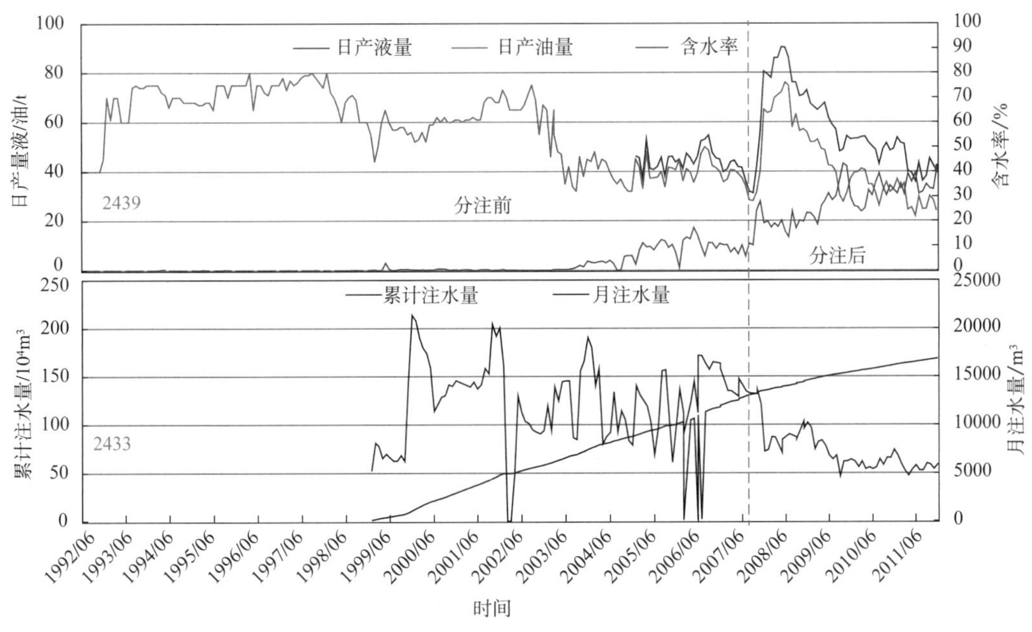

图 3-3-3 2433 井、2439 井注采对应曲线

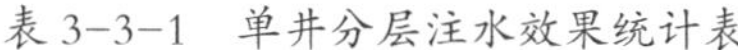

表 3-3-1　单井分层注水效果统计表　m^3/d

序号	井号	测试日期	配注层位	分注前吸水量	分注后吸水量
1	3301	2004.11.8	Γ_6及以上	312.9	114.9
			$Д_1$及以下	29.5	208.1
2	3334	2005.5.21	Γ_6及以上	349.5	129.3
			$Д_3$及以下	47.2	274.6
3	3445	2004.10.25	Γ_3及以上	26.0	239.9
			Γ_4及以下	125.0	118.8
4	2556	2005.1.9	Γ_1及以上	352.9	193.6
			Γ_2及以下	0.0	216.7
5	3460	2004.12.5	Γ_2及以上	238.0	200.0
			Γ_2及以下	6.0	230.0

表 3-3-2　分层注水效果汇总表

吸水量/(m^3/d)	弱动用层变化				强动用层变化			
	实施前	实施后	增加量	增加倍数	实施前	实施后	减少量	降低/%
总吸水量	108.7	1024.0	915.3	8.42	1378.30	756.60	621.70	45.10
单层吸水量	21.7	204.8	183.1		275.66	151.32	124.34	

二、优选分注层位

分层注水层段的划分和水量配注方案的制定应根据油层的地质特征和生产动态的实际反应为依据[38~39]。

低含水开发阶段，井网较稀，见水井层数少且单一。由于对油层的认识还不够，层段的划分相对粗一些。重点是控制好平面，纵向上主要见水层的注入速度和采液速度，防止注入水突进。

中、高含水阶段，见水层数增加，控制调整难度加大。主要做法是将油层按照含水级别、油层特征和油层渗透率的高低，分为限制层、接替层和加强层三种类型。限制与高含水、高产水层对应连通的注水井层段，控制注水（或停注），同时加强低含水层段注水，处理好层间和平面的差异。

同一注水层段内油层要相对均匀，尽量避免和减小在注水过程中的层间干扰。因为从矿场注水层段实测资料表明，由于注水层段内层间非均质组合关系不同，对注水层段内层间的吸水能力有明显的影响。注水层段的吸水指数与层段内油层的均质程度成双对数直线分布如公式（3-3-1）所示：

$$\eta=\alpha/\chi^{b} \tag{3-3-1}$$

式中　η——注水层段比吸水指数，$m^3/(d\cdot m\cdot MPa)$；

χ——均匀程度，无量纲；

α——系数，取值为 0.2000；

b——系数，取值为 0.3045。

该式的物理意义表明，一个注水层段内，高渗透层厚度占比越大（低渗透层厚度越小），层和层之间（或不同渗透率段）的渗透率越趋于均匀，油层吸水量越大。

在工艺技术允许的情况下，尽量满足油田开发分层注水的需要。但在一口注水井中，注水层段不能分得过多，大庆油田平均单井注水层段数一般为 4~5 个层段。

分层注水不仅调整了油层的吸水剖面和不同油层的水线推进速度，而且调整了不同油层的压力关系，成为其他分层调整的基础。

三、分注工艺

让纳若尔油气田目前的注水方式包括笼统注水和分层注水两种，其中分层注水主要利用桥式偏心分注工艺和同心双管分注工艺。

同心双管分注工艺通过封隔器分隔上下注水层，并同一井筒内下入内外两根油管，通过内管对下层注水，内外管环空对上层注水，从而达到分层注水的目的。管柱结构（图 3–3–4）主要包括外管和内管两部分。外管自下而上为：喇叭口 +KCY211–135 封隔器 +2 $^{7}/_{8}$in UP TBG（外）×4in TBG（内）变扣接头 +4in TBG 油管 + 耐腐蚀密封筒 +4in TBG 油管。内管自下而上为：导向头 + 延长管 + 密封插管 +23/8in UP TBG 油管。

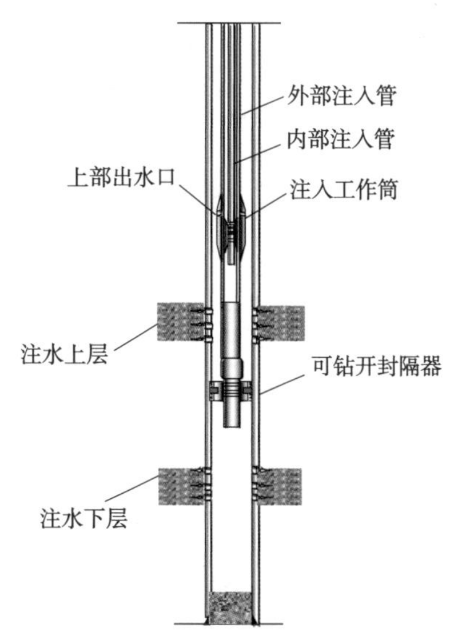

图 3–3–4　同心双管分注工艺结构示意图

同心双管分注工艺可在地面控制各层配注量，具有配注准确、便于计量等优点，适用于层间注水。但由于压差大，无法通过水嘴调节各层配注量的注水井。考虑到让纳若尔油气田注水水质较差，推荐分注工艺以同心双管为主。

桥式偏心注水测压工艺（图 3–3–5）主要由偏心配水工作筒、偏心配水堵塞器、测试密封段组成。工作筒主体上有 Φ20mm 偏孔，用以坐入堵塞器。堵塞器在进出液孔之间装有水嘴。同时由于 Φ46mm 主通道周围布有桥式通道，使在本层段测试时，其他层的工作状况基本不变，因此对其他层影响小。对于分注层系吸水指数相近，且水质达标的注水井，可以采用桥式偏心分注工艺。

此外，让纳若尔油气田进行了智能分控注水工艺的试验，在 2445 井和 2069 井两口井开展了现场应用。智能分控注水工艺是通过地面泵车打压实现对不同层位注水阀的开启及闭合，从而实现不同层位的注水控制及测调。该工艺具有测试调配简单、分层计量精准、生产管理工作量低等优点，并能实现不动管柱反洗井功能，可有效延长管柱的使用寿命。智能分注管柱结构如图 3-3-6 所示。

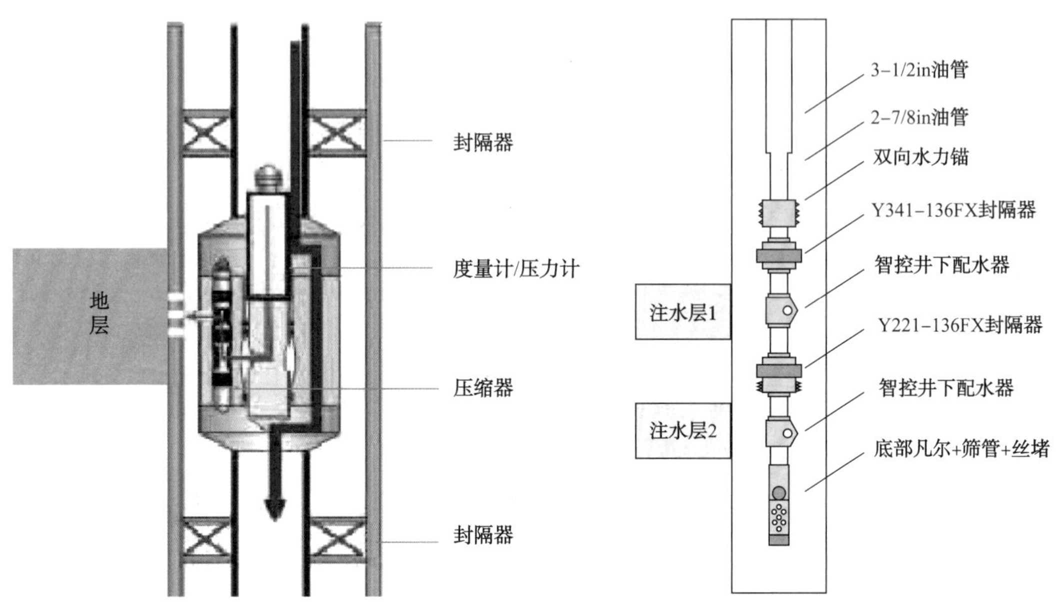

图 3-3-5　桥式偏心注水测压工艺原理图　　图 3-3-6　智能分控注水工艺管柱示意图

第四节　周期注水

周期注水是一种不稳定的注水采油方法。是周期性地改变油层注水量，在油层中形成不稳定的脉冲压力状态，使油层经历升压和降压两个过程。促进毛细管渗吸作用，增加渗吸强度，同时使非均质油层间产生压力差，从而产生层间渗流。另外周期注水过程中，地下岩石和流体弹性作用也促使石油从低渗透层流入高渗透层。周期注水方法可以在通常的注水系统下进行，不需要补充大量的投资，此种方法适用于任何开采阶段。此方法适用于各种类型的油田，尤其适用于亲水的、孔隙介质微观非均质性严重、纵向渗透率非均质性严重的油藏，特别适用于裂缝性油藏[40]。

一、机　理

周期注水的常规做法是注水井加强注水强度，生产井关井，待地层压力恢复到原始地层压力附近（有的高于原始地层压力）时，注水井停注，生产井开井生产，一直生产到地层压力接近饱和压力（有的低于饱和压力 20%）附近。然后生产井关井，注水井又加强注水强度，如此往复进行。其生产机理主要与注水升压半周期流体流动方向、停注降压半周期流体流动方向、毛细管力与储层弹性驱动有关。

导压系数：

$$\eta = \frac{k}{\mu \varphi c_{\mathrm{t}}} \tag{3-4-1}$$

$$C_{\mathrm{t}} = C_{\mathrm{p}} + S_{\mathrm{o}} C_{\mathrm{o}} + S_{\mathrm{w}} C_{\mathrm{w}} \tag{3-4-2}$$

毛管压力梯度：

$$\frac{\mathrm{d}p_{\mathrm{c}}\left(S_{\mathrm{w}}\right)}{\mathrm{d}l} = \frac{\partial P\left(S_{\mathrm{w}}\right)}{\partial S_{\mathrm{w}}} \cdot \frac{\partial S_{\mathrm{w}}}{\partial L} \tag{3-4-3}$$

式中　μ——液体黏度，mPa・s；

C_{t}——油藏的综合压缩系数；

φ，k——分别为孔隙度，%，渗透率，$10^{-3}\mu\mathrm{m}^2$；

C_{P}，C_{o}，C_{w}——分别为岩石孔隙、油、水的压缩系数；

P_{c}（S_{w}）——毛管压力，MPa；

S_{o}，S_{w}——分别为油、水饱和度，%；

L——长度，cm。

由式（3-4-1）可知，高渗水淹部分 k 大，μ 小（水的黏度），c_{t} 小［公式参照式（3-4-2）］，因高渗水淹部分 S_{o} 小，S_{w} 大，而 $C_{\mathrm{o}}>>C_{\mathrm{w}}$，故高渗透部分导压系数大。相反因低渗透部分 k 小，μ 大（油的黏度），c_{t} 大，故低渗透部分导压系数小。又由式（3-4-3）可知，在油水接触面上毛管压力梯度最大，因为 S_{w} 变化大。

当生产井关井、注水井加强注水强度时高渗透部分 η 大，压力传导快，首先形成高压区；低渗透部分因 η 小，压力传导慢，而形成低压区。在区间压力作用下（因接触面大距离小，根据达西定律：即使压差不大流量也会很大）高渗透部分水大量进入低渗透部分驱油。同时在油水接触面上靠毛细管压力，将高渗透部分水自发吸入低渗透部分（对亲水油藏而言。渗透率低孔喉半径小，毛管力愈大，在油水接触面上毛管压力梯度愈大）又将低渗透部分的油排入高渗透部分，直到高低渗透部分压力和毛管压力平衡为止。当注水井停注生产井开井生产时，由于高渗透部分 η 大，压力下降快，高渗透部分首先变成低压区；而低渗透部分由于 η 小，压力下降慢，形成高压区，在区间压差作用下又将低渗部分油排入高渗透部分，进而被驱走，直到压力平衡为止。在平面上高低渗透部位的油水交换亦是如此。如此往复循环，使高低渗透部分的油水不断地被交换和驱替。此外，有些油虽然存在大孔道中，但与水驱方向不一致，这部分油也得靠毛管压力吸吮排入水淹的大孔中，进而被驱走。这样就提高了水淹波及体积。

二、参数优化

1. 周期注水方式优选

目前共有四种周期注水方式，可根据油田生产特征与其适用条件对比分析，从而进行选择。

（1）同步周期方式。这是最简单的一种周期注水方式，不分层段。注水井所有油层采用同一周期同时注水，同时停注。其主要适用于各层段物性相近的油层，具有操作简便的优点。但注水井工作制度不稳定，层停井亦停，容易出现冬季注水管线冻结现象，而且停注半周期内油井压力下降幅度大，电泵井容易欠载停机，管理难度大。

（2）异步周期注水。各层段注水周期不同步，即某一层段停注时，另一层段复注，实现层停井不停，层段间周期长度相等。该方法适用于各层段物性相近的油层。虽然层段吸水量不稳定，但水井注水量相对稳定，可以防止冬季管线冻结。

（3）主力油层周期注水，非主力油层常规注水。对于主力油层和非主力油层渗透率差别较大的情况，可采用主力油层周期注水，非主力油层常规注水。主力油层厚度大，层内非均质严重，通过周期注水过程形成的层内不稳定压力场，使水驱效果更好，而非主力油层渗透率较低，剩余油较多。在主力油层停注的半周期内，产液量增大，开采速度加快，开采效果得到改善，由于油井泵排量相对稳定，与水井的不稳定注入类似，也会在其内部形成不稳定压力场，起到同周期注水相类似的效果。因此，非主力层内部的关系矛盾也会得到一定改善，这种方式表现为注水井不停而注水量周期性变化。

（4）周期注水与改变液流方向相结合。平面非均质严重，剩余油分布比较零散的情况下，为充分发挥改变液流方向提高水驱效果的作用，可采用周期注水与改变液流方向结合的注水方式。

2. 注水周期优选

周期注水效果在很大程度上取决于周期注水间注时间的长短，分为对称型周期注水和不对称型周期注水，不对称型周期注水又分为短注长停和长注短停。

因为油层在井间与层间存在较大的差异，因此确定合理的间注周期是周期间注法成功运用的关键点之一。确定合理的间注周期需要考虑以下两点：①选择多采油的间注周期，也就是最终的采收率；②确保停注期间油水的置换时间要适宜，并使得油藏保持一定的压力水平，这样能够促使产油量相对平稳。

3. 周期注水量优选

注水开发油田的基本要求是保持注采平衡，周期注水采油也遵循这一原则，即年度总注水量必须保持间注区块的注采平衡。考虑到周期注水提高了注水的利用率，扩大了水驱油的波及体积，所以，周期注水时的年注水量应低于常规注水时的年度总注水量。根据国内外油田的周期注水实际资料，周期注水时的总量一般为稳定注水时注水量的70%~90%为宜，过高或过低效果均不好。

4. 注水量及注水压力

注水量和注水压力是直接相关的两个参数，可依据油层特性、油水井距、油井含水、注采比、注水有效利用率、注水井在构造的位置、注水强度及开发年限确定，应满足区块必要的注水量和取得好的增产效果这两个条件。

注水量应分井、分层测算，使其成为油层的合理注水量，使油层压力的升降被限制在一定的范围内，从而形成必要的激动幅度作用于地层。分井注水量的调整应满足区块的总注水量。

注水压力在短期内可以超过破裂压力，但应防止因生成大裂缝而导致油井暴性水淹驱油效率降低。所以注水压力应当以注水压力与油层破裂压力的比值确定。

5. 注水时机

周期注水方法适用于任何开采阶段，模拟结果（图 3-4-1）表明，周期注水开始得越早，开发效果越好。

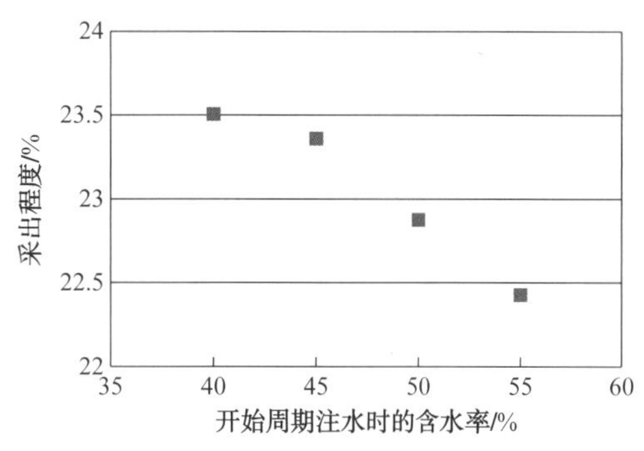

图 3-4-1 周期注水时机优化

6. 优选实例

选择 Γc 南部裂缝较发育的水淹区 2450 井、2460 井区（图 3-4-2）进行周期注水可行性研究，根据裂缝解释结果采用双孔双渗模型进行数值模拟，如图 3-4-3 所示，预测周期为 5 年。模拟结果表明，对称型周期注水的开发效果好于常规注水，注两个月停两个月效果最优，采出程度达到 31.8%，比常规注水采出程度高出 1.1%（表 3-4-1）。

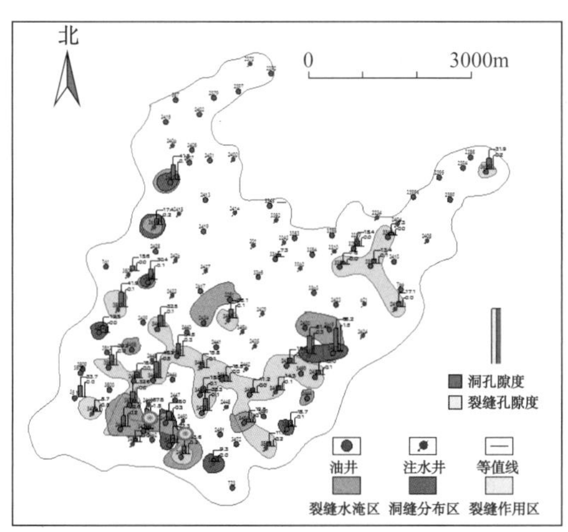

图 3-4-2 拟周期注水井组区域储层类型分布图

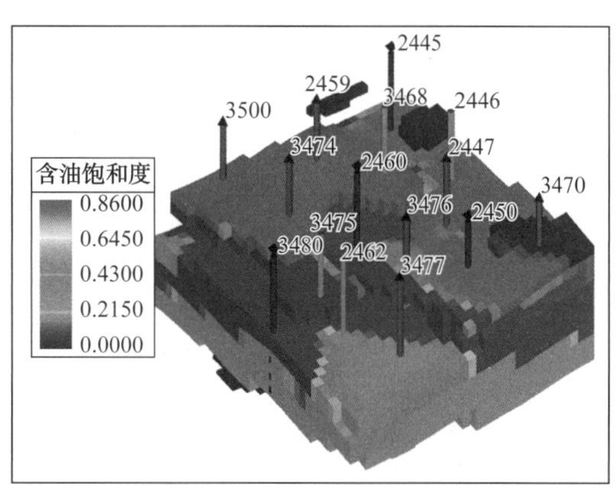

图 3-4-3 周期注水区饱和度场图（2014 年 9 月）

表 3-4-1 2450 井、2460 井区对称型周期注水方案开发指标

方案	注 1 停 1/ 月	注 2 停 2/ 月	注 3 停 3/ 月	注 4 停 4/ 月	注 6 停 6/ 月
采出程度 /%	31.80	31.81	31.76	31.75	31.74

三、实施效果

Гc 南区 2448 井组、3460 井组于 2014 年 7 月同时实施周期注水（图 3-4-5），到 2016 年 12 月底进行 7 个注水周期，注水井注 2 个月，停 2 个月。周期注水后油井含水率由 81.10% 下降到 72.30%，日产油量由 60t 最高上升到 78.5t。两个井组相关油井 11 口，正常生产的 8 口井中 7 口井见效明显；无效井 1 口，见效率 87.5%。2448 井周期注水后，相应的 3470 井层数动用程度由 66.7% 提高到了 100%，日增油量 4~8t。2015 年 Гc 南区、Гc 北区和 Дc 各增加两个试验井组，日产油量增加，均见到较好的开发效果（图 3-4-4）。

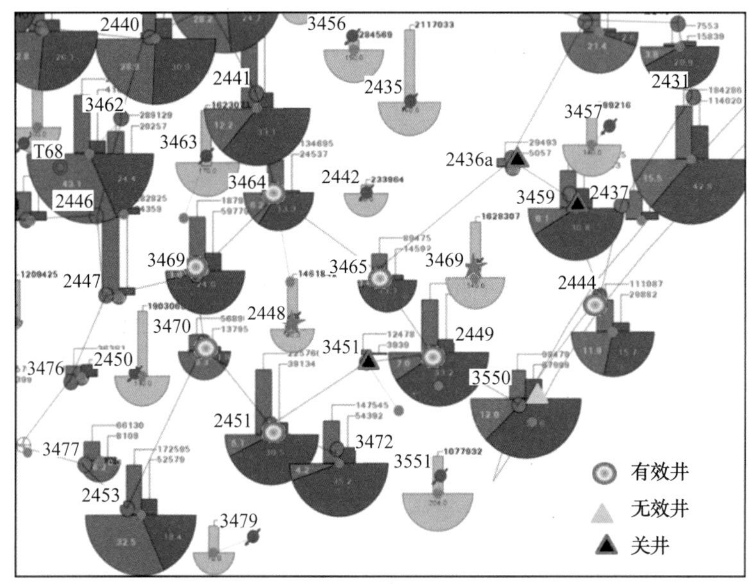

图 3-4-4 Гc 南区周期注水井组见效情况平面分布图

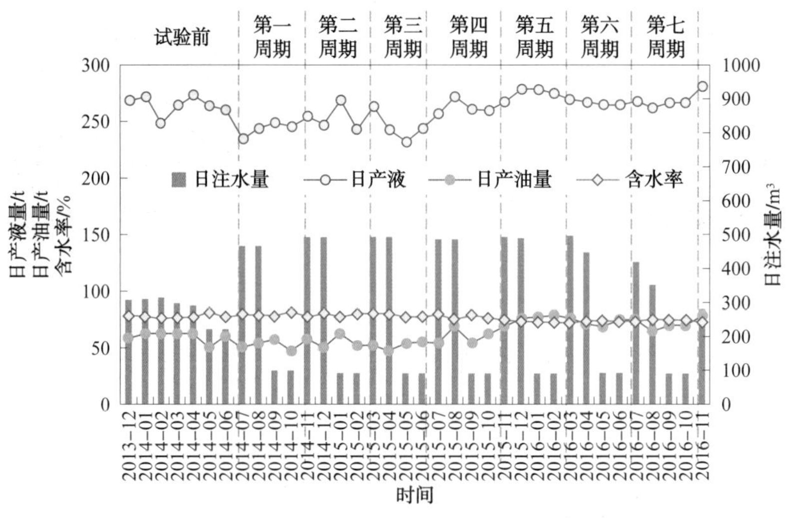

图 3-4-5 2448 井、3460 井周期注水月度注采反应曲线图

第五节 精细动态配注

一、注采调控数学模型

注采优化控制方法是通过优化油藏区块内油水井的日产液量和日注水量实现开发效益最大化。对于此问题，需要根据实际生产情况建立性能指标函数，不同的性能指标会得到不同的最优控制结果。随着油田含水率的不断上升，生产成本逐渐增高，经济效益日益减少，需要对生产过程中的开发方案进行优化，在尽量减少生产成本的前提下，减缓水指进，增大原油采出，提高油藏生产区块控水稳油效果（图 3-5-1）。

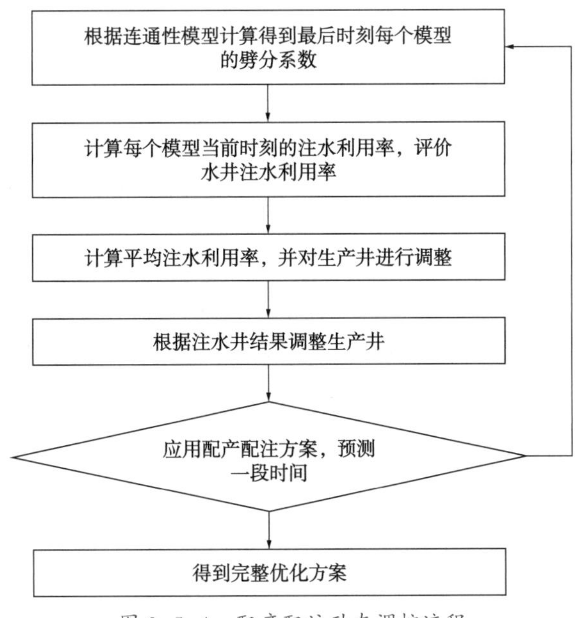

图 3-5-1 配产配注动态调控流程

根据每口水井改变量 ΔQ_n，对应生产井和注水井间的劈分系数 λ，可计算该生产井产液量的改变量，如公式（3-5-1）所示：

$$q_{p,m}^{\text{new}} = q_{p,m}^{\text{old}} + \sum_{n=1}^{I} \Delta Q_n \lambda_{n,m} \tag{3-5-1}$$

以生产井为中心，根据连通性模型得到的劈分系数结果，求出与其相连每一口注水井对其的劈分量，累加求和后作为油井产液量的调整量，如公式（3-5-2）所示：

$$q_{p,m}^{\text{new}} = q_{p,m}^{\text{old}} + \sum_{n=1}^{I} \Delta Q_n \lambda_{n,m} \tag{3-5-2}$$

通过建立上述数学优化模型，实现了对单井工作制度自动优化计算，根据模型进行指标预测（图3-5-2、图3-5-3），最终得到一套完整优化方案。

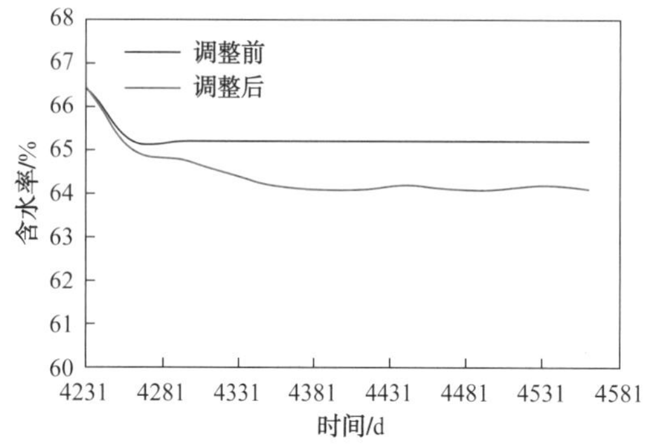

图3-5-2　调整前后区块含水率变化

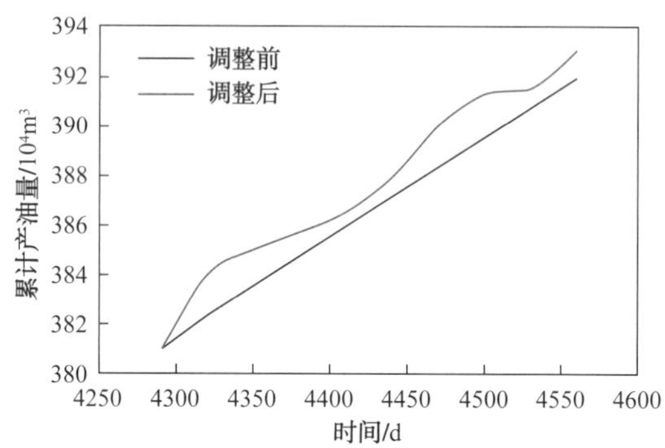

图3-5-3　调整前后区块累产油变化

二、流线模拟动态配注技术

目前井组配注通常采用油藏静态方法配注，即以井组为单元，根据注水井与周围油井油层注采对应关系，确定对应油井的劈分系数，并以此为依据将各油井产量劈分至井组内，再按照合理注采比进行注水量确定。这种配注方法，由于仅考虑了油水井静态对应关系，往往导致地质配注量与实际注水量差距偏大，不能有效指导油田的注水。

流线模拟计算结果可使注采井对应关系可视化，量化注采井之间的生产分配系数，得到各小层注入水的流向和吸水比例[41-43]。以注水井为中心的流线密度越大，表示注入水的主要水流方向，流线的颜色越蓝，水淹越严重。利用拟合好的数模模型开展流线模拟，得到注入水流动方向与流量贡献。由流线模型直接输出以采油井为中心的产液量贡献占比与注水井为中心的注水分配量占比，结合注采比，计算注水井配注量。这种方法比传统方法，能够更综合地考虑影响注入水流动的压力场、储层物性差异及井网井距等因素，更符合油藏地下渗流规律。

以670井组为例：该井实际注水量为64m^3/d，以常规的不考虑储层物性的储层连通法进行地质配注，如表3-5-1所示，其影响采油井数为6口（图3-5-4），结合油井产液量劈分系数与注采比，最终配注量为256m^3/d，与实际注入水量相差较大。通过流线模拟得到670井组中与注水井有关联的油井的产液量贡献占比如图3-5-5所示，与储层联通法相比，670井组影响的采油井减少了671井/口，增加了667井/口。利用流线数值模拟结果，根据新的注采连通关系，670井地质配注量为49m^3/d，与实际注水量相差较小（表3-5-2）。

表 3-5-1 670 井组储层连通法配注表

井组		连通油井		劈分前					劈分后			地质配注注采比	B_{oi}	B_{gi}	生产气油比/(m³/m³)	原始气油比/(m³/m³)	地质配注水量/m³	总配注量/m³
井号	开采层位	井号	开采层位	单井日产油量/t	单井日产水量/t	含水率/%	相邻注水井数口	流线劈分系数/%	单井日产油量/t	单井日产水量/t	含水率/%							
670	A1、A2	593	A1、A2	3.9	0.2	4.88	1	100	3.9	0.2	4.90	1.05	1.686	0.00430	3046	302	1	256
		666	A1、A2	2.1	7.3	77.66	3	33	0.7	2.4	77.70	1.05	1.686	0.00430	1418	302	4	
		667	A1、A2	3.3	0.5	13.16	2	50	1.7	0.3	13.20	1.05	1.686	0.00430	4224	302	11	
		669	A1、A2	2.3	2.2	48.89	1	100	2.3	2.2	48.90	1.05	1.686	0.00430	6328	302	2	
		695	A1、A2	5.3	1.4	20.90	2	50	2.7	0.7	20.90	1.05	1.686	0.00430	1336	302	20	
		696	A1、A2	4.4	0.6	12.00	1	100	4.4	0.6	12.00	1.05	1.686	0.00430	3328	302	11	

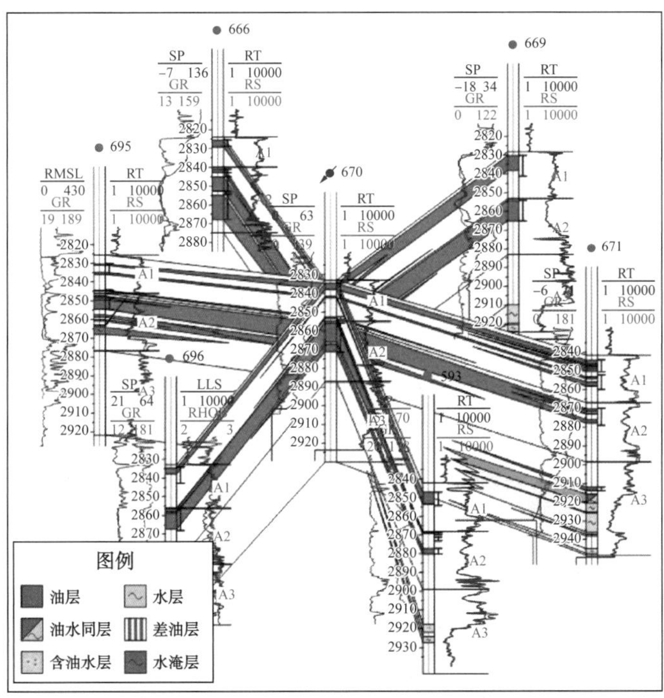

图 3-5-4 670 注水井组 A 层油层连通图

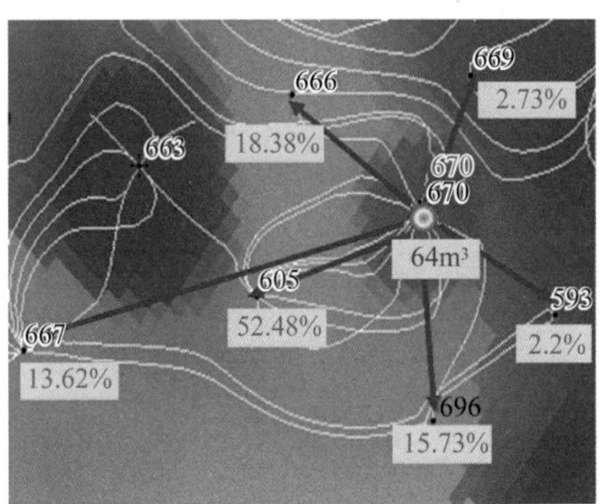

图 3-5-5 670 注水井组 A 层注入水量流线模拟图

表 3-5-2　670 井组流线模拟法地质配注表

井组		连通油井		劈分前				劈分后			地质配注注采比	B_{oi}	B_{gi}	生产气油比 / (m³/m³)	原始气油比 / (m³/m³)	地质配注注水量 /m³	总配注量 /m³
井号	开采层位	井号	开采层位	单井日产油量 /t	单井日产水量 /t	含水率 /%	流线劈分系数 /%	单井日产油量 /t	单井日产水量 /t	含水率 /%							
670	A1、A2	593	A1、A2	3.9	0.2	4.88	2.20	0.1	0.0	4.90	1.05	1.686	0.00430	3046	302	1	49
		666	A1、A2	2.1	7.3	77.66	18.38	0.4	1.3	77.70	1.05	1.686	0.00430	1418	302	4	
		667	A1、A2	6.5	0.3	4.41	13.62	0.9	0.0	4.40	1.05	1.686	0.00430	2503	302	11	
		669	A1、A2	3.3	0.5	13.16	2.73	0.1	0.0	13.20	1.05	1.686	0.00430	4224	302	2	
		695	A1、A2	5.3	1.4	20.90	52.48	2.8	0.7	20.90	1.05	1.686	0.00430	1336	302	20	
		696	A1、A2	4.4	0.6	12.00	15.73	0.7	0.1	12.00	1.05	1.686	0.00430	3328	302	11	

根据流线数值模拟，确定各井组油井产量劈分系数，2013 年对 Γc 油藏 77 口井注水井重新配注，新配注量与油藏实际注水量接近。关注生产动态的变化，每个月动态调整注水量，对于含水上升率快的井组减少注水量，对于压力下降快的井组增大注水量。通过一年实施，含水上升率下降 0.9%，自然递减率减缓到 13%。

第四章
气顶气与油藏协同开发技术

气顶油藏开发中遇到的最主要的问题就是，由于气顶油环处于同一水动力系统，无论开采哪一个，或二者同时动用，都会影响到整个系统，引发气顶气锥进、油井过早气窜等问题，影响油井产能与油气藏的开发效果。因此针对如何保持气区、油区压力平衡，如何将二者分隔开来进行开采达到协同开发的效果的问题，在对衰竭式和屏障注水方式下的油气协同开采机理分别进行较深入的分析后，让纳若尔油气田采用了屏障注水进行油气协同开采，且在后续的开发实践中，对气顶油环开采参数、屏障注水参数优化等进行了较全面细致地研究。

第一节　屏障注水方式下油气协同开发机理

气顶油藏的开发方式主要可分为衰竭式开发与屏障注水开发两大类，前者指在开采过程中通过调整采气、采油的合理开采参数从而达到油气系统的平衡，保证油气田开发效果。而屏障注水则是指沿着油气界面附近注水，用水障将油区、气区分隔开，保障两者尽可能处于两个系统中开发，避免开发过程中的油气相互干扰；同时，通过控制屏障注水井在气顶、油环中的不同注水比例，以控制对气顶能量抑制作用的程度，从而在保证油气协同的同时利用气顶能量[44]。

一、衰竭式开发方式下气顶油环协同开发机理研究

1. 不考虑开发年限和油井气窜关井等问题

当气顶油藏衰竭开发时，不考虑油藏开发年限以及油井气窜关井，图 4-1-1 为实验中不同采气速度下的压力曲线。

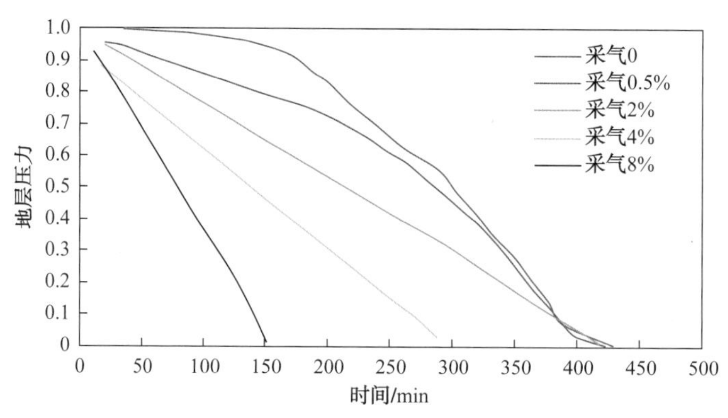

图 4-1-1　不同采气速度下的压力曲线

当采气速度较小时，地层压力下降过程根据压力下降速度的不同可以分成两部分，开发前期，由于采气速度较小，压力下降速度较慢；当油井见气后，油井气窜严重，产气量较大，压力下降速度变快。同时，随着采气速度的增加，压力下降速度也随之变快，开发时间明显缩短。

采气速度对气顶最终采收率影响不大，随着采气速度增加，气顶采出程度略有增加，

但是由于地层压力下降较快，油藏开发年限缩短，油环采出程度减小（图 4–1–2）。

将采气量和采油量按一定标准换算成油气当量，得到采油速度为 0.7% 时，不同采气速度下油气当量曲线。当不考虑油藏开发年限时，较小的采气速度可达到最优开发效果（图 4–1–3）。

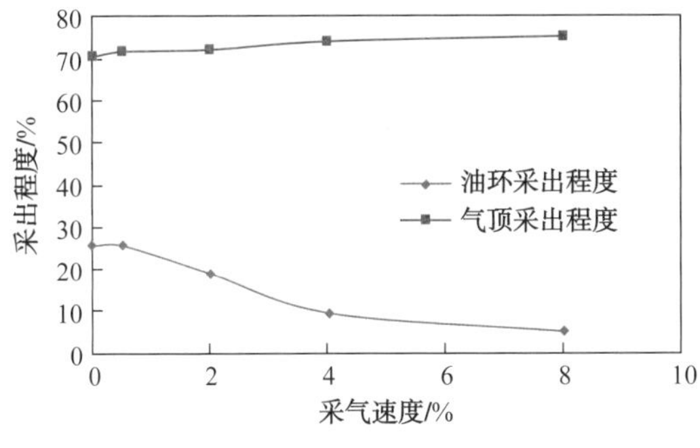

图 4–1–2　不同采气速度下油环和气顶采出程度

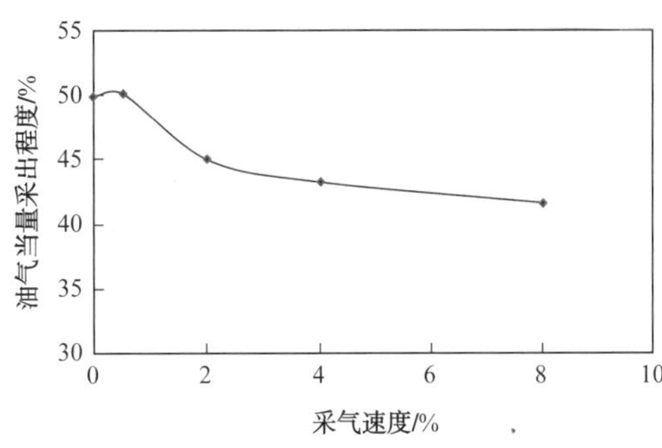

图 4–1–3　不同采气速度下油气当量采出程度

2. 不考虑开发年限但考虑油井气窜关井

随着采气速度的增加，气顶采出程度略有增加；同时，随着采气速度增加，油气界面运移速度变慢，油井见气时刻延长，油井开发效果变好。但随着采气速度进一步增加，地层压力下降速度较快，甚至快于油井见气，油环开发效果变差。

考虑油井气窜关井时，油环采出程度偏低，变化范围缩小（与不考虑油井气窜关井相比），导致油气当量采出程度变化趋势与气顶采出程度相近，采气速度在 2% 到 4% 之间合适（图 4–1–4）。

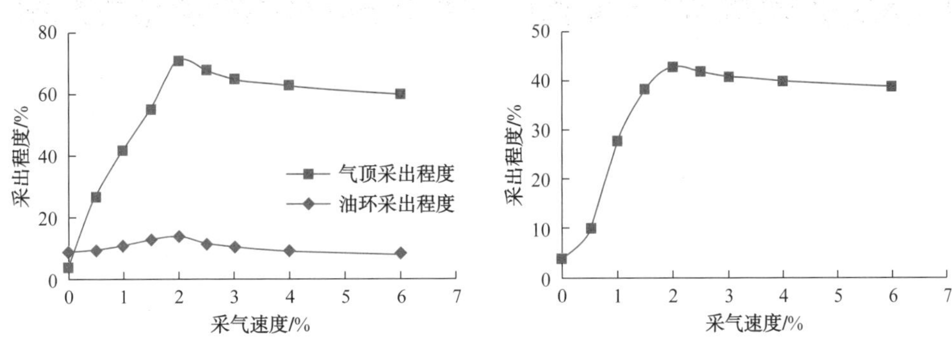

图 4–1–4　不同采气速度下，气顶、油环以及油气当量采出程度曲线

3. 考虑开发年限和油井气窜关井

当气顶不采气时，油井见气时间较早、气窜严重；气顶采出量均通过油井采出，气顶采出程度较低，随着采气速度增加，油井见气时间延长，气顶采出程度逐渐增加，油环的采出程度先增加后降低。故气顶油环同时衰竭式开发，且考虑开发年限和油井气窜因素时，最佳的采气速度为 2%（图 4–1–5）。

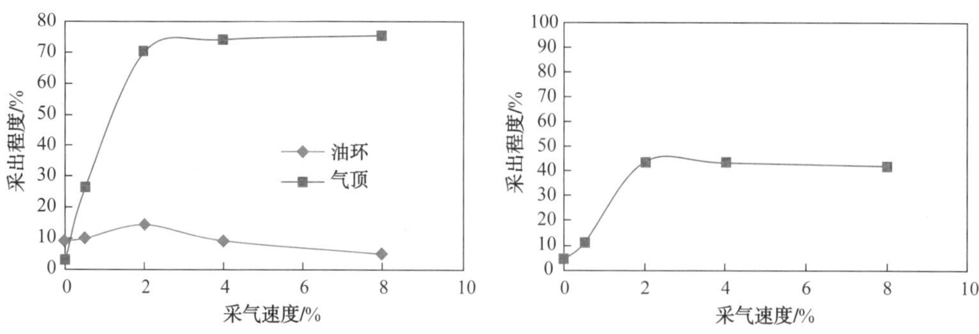

图 4-1-5　不同采气速度下，气顶、油环以及油气当量采出程度曲线

二、屏障注水方式下气顶油环协同开发机理研究

1. 屏障注水运移规律

（1）屏障形成前。当屏障形成前，如图 4-1-6 所示，屏障注入水以径向流的运移规律向气顶和油环流动。当注入水将气顶与油环完全隔离后，伴随屏障形成这一过程，油气界面也同时向油环运移。

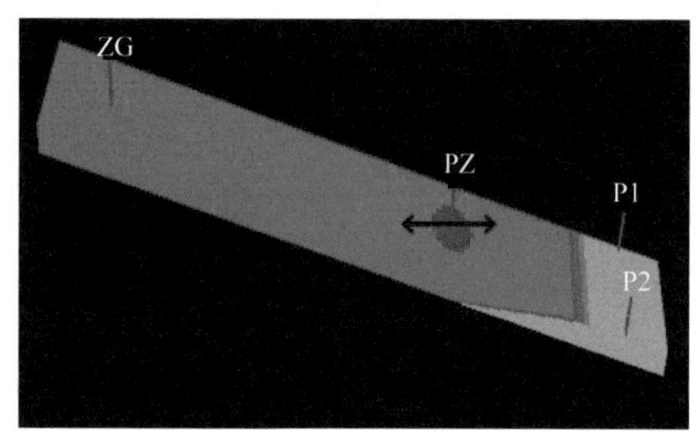

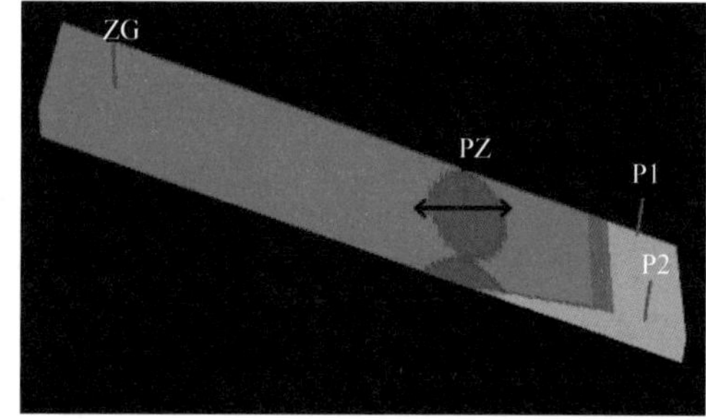

图 4-1-6　屏障形成过程图

同样进行屏障注水室内实验，采气速度为 2%，屏障注采比为 0.2，此时屏障注水量小，并且油井见气，屏障未形成。实验结束后，通过物理模型可视窗口可以观测到屏障注水运移形态，如图 4-1-7 所示，即屏障注水形成前，屏障注水分别向油区和气区以径向流规律运移，此时油区与气区通过油气界面连通，屏障注水主要是分别补充油区与气区地层能量，延长油藏开发时间，提高油藏开发效果。

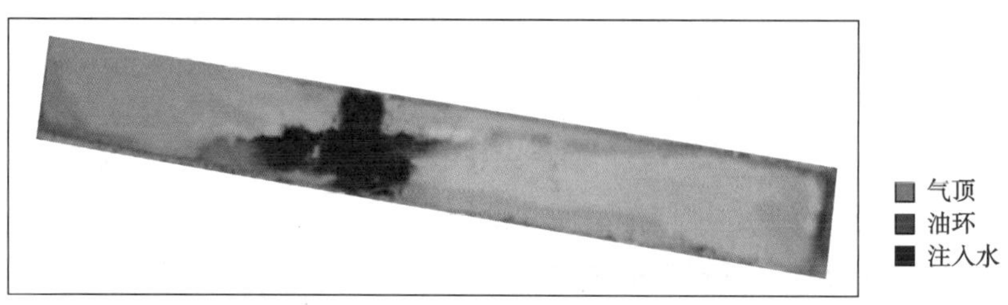

图 4-1-7　屏障注水物模模拟示意图

（2）屏障形成后。当屏障形成后，屏障注入水已完全将油区和气区隔离，此时地层中分为油区、气区和水区，通过数值实验可以看到，此时屏障注入水则分别向油区方向和气区方向运移，由于气区压降速度快，注入水向气区运移速度快（图 4–1–8）。

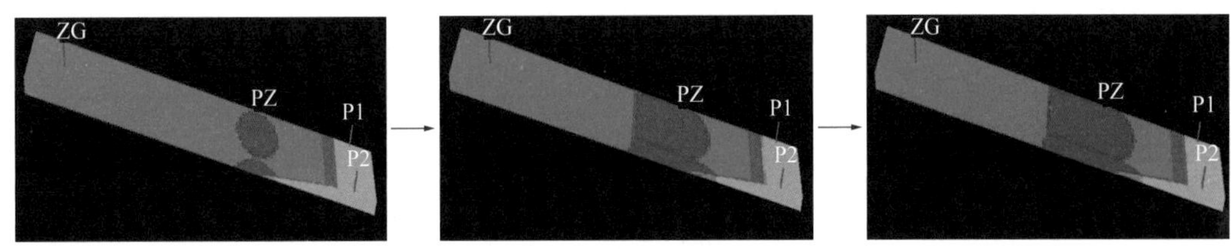

图 4–1–8　数值模拟实验屏障注水运移示意图

同样进行屏障注水室内模拟实验，实验采用 4% 采气速度，屏障注采比为 0.5，此时屏障注水量较大，并通过物理模拟实验可以清晰观察到屏障已形成（图 4–1–9）。

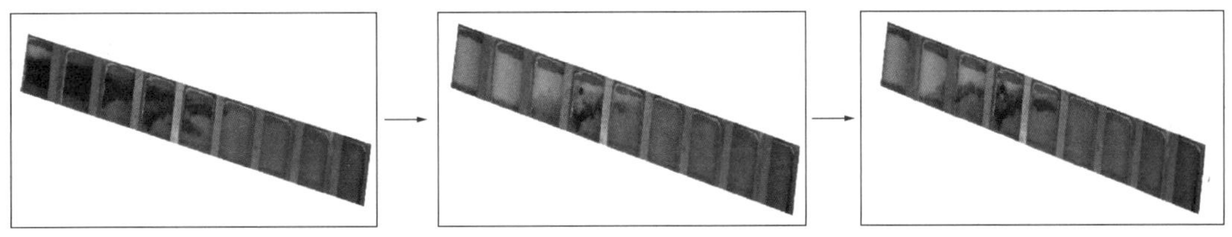

图 4–1–9　物理模拟实验屏障注水运移示意图

通过可视窗口检查屏障形成后屏障注入水运移规律，屏障注水形成后，屏障注水将地层流体分为屏障注水气区方向与油区方向两个系统，屏障注水分别补充气区方向与油区方向地下体积亏空，两个系统开发不互相影响。

2. 屏障注水补充地层能量

通过室内实验，分别进行采气速度为 0、2%、4% 时，屏障注水物理模拟实验，其中屏障注水注采比为 0.5，分析屏障注水后地层压力变化规律（图 4–1–10）。

分析采气速度为 4% 时屏障注水与气顶油环衰竭开发时地层压力变化规律，由图 4–1–11 可以看到，屏障注水后地层压力下降速度减慢，有效延长了气顶油环油藏生产时间，提高油藏开发效果。

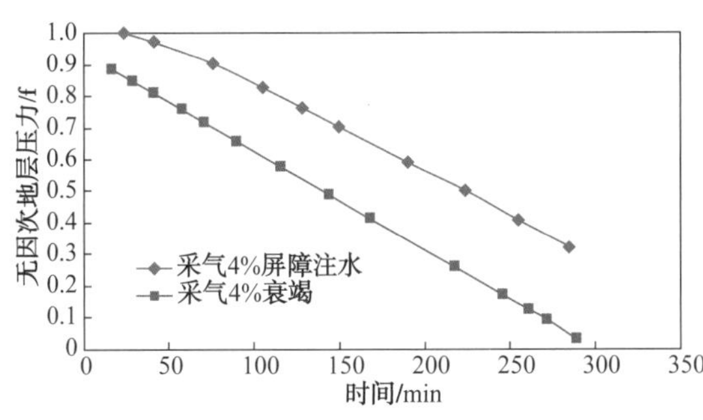

图 4–1–10　不同开发方式下地层压力曲线

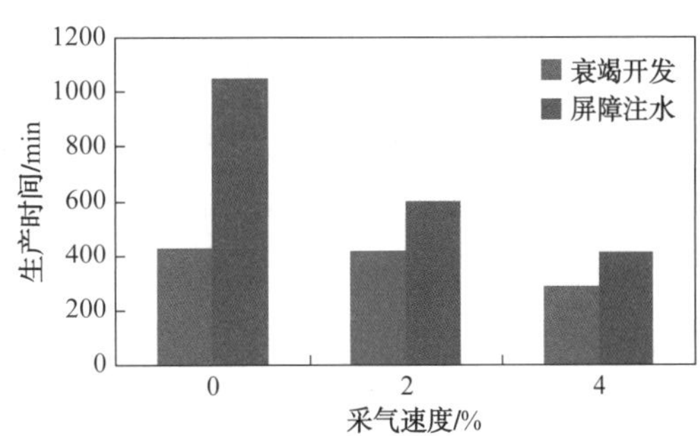

图 4–1–11　不同开发方式下油藏开发效果对比

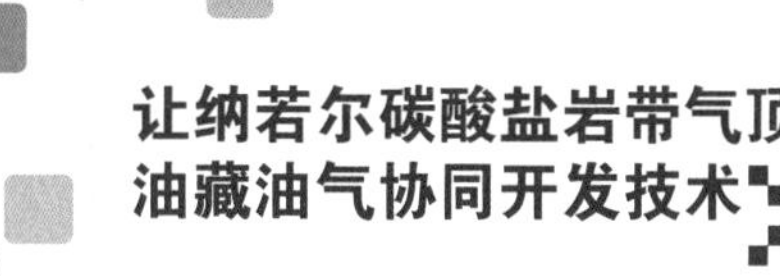

3. 降低油井生产气油比

屏障注水形成前后分别向油区和气区补充地层能量，有效减缓了油气界面运移速度，通过监测油井生产动态，分析屏障注水对油井生产效果的影响。图 4–1–12 为采气速度为 0 时，气顶油环衰竭开采与屏障注水时油井生产油气比曲线，从图 4–1–12 可以看到，当存在屏障注水时，油井见气时间延缓，且见气后油井生产油气比减小，提高油井开发效果。

当采气速度为 2%，注采比 0.5 时，同样对油井生产油气比进行监测可知，此时由于屏障注水量较大，当油气界面运移到油井之前，屏障已形成，油井生产油气比一直处于较低水平，油井不见气（图 4–1–13）。

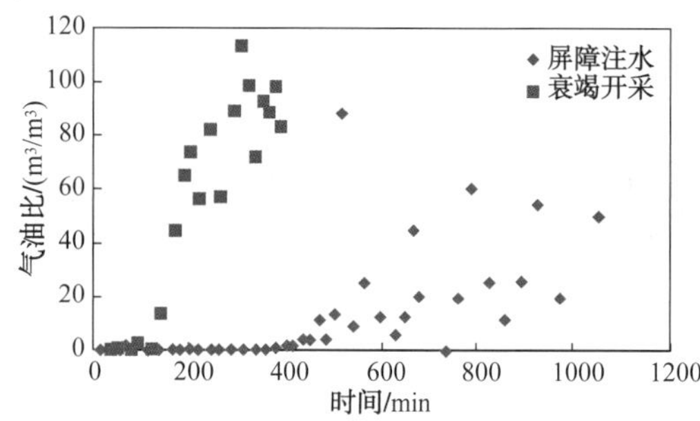

图 4–1–12　采气速度为 0 时油井生产油气比

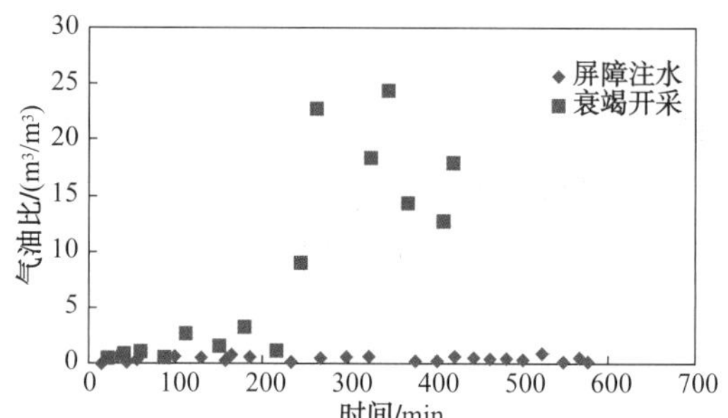

图 4–1–13　采气速度为 2% 时油井生产油气比

三、屏障注水 + 面积注水开发方式下气顶油环协同开发机理

结合先前的研究结论，屏障注水主要用于补充气顶的能量，同时屏障注水形成屏障，隔离气顶油藏，实现油区、气区独立开发，减少油气互窜。故在油环实施面积注水可以补充油环亏空体积，降低油气界面运移速度，减缓气窜，延长油井生产寿命，提高油井产能。可将屏障注水与面积注水同时使用，优势互补，使气顶油藏开采达到最佳效果。

通过室内实验，模拟气顶油藏以采油速度为 0.7%，采气速度为 4% 开采时，屏障注水 + 面积注水的开发效果，并对比两种开发方案：①注采比为 0.5，屏障注水量与面积注水量之比为 9∶1；②注采比 0.5，屏障注水量与面积注水量之比为 1∶9。

图 4–1–14、图 4–1–15 为两种开发方案相同生产时间下油气水分布图，图中可以看到，屏障注水量与面积注水量分配比例对气顶油藏开发效果影响较大，当面积注水量占比较大时，面积注水运移速度过快，油井过早见水，导致油井开发效果变差，同时屏障注水量占比较小时，屏障不能及时形成，影响屏障注水效果。

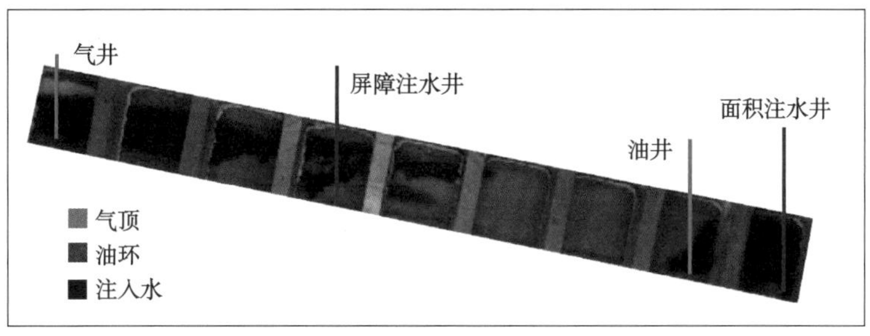

图 4-1-14 方案 1 油气界面位置

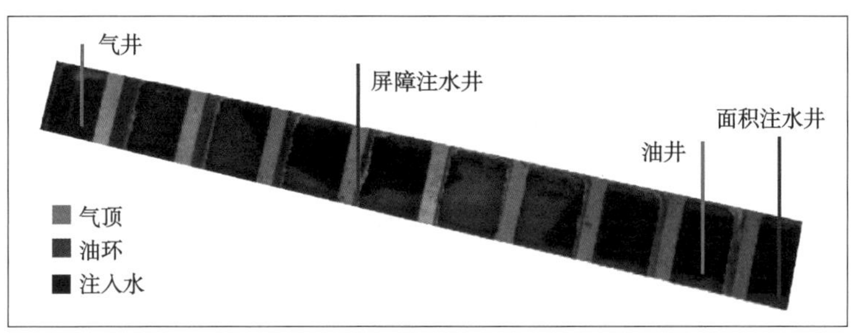

图 4-1-15 方案 2 油气界面位置

第二节 利用老井上返采气

一、老井上返采气

为了取得好的经济效益，尽可能地减少投资，让纳若尔 A 层气顶开发的采气井利用老井上返采气。

老井上返原则：① KT-Ⅰ油藏、KT-Ⅱ油藏各层系的低效井和关停井，日产油小于 5t；②老井所在原层系已没有可补孔的油层段，老井在原层系基本没有继续生产的能力；③上返老井井距在 900~1500m，平面上尽量均匀分布，且尽可能远离油气界面；④在上返老井位置密集处，优先取 A 层气顶厚度大的老井。

依据上述老井上返采气选井原则，从让纳若尔 400 多口老井中筛选出了 38 口采气井（图 4-2-1）。设计气顶单井采气能力为 $20\times10^4m^3/d$，气顶气合理采气速度为 4.00%。按照规划，2015~2019 年 A 层共部署新井 25 口，其中水平井 5 口，直井 20 口；新井的配产取产能的平均值：水平井 30t/d，直井 20t/d。

截至 2017 年 3 月，气顶采气总井数 36 口，开井 34 口，日产天然气量 $664 \times 10^4 m^3$，日产凝析油 773t，凝析油含量由投产一段时间后较稳定期 $187 g/m^3$ 下降到 $118 g/m^3$，阶段采气速度为 4.00%，采出程度为 10.7%，气顶与油环协同开发初见成效（图 4-2-2）。

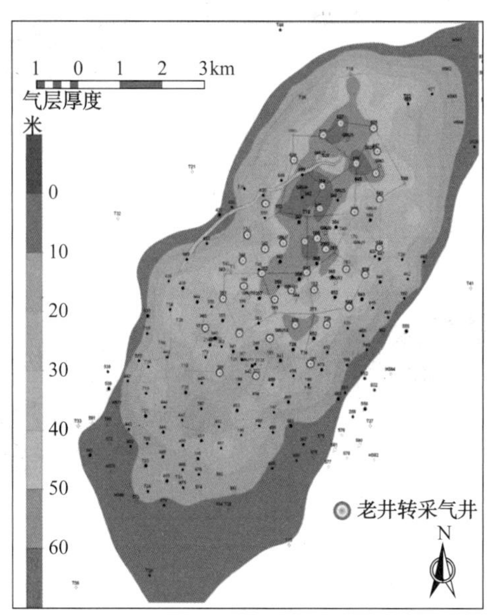

图 4-2-1　A 层采气井网部署图

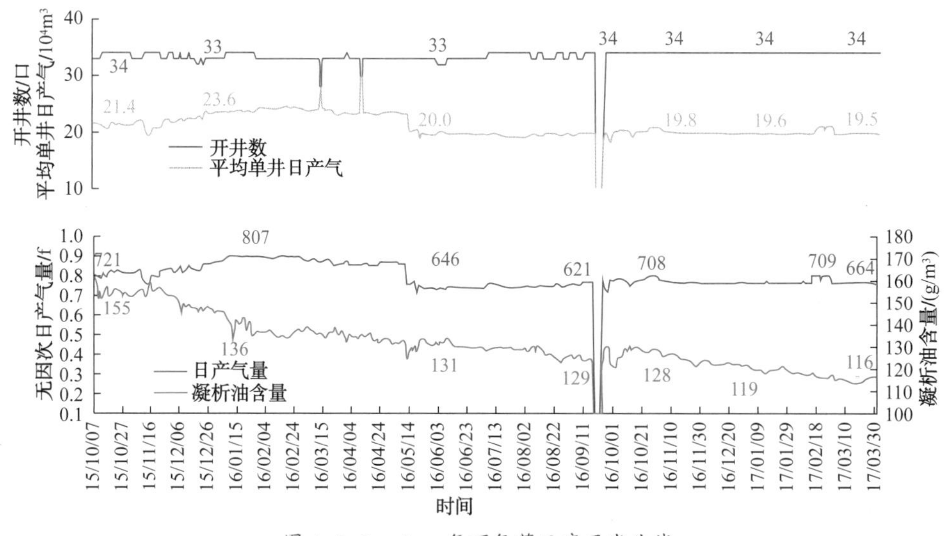

图 4-2-2　A ю 气顶气藏日度开发曲线

二、气井产能接替

2019 年 5 月经 CNOPC 总部审查批准，同年 9 月经哈萨克斯坦政府审查批准的《让纳若尔油气田开发调整方案》设计于 2021 年新建增压站 1 座，设计 A ю 气顶于 2025~

2029年利用低能低效井分批次上返9口采气井，以此完成产能接替，稳定气顶气和凝析油产量。方案调整后，预计气顶稳产期采气速度为3.80%，预计稳产至2030年，稳产期后年产气量平均年递减率为17.4%。

在《让纳若尔油气田开发调整方案》部署基础上，结合储层发育情况以及生产动态，开展老井上返，提高气层储量动用程度，实现气顶气藏产能有序接替，选井原则为：①优先选取停关，不影响原开发井网的井上返采气；②设计采气井气层有效厚度大于20m；③扩边和加密采气井网相结合，加密井距400~800m；④落实井下工况，确保无施工风险；⑤补充增加20%备用井，以降低项目风险；⑥总体部署，分批实施的原则。

选井结果如表4-2-1所示，补充替换采气井气层厚度发育均在30m以上，气层发育稳定，具备上返采气潜力。依据该方案，预计2024~2042年，无因次气顶气累计产量0.45，无因次凝析油累产量0.10（图4-2-3）。

表4-2-1 A ю 气顶气藏上返井论证结果表

序号	井号	目前生产情况				采气层			实施年份	备注
		井别	生产方式	日产油量/t	含水率/%	层位	厚度/m	层数		
1	354	注水井				A	50.4	6	2023年	方案设计井
2	356	采油井	关井			A＋Б	55.2	10	2023年	替换井
3	2084	采油井		1	75.00	A＋Б	99.5	18	2023年	替换井
4	343	采油井		2	33.30	A＋Б	73.0	13	2023年	替换井
5	365	油井	关井			A	34.0	3	2023年	替换井
6	179	油井	关井			A	37.8	6	2023年	替换井
7	355	注水井				A	38.0	6	备用	
8	342	采油井		2	75.00	A＋Б	89.2	12		

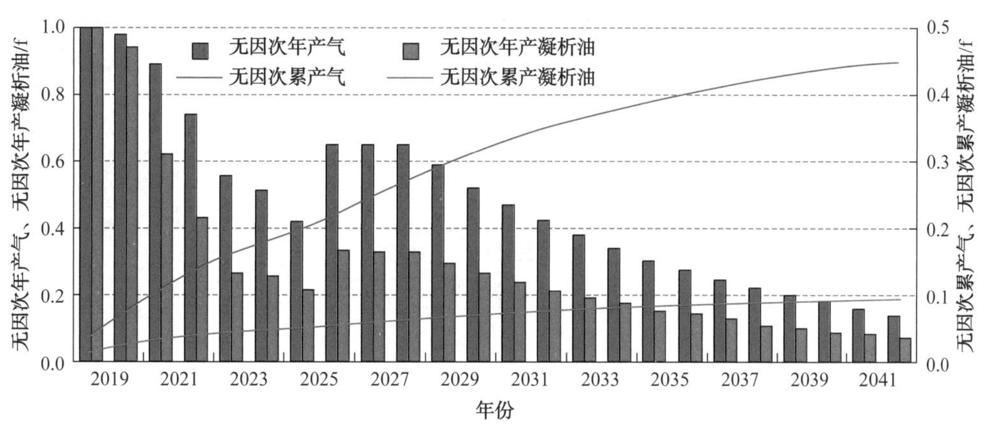

图4-2-3 KT-Ⅰ油藏南部气藏上返采气产量预测

第三节　气顶与油环协同开发合理参数优化

在气顶投入开发后，单纯采用采油或采气指标已经不能真实反映油气藏开发效果，综合考虑油环和气顶开发指标，根据油气总当量来综合评价油气藏开发效果更加符合实际，利于指导油田开发。以油气当量最大化为评价标准，开展全油气藏数值模拟，是油气协同开采合理政策参数优化的一项重要手段，其中油气当量换算比例为 1255m^3 天然气等于 1t 原油。

一、气顶合理政策界限

1. 气井合理井距

（1）单井控制储量法。根据《世界油气田》收集的部分国外大、中型气田单井控制储量的情况来看（表 4–3–1），储量为 500×10^8~1000×10^8m^3 的气田单井控制量约为 15×10^8~50×10^8m^3。

表 4–3–1　不同地质储量对应的单井控制储量

气田地质储量	单井控制储量
$>1000\times10^8$m^3	50×10^8m^3
500×10^8~1000×10^8m^3	15×10^8~50×10^8m^3
300×10^8~500×10^8m^3	15×10^8~10×10^8m^3

综合考虑 Aю、Бю 气顶气地质储量、含气面积及屏障注水波及面积，确定单井采气面积为 1.15km^2，采气井井距为 1070m。

（2）单井产能法。根据采气速度和所需开发井数的关系公式：

$$n=\frac{G\times v_g}{360\times q_n\times\eta} \tag{4-3-1}$$

式中　G——气藏地质储量，$\times10^8$m^3；

v_g——采气速度，%；

q_n——平均单井产能，m^3/d；

η——气井综合利用率，取 90%。

然后根据井距与井网密度的关系式：

$$D_a = 2 \times \sqrt{\frac{1000000}{\pi \times F_a}} \quad (4\text{-}3\text{-}2)$$

式中 D_a——井距，m；

F_a——井网密度，口 /km^2。

取采气速度为 4% 时，代入数据可得 A ю 气顶合理井距为 1008m。

（3）渗流理论。对于平面径向稳定渗流的完善井：

$$P_e^2 - P_{wf}^2 = \left(\frac{\mu}{\pi Kh}\frac{ZP_sT}{T_s}\ln\frac{r_e}{r_w}\right)Q + \frac{\alpha\rho_s}{2\pi^2h^2}\frac{ZP_sT}{T_s}\left(\frac{1}{r_w}-\frac{1}{r_e}\right)Q^2 \quad (4\text{-}3\text{-}3)$$

系统试井二项式公式为：

$$P_e^2 - P_{wf}^2 = AQ + BQ^2 \quad (4\text{-}3\text{-}4)$$

由式（4-3-3）、式（4-3-4）可得：

$$A = \frac{\mu}{\pi Kh}\frac{P_sZT}{T_S}\ln\frac{r_e}{r_w} \quad (4\text{-}3\text{-}5)$$

进一步转化为：

$$AKh = \frac{\mu}{\pi}\frac{P_sZT}{T_S}\ln\frac{r_e}{r_w} \quad (4\text{-}3\text{-}6)$$

利用渗流理论和系统试井二项式公式，分析发现 AKh 值与泄油半径的自然对数成正比，从而可以确定气井井距。根据让纳若尔系统试井资料，得到 A ю 合理井距为 500~900m（图 4-3-1），Г с 气顶气藏合理井距 500~700m。

（4）采气速度法。根据天然气地质储量或储量丰度确定产能规模及采气速度，然后根据单井产能则可确定生产井数及井距。结合让纳若尔储层中低孔低渗透、局部裂缝发育的地质特点，为了实现油气协同开发，防止屏障注水快速推进，采气速度不宜过高。

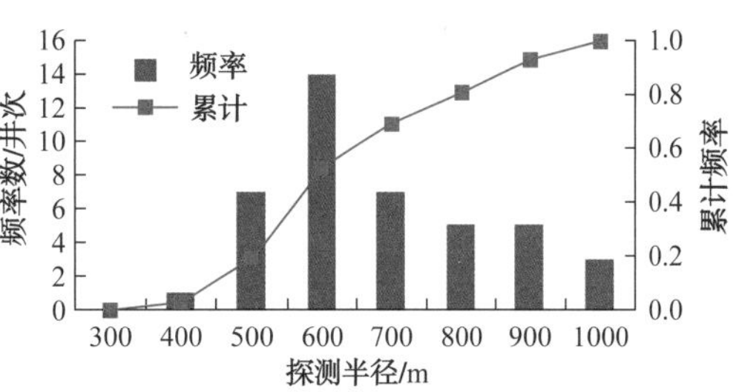

图 4-3-1 A ю 气顶气藏压恢探测半径直方图

采气速度与井网密度间的关系式为：

$$S = \frac{V \cdot N}{0.0365 \cdot q_g \cdot \tau_g \cdot A} \quad (4\text{-}3\text{-}7)$$

式中 q_g——平均单井产气量，10^4m^3/d；

V——采气速度，%；

τ_g——采气时率，f；

A——含气面积，km^2；

N——天然气地质储量，10^8m^3；

S——井网密度，井 /km^2。

根据不同的采气速度和单井产量，利用式（4-3-7）计算所得 A ю 合理井距为 800m，Г c 气顶气藏合理井距 600m。

（5）数值模拟法。应用 KT-Ⅰ油藏南区数值模型，模拟对比了不同井距与油环油、凝析油和气顶油当量的关系。结果表明：当井距小于 1000m 时，随着井距的增加，总油气当量提高；而当井距大于 1000m 时，总油气当量开始下降，采气井合理井距控制在 1000m 左右（图 4-3-2）。

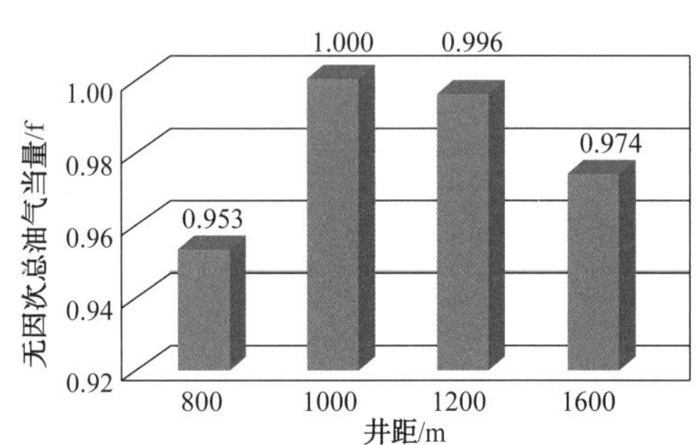

图 4-3-2　KT-Ⅰ油藏无因次油气当量与采气井距关系图

综合上述几个方面的因素，考虑井控储量，依据对让纳若尔气藏动态特征和地质认识程度，分析认为：A ю 气顶井距为 400~1000m 左右，Г c 气藏合理井距 500~700m。

2. 合理采气速度

通过数模预测至 2042 年末，在 2%~6% 的不同采气速度方案中，让纳若尔 A ю 气顶油环采出的无因次总油气当量随采气速度增加而逐渐升高，当采气速度超过 4% 后，无因次总油气当量开始降低，推荐合理采气速度为 3.8%（图 4-3-3、图 4-3-4）。预测至 2042 年末，Г c 气顶油环采出无因次总油气当量在采气速度大于 0.6% 后开始降低，推荐合理采气速度为 0.6%（图 4-3-5）。

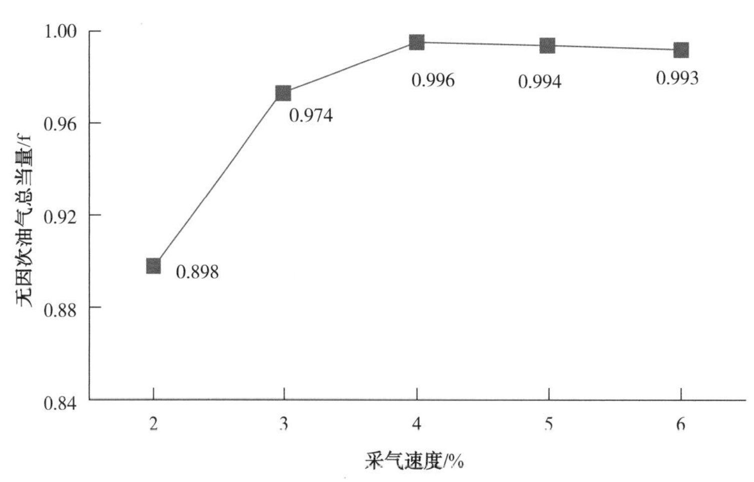

图 4-3-3　不同采气速度下 A ю 无因次总油气当量指标变化图

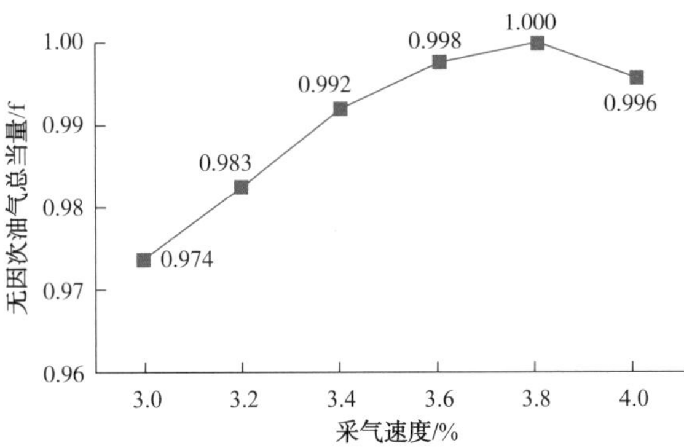

图 4-3-4　不同采气速度下 Aю 油气当量指标变化图

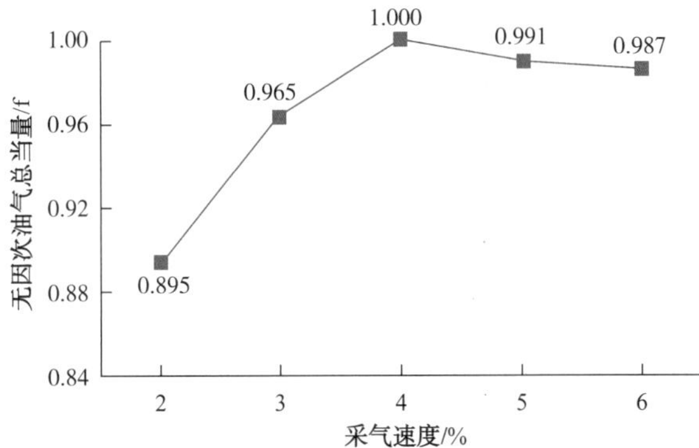

图 4-3-5　不同采气速度下 Γc 油气当量指标变化图

3. 气井合理产能

（1）经验法[45~46]。经验法是国内外油气田开发工作者长期经验的总结，是按无阻流量的 1/6~1/3（记为系数 a）作为气井生产的产量。因此，经验法确定气井产量的先决条件是要求出气井的绝对无阻流量 q_{AOF}。在此基础上，则气井的合理产量 q_{g}：

$$q_{\mathrm{g}} = a \times q_{\mathrm{AOF}} \tag{4-3-8}$$

气井无阻流量 q_{AOF} 可根据气井产能测试资料分析获得，若无产能测试资料，也可根据气藏和流体物性参数近似计算获得。

（2）采气曲线法。采气曲线法确定气井合理产量着重考虑的是减少气井渗流的非线性效应，其原理如下。

气井的采气方程可用压力平方二项式表示为：

$$p_{\mathrm{R}}^2 - p_{\mathrm{wf}}^2 = Aq_{\mathrm{g}} + Bq_{\mathrm{g}}^2 \tag{4-3-9}$$

整理后可得：

$$p_{\mathrm{R}} - p_{\mathrm{wf}} = \frac{Aq_{\mathrm{g}} + Bq_{\mathrm{g}}^2}{p_{\mathrm{R}} + \sqrt{p_{\mathrm{R}}^2 - Aq_{\mathrm{g}} - Bq_{\mathrm{g}}^2}} \tag{4-3-10}$$

由此可见，气井的生产压差 p_R-p_{wf} 是地层压力 p_R 和气井产量 q_g 的函数，图 4-3-6 是 623 井测试资料压力平方形式产能方程计算的采气曲线。根据大量的计算表明，在产量较小时，气井生产压差与产量呈直线关系，随着产量的增加，生产压差的增加不再沿直线增加而是高于直线，这时气井表现出了明显的非达西流效应。采气曲线法配产是以气井出现非线性效应时的产量作为气井生产的极限产量。

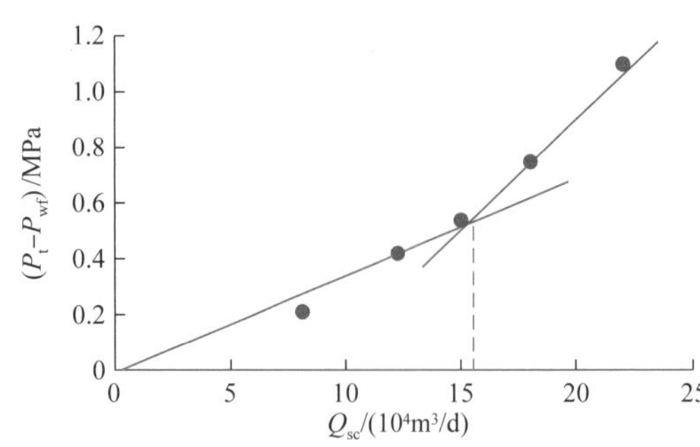

图 4-3-6　623 井压力平方形式计算采气曲线

（3）节点分析法。气井生产是一个不间断的连续流动过程，采出气体经历了几个流动阶段：气体从地层流向井底，通过井底射孔段流入井筒，再经过垂直管流到井口。若以井底 A 处为节点，则从地层流到 A 点称为流入；从 A 点再流到井口，称为流出。对于 A 的流入，可以根据气层的供气能力作出 A 点压力随产量的变化曲线，称为流入曲线。同理，A 点压力随井口产量变化的关系曲线为流出曲线。流入曲线与流出曲线的交点对应的产量即气井的合理产量，若取井口压力为最小的输压，这时得到的流量即为最大的协调产量（图 4-3-7）。

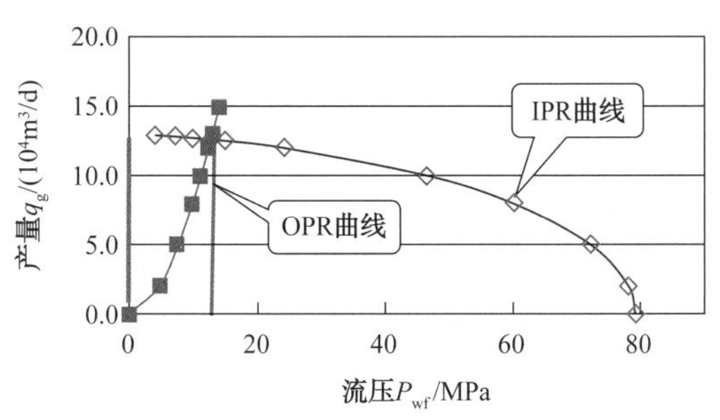

图 4-3-7　623 节点分析图

气井流入动态曲线主要是通过气井的产能试井来获得，产能方程如前所述，其一般形式如下：

$$p_R^2-p_{wf}^2=Aq_g+Bq_g^2 \tag{4-3-11}$$

气井的流出动态分析理论是建立在气井井筒压力计算理论基础上的，而气井井筒压力计算理论是基于气井稳定流动能量方程所导出的。取长度为 dH 的管段为控制体，则根据能量方程可以写出：

$$\mathrm{d}p+\rho v\mathrm{d}v+\rho g\mathrm{d}H+\mathrm{d}W+\mathrm{d}Lw=0 \tag{4-3-12}$$

式中　dp——管长内对应的总压降，MPa；

ρ——流动状态的气体密度，kg/m^3；

g——重力加速度，m/s^2；

H——油管长度，m；

v——气体流速，m/s；

dW——外界对气体所做的功，N·m；

dLw——摩擦引起的压力损失，MPa。

基于公式（4-3-12），可得到多种气井井筒压力计算公式：平均温度平均气体偏差系数法、Cullender 和 Smith 计算方法、Hagedorn 和 Brown 方法、Beggs 和 Brill 方法等。

（4）携液量分析。当一口气井在多相流动条件下生产时，存在一个最小流量（低于这个流量时液体不能举升到地面），即最小排液速率。低于这个最小排液速率时，液体将积聚在井底，这样将增大井底回压，最后导致停产。

由气井携液能力研究可知，当考虑液滴为椭球形时，气体携液的最小流速 u_g 为：

$$u_g = 2.5\sqrt[4]{\frac{(\rho_L - \rho_g)\sigma}{{\rho_g}^2}} \qquad (4\text{-}3\text{-}13)$$

相应的最小携液产量为：

$$q_{sc} = 2.5\times10^8 \frac{Apu_g}{zT} \qquad (4\text{-}3\text{-}14)$$

图 4-3-8 是综合考虑地层流入动态、油管流出动态和井筒携液能力的节点分析图形，据此可以确定合理的气井生产产量。

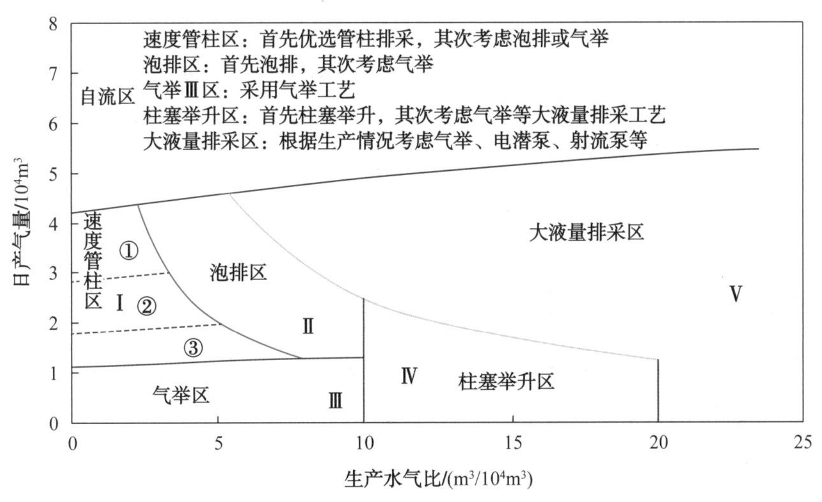

图 4-3-8 让纳若尔气顶气井携液能力计算图版

（5）产量不稳定预测方法。通过建立气藏地质模型，通过单井动态模拟（图 4-3-9），给定单井不同的产量进行模拟，计算稳产时间及生产动态，选出最佳的单井配产。参考采气指示曲线所得出的合理配产，设计了 5 套方案，分别是配产为无阻流量的 2/5、1/3、1/4、1/5、1/6，并预测出每套方案的稳产期，以 168 井为例，合理配产为 $20.0\times10^4m^3/d$，稳产年限长达 14a（图 4-3-10）。

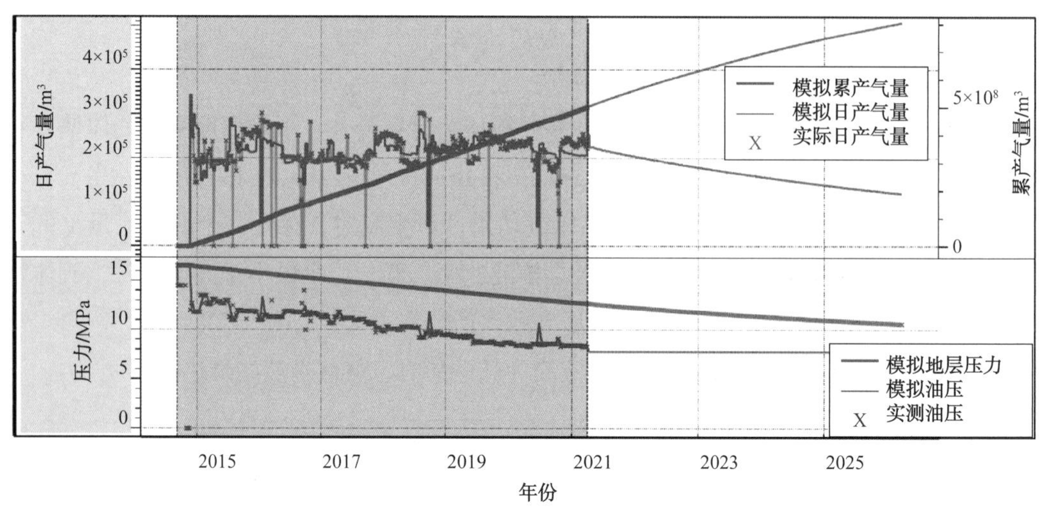

图 4-3-9　168 井生产指标预测曲线

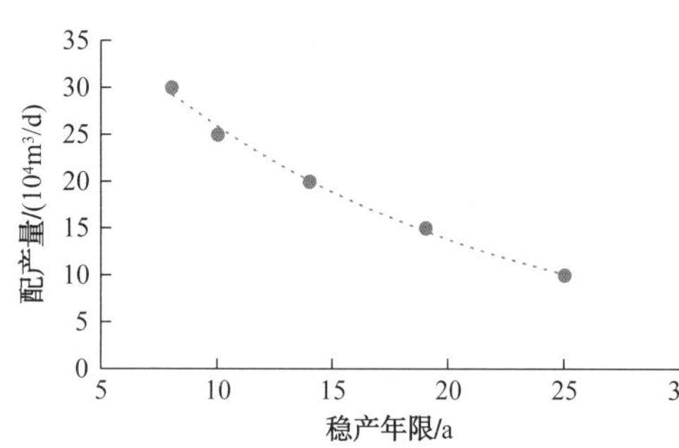

图 4-3-10　168 井不同产量条件下稳产年限图

（6）考虑地面集气能力配产。随着采出程度增高，压力逐年下降，单井配产需要综合考虑地面集气能力。目前 A ю 气顶气藏设计进集气站压力 10.0MPa，操作压力 8.2~9.2MPa，34 口采气井中，多数井接近集气压力下限 8.2MPa 生产，目前有 19 口井井口压力小于 8.0MPa，因此，为满足地面集气需求，需要在地面增压设备建成之前对单井进行优化配产，通过对单井进行动态模拟，建议按定井口压力进行生产（图 4–3–11），产量年递减率约 15.0%（图 4–3–12）。

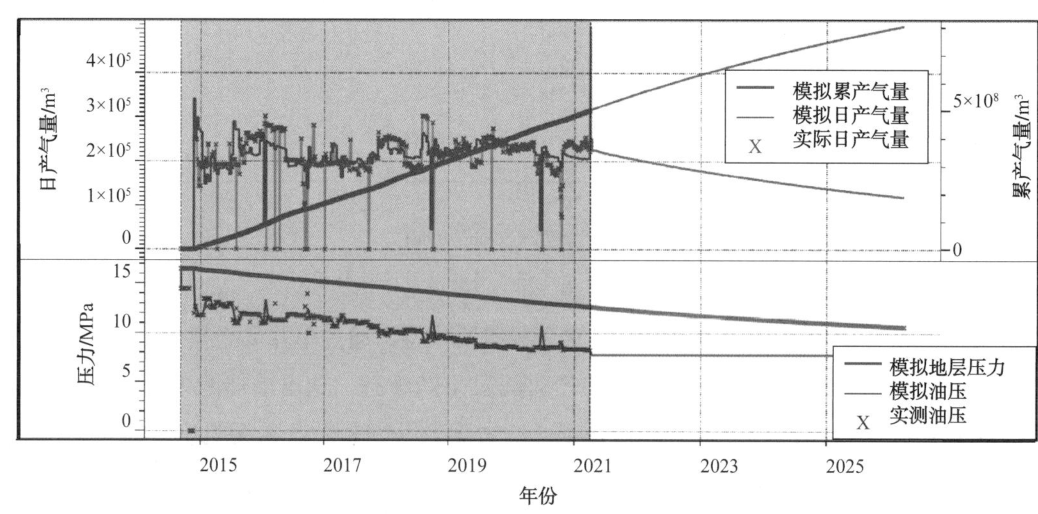

图 4-3-11　168 井定井口压力条件下产量预测曲线

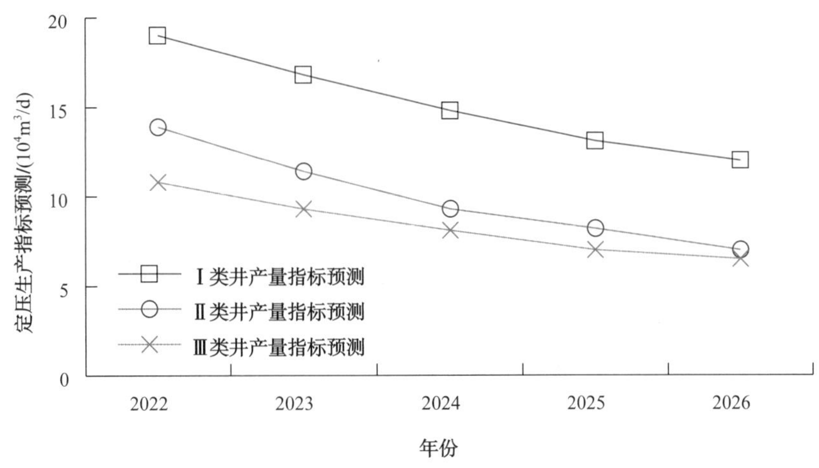

图 4-3-12 不同类型气井定井口压力条件下产量递减曲线

经验法、采气曲线法、最优化方法、节点分析法、携液计算法、产量不稳定法确定的气井配产结果如表 4-3-2 所示，随着压力下降，为满足地面集气需求各单井产量需要进行适时调控。

表 4-3-2 A ю 气顶气藏综合配产表

井号	目前生产情况			地质配产	考虑集气能力无因次日产气量 /f		
	油压 / MPa	无因次日产油量 /f	无因次日产气量 /f	无因次日产气量 /f	2022 年	2023 年	2024 年
651	8.1	0.60	0.68	0.80	0.68	0.60	0.52
629	8.2	0.80	0.92	1.00	0.88	0.76	0.64
369	8.0	0.55	0.84	0.80	0.68	0.60	0.52
5040	8.0	0.65	0.68	0.68	0.60	0.52	0.44
168	8.4	0.55	0.96	0.88	0.80	0.72	0.60
627	8.3	0.85	0.92	0.88	0.76	0.64	0.56
647	8.2	0.60	0.80	0.80	0.68	0.56	0.48
5025	8.0	0.60	0.88	0.80	0.68	0.60	0.52
2100	8.2	0.70	1.04	1.00	0.88	0.76	0.64
140	8.2	0.80	0.84	0.80	0.68	0.60	0.52
184	8.1	0.50	0.68	0.68	0.60	0.52	0.44
730	8.0	0.55	0.76	0.72	0.60	0.52	0.44
166	8.2	0.70	0.68	0.60	0.52	0.44	0.40
182	7.9	0.65	0.64	0.60	0.52	0.44	0.40
372	8.0	0.55	0.68	0.60	0.52	0.44	0.40

续表

井号	目前生产情况			地质配产	考虑集气能力无因次日产气量 /f		
	油压 / MPa	无因次日产油量 /f	无因次日产气量 /f	无因次日产气量 /f	2022 年	2023 年	2024 年
370	8.1	0.50	0.60	0.60	0.52	0.44	0.40
366	8.2	0.75	0.76	0.72	0.60	0.52	0.44
351	8.1	0.70	0.76	0.72	0.60	0.52	0.44
169	8.0	0.60	0.80	0.72	0.60	0.52	0.44
344	7.9	0.65	0.68	0.60	0.52	0.44	0.40
345	8.2	0.70	0.60	0.60	0.52	0.44	0.36
636	8.0	0.40	0.64	0.60	0.52	0.44	0.40
623	8.1	0.55	0.64	0.60	0.56	0.44	0.36
155	8.3	0.50	0.68	0.60	0.48	0.44	0.36
352	8.0	0.60	0.68	0.60	0.52	0.44	0.40
642	8.1	0.70	0.56	0.60	0.52	0.44	0.40
154	8.2	0.55	0.68	0.68	0.60	0.52	0.44
944	8.0	0.35	0.52	0.52	0.48	0.40	0.32
190	8.3	0.50	0.60	0.60	0.52	0.44	0.40
152	8.4	0.45	0.36	0.48	0.40	0.36	0.32
2119	7.9	0.30	0.48	0.60	0.52	0.44	0.40
180	8.0	0.65	0.56	0.60	0.52	0.44	0.40
625	8.0	0.30	0.36	0.40	0.36	0.32	0.24
2003	8.2	0.25	0.48	0.60	0.52	0.44	0.40

4. 废弃压力及采收率

（1）废弃压力。国内外许多学者经过多年研究后认为废弃地层压力主要是由气藏埋藏深度、非均质性、渗透率决定，并给出了相应的经验公式：

①废弃压力值为凝析气藏埋藏深度的函数，按 0.001153~0.002306MPa/m 计算，计算式如下：

$$p_a = H \times 0.001153 \tag{4-3-15}$$

或

$$p_a = H \times 0.002306 \tag{4-3-16}$$

②按凝析气藏埋藏深度每 0.002191MPa/m 计算最佳废弃压力值。

$$p_a = H \times 0.002191 \tag{4-3-17}$$

③按原始气藏压力的 10% 再加上 0.703MPa，作为近似的废弃压力值。

$$p_a = p_i \times 10\% + 0.703 \tag{4-3-18}$$

④一般通用的废弃压力计算

$$p_a = 0.3515 + 0.0010713 \times H \tag{4-3-19}$$

式中　H——储层深度，m。

⑤根据石油天然气总公司开发生产局推荐的经验方法确定采气井废弃压力（表 4-3-3）。

表 4-3-3　计算废弃压力的经验公式

气藏类型	适用条件	经验公式
定容裂缝型	含弱弹性水驱	p_a/Z_a=（0.05~0.25）p_i/Z_i
强水驱裂缝型		p_a/Z_a=（0.3~0.6）p_i/Z_i
定容高渗透型	$k \geqslant 50\times10^{-3}\mu m^2$	p_a/Z_a=（0.1~0.2）p_i/Z_i
定容中渗透型	k=10×10^{-3}~$50\times10^{-3}\mu m^2$	p_a/Z_a=（0.2~0.4）p_i/Z_i
定容低渗透型	k=1×10^{-3}~$10\times10^{-3}\mu m^2$	p_a/Z_a=（0.3~0.5）p_i/Z_i
定容致密型	$k < 1\times10^{-3}\mu m^2$	p_a/Z_a=（0.4~0.6）p_i/Z_i

根据上述原则，综合对让纳若尔气顶气藏废弃压力进行计算，结果如表 4-3-4 所示。

表 4-3-4　让纳若尔气顶气藏废弃压力计算结果表

气藏类型	计算结果	
	А ю	Г с
弱水驱裂缝型	3.5	4.6
定容中渗透孔隙型	5.7	
定容低渗透孔隙型		9
弱边底水	3.5	4.7
综合取值	4.2	6.1

上述方法确定的废弃压力要根据实际的生产情况进行调整，以便准确地确定气藏废弃压力，极限集气压力 1.0MPa 条件废弃压力求取，根据管流式（4-3-20）、式（4-3-21）计算 А ю 气井废弃井底流压 2.8MPa，废弃地层压力约 4.0MPa。

$$P_{wf} = \sqrt{P_{tf}^{\ 2} e^{2s} + \frac{1.324\times10^{-18} f\left(\overline{TZ}\right)^2 q_{sc}^{\ 2}}{d^5}\left(e^{2s}-1\right)} \tag{4-3-20}$$

$$S = \frac{0.03415\gamma_g H}{\overline{TZ}} \tag{4-3-21}$$

二、油环合理政策界限

1. 油环合理采油速度

在气顶合理开采界限优选基础上，优化合理采油速度。采油速度增加，预测期末采出程度逐渐升高，但采油速度过高，屏障注水形成的油水界面下移速度快，容易造成油井水淹，产油量下降。若保持合理的采油速度和采气速度，可使油气界面保持相对稳定，减少原油损失。

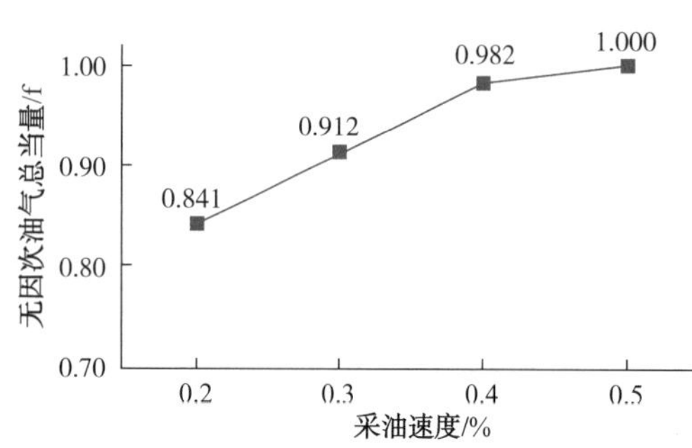

图 4-3-13　不同采油速度下 A ю 无因次总油气当量指标变化图（截至 2042 年 12 月）

根据不同采油速度预测 A ю 气顶油环的无因次总油气当量，当采油速度超过 0.4% 后，总油气当量增幅减小，确定 A ю 合理采油速度为 0.4%（图 4-3-13）。

2. 油环合理井距

利用数值模拟法及油藏工程方法优选 A ю 油环井网为反七点 350m 井距，Б ю 油环井网为反七点 500m 井距（表 4-3-5）。

表 4-3-5　让纳若尔 KT-Ⅰ油藏南部合理井网井距

层块	井网形式	井距 /m	渗透率 /$10^{-3}\mu m^2$
南区 A 层	屏障注水加反七点面积注水	350	43.1
南区 Б 层	屏障注水加反七点面积注水	500	127.8
南区 B 层	屏障注水加反七点面积注水	500	73.4

三、屏障注水参数优化

根据先前对屏障注水 + 面积注水方式下油气协同开发机理的研究结果，结合油藏实际生产动态的变化，对让纳若尔油气田屏障注水与面积注水相结合的开采方式中涉及的屏障注水与面积注水比例、内外屏障注水比例、注采比进行参数优化[47-49]。其中屏障注水与面积注水比例是指，屏障注水井的注水量与油区中面积注水井注水量的比值，该参数的优化代表着屏障注水的分隔油气系统、抑制气顶膨胀作用与油环能量补充的同步最优化，二者效果的叠加能够延缓油气界面移动速度，进一步改善油气田开发效果。内外屏障注水比例是指，针对让纳若尔油气田采用内外区屏障注水的方式，在确定屏障注水与面积注水比例的基础上，对内外区屏障注水井的注水量比例进行二次优化后的比例。

1. 屏障注水与面积注水比例

选择 2∶8、3∶7、4∶6、5∶5、6∶4、7∶3、8∶2 七个屏障注水与面积注水比例，预测气顶油环采出的无因次油气当量至 2042 年。数模结果显示：А ю 屏障注水与油环面积注水比例为 6：4 时，气顶油环采出无因次总油气当量最高。当屏障注水与油环面积注水比例超过 6：4 后，无因次总油气当量开始降低，推荐 А ю 以 6：4 屏障注水与面积比例开采（图 4-3-14）；Г с 屏障注水与面积注水比例为 5：5 时，气顶油环采出无因次总油气当量最大，推荐 Г с 以 5：5 屏障注水与面积注水比例开采（图 4-3-15）。

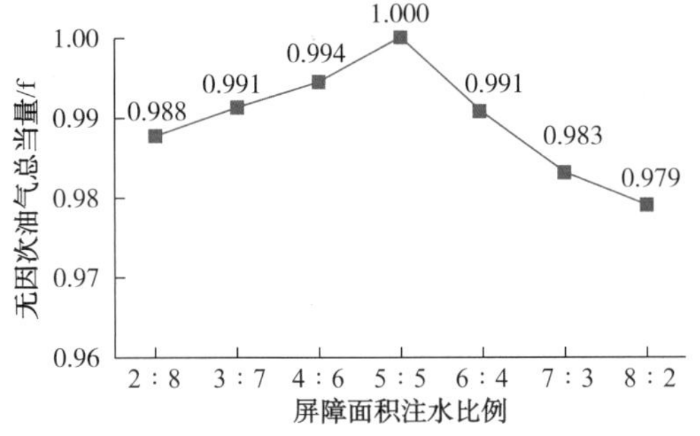

图 4-3-14　不同屏障面积注水比例下 А ю 无因次总油气当量变化图

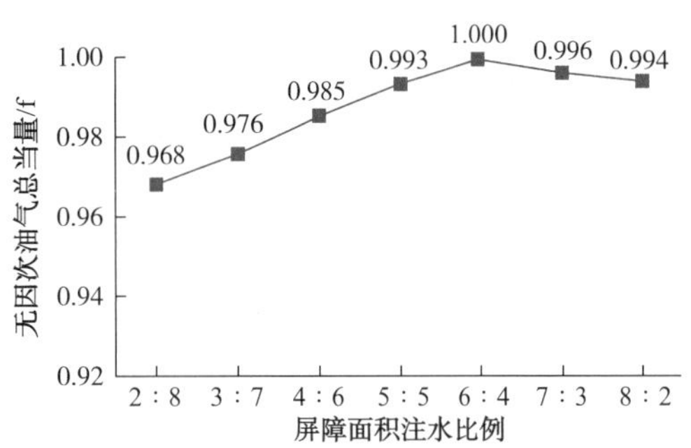

图 4-3-15　不同屏障面积注水比例下 Г с 无因次总油气当量变化图

2. 内外屏障注水比例

让纳若尔油气田 А ю 气顶共有 29 口屏障注水井，其中内区屏障注水井 13 口、外区屏障注水井 16 口；Г с 气顶共有 30 口屏障注水井，其中内区屏障注水井 13 口、外区屏障注水井 17 口。通过数值模拟研究，在确定合理采油速度和采气速度的基础上，选择 2：8、3：7、4：6、5：5、6：4、7：3、8：2 七个内区与外区屏障注水比例，预测气顶产量至 2042 年。结果表明：А ю 气顶内区屏障注水与外区屏障注水比例为 3：7 时，气顶无因次总油气当量较高，推荐 А ю 气顶以 3：7 内区屏障注水比例开采（图 4-3-16）；Г с 内区屏障注水与外区屏障注水比例为 4：6 时，气顶无因次总油气当量最大，推荐 Г с 气顶以 4：6 内区屏障注水比例开采（图 4-3-17）。

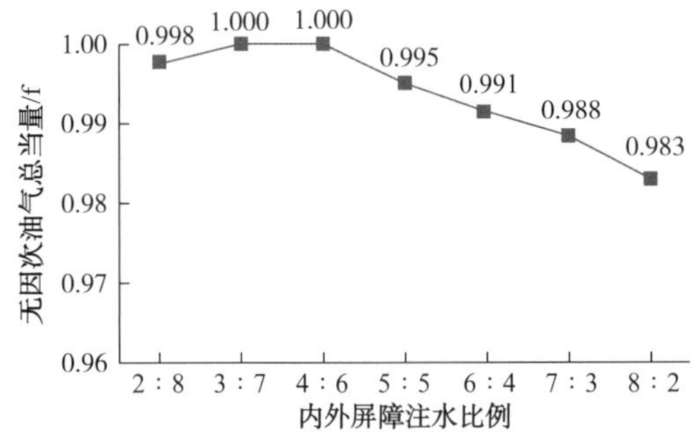

图 4-3-16　不同内外屏障注水比例下 А ю 气顶无因次总油气当量变化图

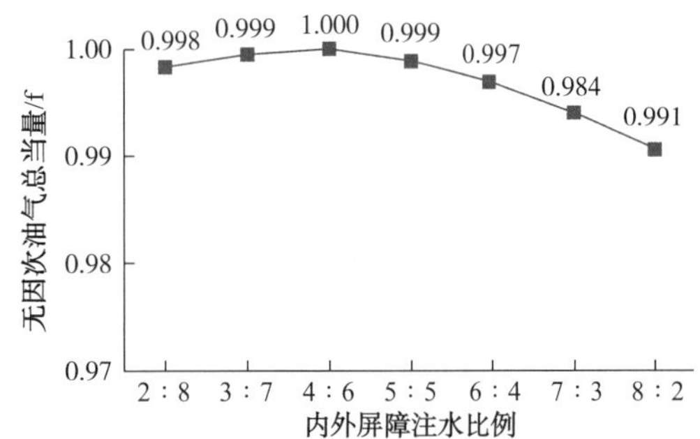

图 4-3-17　不同内外屏障注水比例下 Г с 气顶无因次总油气当量变化图

3. 注采比

确定合理的屏障注水比例之后，分别研究不同采气速度下注采比变化对气顶油环总采出程度的影响。针对 A ю 油气藏，选择 2%、3%、4% 和 5% 四种采气速度下不同注采比预测至 2042 年气顶气与油环的总采出程度。结果表明，随着注采比增加，地层能量得到有效补充，A ю 油气藏总采出程度会逐渐增加，注采比为 0.9~1 左右时总采出程度最高。但是，当超过 1 时，气井和油井见水发生水淹，总采出程度会明显降低，推荐屏障注水注采比为 0.9~1（图 4–3–18）。

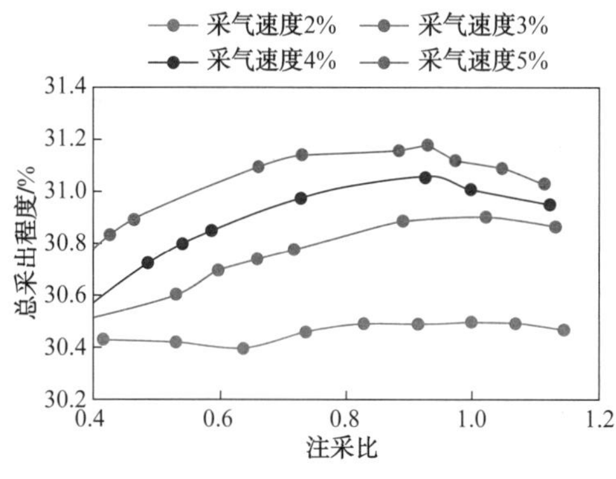

图 4–3–18　A ю 注采比优化图

第五章
治理对策及实施效果

在“屏障注水 + 面积注水”等一系列气顶油环协同开采政策的指导下，气顶自 2014 年投入开发后，由于前期采气速度过高，以及原定于 2021 年投运的地面增压设备尚未投运、单井屏障注水比例不均等因素，出现了气顶油环压力剪刀差增大、气顶气产量快速下降、凝析油损失量加重、气井见水等问题，因此，在先前油气协同开发政策参数的基础上，结合油藏生产特征与数模，并坚持油气当量最大化原则，同步优化气顶油环协同开采技术政策，针对生产中出现的问题，在气顶开展合理配产、差异动态调控、屏障注水优化，在油环实施科学布井、侧钻、一体化水平井等一系列治理对策，有效改善油气协同开发的开采效果。

第一节　气井治理对策

一、气井合理配产

1. 无阻流量预测方法

目前不同地层压力下气井绝对无阻流量的计算方法主要有两种，分别为重复产能试井法和二项式产能方程预测法。重复产能试井法的缺点就是开发及测试成本较高；二项式产能方程预测法主要是通过考虑地层压力变化对气体高压物性的影响，基于二项式产能方程的系数变化推导出不同地层压力下的气井无阻流量，但是该方法主要用于计算同一口气井在不同开发时期的无阻流量，未涉及不同气井间在不同地层压力下的产能预测问题，同时也未涉及随压力变化气相组成发生变化对气井产能的影响。为此，基于气井二项式产能方程，综合考虑地层压力变化对凝析气气体黏度、气体偏差系数、气相相对渗透率的影响，并结合不同气井之间的产气厚度、井点平均渗透率、泄气半径等参数的差异性，建立了适用不同凝析气井井间产能预测的新方法。

在径向稳定渗流条件下，服从二项式定律的气井产能方程可以表示为：

$$p_{\mathrm{r}}^2-p_{\mathrm{wf}}^2=aq_{\mathrm{g}}+bq_{\mathrm{g}}^2 \tag{5-1-1}$$

其中：

$$a=\frac{3.684\times10^4\mu_{\mathrm{g}}ZTp_{\mathrm{sc}}}{k_{\mathrm{g}}hT_{\mathrm{sc}}}(\ln\frac{0.472r_{\mathrm{e}}}{r_{\mathrm{w}}}+s_{\mathrm{t}}) \tag{5-1-2}$$

$$b=\frac{1.966\times10^{-8}\beta\gamma_{\mathrm{g}}ZTp_{\mathrm{sc}}^2}{h^2T_{\mathrm{sc}}^2R}\left(\frac{1}{r_{\mathrm{w}}}-\frac{1}{r_{\mathrm{e}}}\right) \tag{5-1-3}$$

$$\beta=\frac{7.64\times10^{10}}{k_{\mathrm{g}}^{\ 1.2}} \tag{5-1-4}$$

式中　p_{r}——地层压力，MPa；

p_{wf}——井底流动压力，MPa；

p_{sc}——地面标准压力，MPa；

T_{sc}——地面标准温度，K；

q_g——气井产气量，$10^4m^3/d$；

μ_g——平均压力下的气体黏度，mPa·s；

Z——平均压力下的气体偏差系数；

β——高速湍流系数，m^{-1}；

T——地层温度，K；

R——通用气体常数（其值为 0.008314）；

k_g——气相渗透率，$10^{-3}\mu m^2$；

h——产气厚度，m；

r_w——井筒半径，m；

r_e——供气半径，m；

s_t——总表皮系数。

凝析气井在地面条件下的产量包括干气和凝析油两部分。因此凝析气井的总井流物产量为：

$$q_{gt} = q_{gd} + \frac{2.4056\gamma_o}{M_o} q_{co} \tag{5-1-5}$$

式中　q_{gt}——凝析气井总井流物产量，$10^4m^3/d$；

q_{gd}——凝析气井的干气产量，$10^4m^3/d$；

q_{co}——凝析气井的凝析油产量，m^3/d；

γ_o——凝析油的相对密度；

M_o——凝析油的分子量，kg/kmol。

在利用常规干气折算法评价凝析气井产能时，只需将式（5-1-1）中的 q_g 替换为 q_{gt} 即可。

随地层压力的不断下降，地层中不断会有凝析油析出，并黏附在岩石表面，从而导致地层气相渗透率不断降低。同时，凝析油的析出也会导致凝析气组成发生变化，导致其黏度、密度以及偏差系数发生变化。反观气井产能方程，式（5-1-1）中的系数 a 与 b 将会随着压力的变化而发生改变。

假设两口邻近凝析气井井筒半径 r_w 相同，其二项式产能方程系数分别为 a_1、b_1 和 a_2、b_2，两口气井对应的地层平均渗透率、气相相对渗透率、产气厚度、泄气半径、表皮系数、天然气黏度和偏差系数分别为 k_1、k_{rg1}、h_1、r_{e1}、s_1、μ_{g1}、Z_1 和 k_2、k_{rg2}、h_2、r_{e2}、s_2、μ_{g2}、Z_2，则根据式（5-1-2）、式（5-1-3）、式（5-1-4）可以得到如下关系：

$$\frac{a_1}{a_2} = \frac{k_2 k_{rg2} h_2 Z_1 \mu_{g1} \left(\ln \frac{0.472 r_{e1}}{r_w} + s_1' \right)}{k_1 k_{rg1} h_1 Z_2 \mu_{g2} \left(\ln \frac{0.472 r_{e2}}{r_w} + s_2' \right)} \tag{5-1-6}$$

$$\frac{b_1}{b_2}=\left(\frac{k_2 k_{\mathrm{rg2}}}{k_1 k_{\mathrm{rg1}}}\right)^{1.2}\left(\frac{h_2}{h_1}\right)^2\frac{\gamma_{\mathrm{g1}}Z_1}{\gamma_{\mathrm{g2}}Z_2} \tag{5-1-7}$$

假设其中一口已进行产能测试，并通过对试井数据线性回归得到了产能方程系数 a_1、b_1，通过式（5–1–6）、式（5–1–7）便可以求得另外一口未进行产能试井（M2 井）的采气井的产能方程系数 a_2、b_2，进而可以得到未产能试气井当前的米无阻流量：

$$q_{\mathrm{A0F2}}=\frac{\sqrt{{a_2}^2+4b_2 p_{\mathrm{r2}}^2}-a_2}{2b_2 h_2} \tag{5-1-8}$$

式中　p_{r2}——M2 进行产能试井时的当前地层压力，MPa。

如果在式（5–1–6）和式（5–1–7）中不考虑 k_{rg}、μ_{g}、γ_{g}、Z 等参数的变化，则为不考虑地层压力变化对凝析气高压物性和气相渗透率影响的不同气井米无阻流量预测方法。

结合式（5–1–6）与式（5–1–7），将（5–1–8）中的参数 a_2、b_2 用包含已知参数 a_1、b_1 的多项式代替，结果表明米无阻流量 q_{A0F2} 与厚度项 h_2 无关。如果预测同一口凝析气井在不同地层压力下的米无阻流量，只需要将式（5–1–6）、式（5–1–7）修改为：

$$\frac{a_1}{a_2}=\frac{k_{\mathrm{rg2}}Z_1\mu_{\mathrm{g1}}}{k_{\mathrm{rg1}}Z_2\mu_{\mathrm{g2}}} \tag{5-1-9}$$

$$\frac{b_1}{b_2}=\left(\frac{k_{\mathrm{r2}}}{k_{\mathrm{r1}}}\right)^{1.2}\frac{\gamma_{\mathrm{g1}}Z_1}{\gamma_{\mathrm{g2}}Z_2} \tag{5-1-10}$$

2. 凝析气井合理配产

А ю 凝析气顶有 351 井与 180 井 2 口气井，平均渗透率分别为 $3.78\times10^{-3}\mu\mathrm{m}^2$、$1.65\times10^{-3}\mu\mathrm{m}^2$，产气厚度分别为 41.2m、33.4m；两口井分别于 2007 年、2012 年进行了系统产能试气工作，试井期间的地层压力分别为 23.5MPa、22MPa，而通过产能试井数据得到的绝对无阻流量分别为 $132.1\times10^4\mathrm{m}^3/\mathrm{d}$、$55.4\times10^4\mathrm{m}^3/\mathrm{d}$。

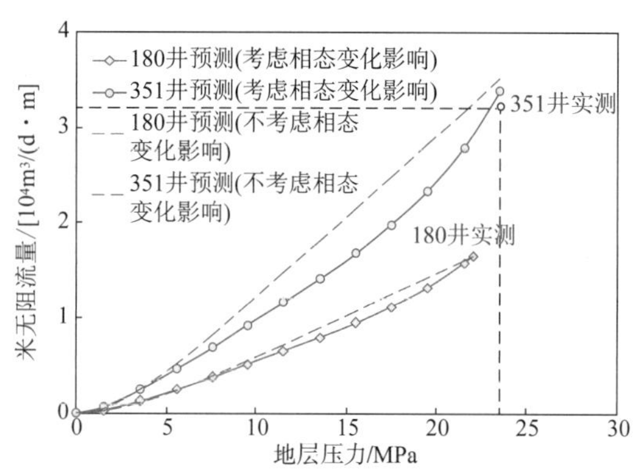

图 5–1–1　不同地层压力下的米无阻流量变化曲线

为了验证计算方法的准确性，用 180 井的系统产能试井结果预测 351 井的米无阻流量，并与 351 井的产能试井结果作对比；同时利用该方法预测了不同地层压力下的 351 井与 180 井的米无阻流量，并与不考虑相态变化的常规干气法进行了对比（图 5–1–1）。

从图 5–1–1 可以看出，基于产能试井数据得到的 351 井的实际米无阻流量为 $3.21\times10^4\mathrm{m}^3/(\mathrm{d}\cdot\mathrm{m})$，利用新方法预测的 351 气井

米无阻流量为 $3.39\times10^4m^3/(d\cdot m)$，而不考虑相态变化影响的常规干气法预测的米无阻流量为 $3.52\times10^4m^3/(d\cdot m)$。由此可见，与常规干气预测法相比，新方法的预测精度更高。另外，考虑地层压力变化对凝析气高压物性及气相渗流能力的影响，利用新方法得到的不同地层压力下的气井米无阻流量均相对偏低。究其原因，这主要是由于凝析油的析出降低了地层绝对渗透率以及气相相对渗透率[50]。

在以上研究基础上，考虑各采气井泄气半径、表皮系数相同时，给定不同的地层渗透率，便可以预测出不同渗透率条件下气井米无阻流量与地层压力的关系图版（图 5-1-2）。从图 5-1-2 可以看出，随着地层渗透率的不断增加，米无阻流量与地层压力的关系曲线变得越来越陡峭；在相同地层压力条件下，随着渗透率的不断增加，米无阻流量的增加速度变缓。

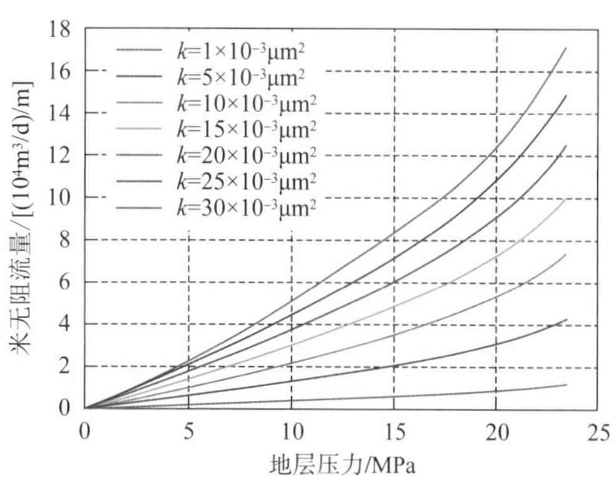

图 5-1-2　不同渗透率条件下米无阻流量随地层压力的变化曲线

二、差异动态调控技术

A ю 气顶在 2014 年开始动用后，气顶油环压力失衡，剩余油气分布复杂。在流体相态恢复和精细油藏数值模拟的基础之上，结合气井流动区域形态、储量动用情况，进行分区域、分类动态调控，动态同步优化不同开发单元的气井避射厚度、合理井距、采气速度、屏障注水比例等协同开发关键参数，实现气井生产动态的实时监测和动态调控，保障气井长期稳产[51]。

1. 气井分类评价

气井综合定量评价就是在气井评价参数优选的基础上，对气井分类的多个影响因素进行综合评价，最终得到一个综合评价指标，并据其对气井进行分类。

该气藏选用的综合评价指标计算公式为：

$$Q_{sc}=\sum_{i=1}^{n}a_iX_i \tag{5-1-11}$$

式中　Q_{sc}——综合评价指标；

X_i——分类评价参数；

a_i——评价参数的权系数；

n——评价参数的个数。

X_i 为已知参数，只有权系数 a_i 是未知数，只要求出权系数 a_i，就可计算得出综合评价指标 Q_{sc}。

权系数是某一评价因素在决定总体特性时所占有的重要性程度，计算各指标的权系数，实际上是寻找事物内部各种影响因素之间的定量关系。目前用于确定权系数的方法有专家估值法、层次分析法、模糊关系方程求解法、主成分分析法及灰色关联分析法等。通过对多种评价方法优缺点及适用性的比较，优选灰色关联分析法确定权系数，进行气井的定量分类评价。该方法通过加权系数的形式考虑了不同参数的重要程度，分类结果更符合实际情况。特别适合于大规模、多因素、多指标的系统评价，较科学并接近客观实际，较适合让纳若尔油气田气井分类。

利用气井取芯、试采资料，选取与某阶段产量相关的 10 个参数，通过归一化处理，使每项评价参数归一在 0~1。应用聚类分析法和数理统计法，确定气井分类评价参数，即井控储量、地层系数、地层压力、单位压降产量和采出程度（表 5-1-1）。应用灰色关联分析法，确定各项参数权重，建立综合评价系数计算公式：

$$Q_{sc} = 0.267G_0 + 0.165F_0 + 0.243P_0 + 0.171Q_0 + 0.154R_0 \qquad (5\text{-}1\text{-}12)$$

式中 G_0——标准化井控储量，$10^8 m^3$；

F_0——标准化地层系数，$10^{-3}\mu m^2 \cdot m$；

P_0——标准化地层压力，MPa；

Q_0——标准化单位压降产量，$10^4 m^3/MPa$；

R_0——标准化采出程度，%。

表 5-1-1 评价参数优选结果

物理意义	评价参数	计算方式
储量大小	井控储量	全井求和（数模）
静态特征	地层系数	加权平均
单井产能	地层压力	同一海拔
	单位压降产量	同一开采阶段
开采阶段	采出程度	同一开采阶段

利用该公式，计算 Aю 气藏气井的综合评价系数，通过综合评价系数概率累计分布，建立气井分类标准，将气井由好到差分为 3 类（图 5-1-3、表 5-1-2）。

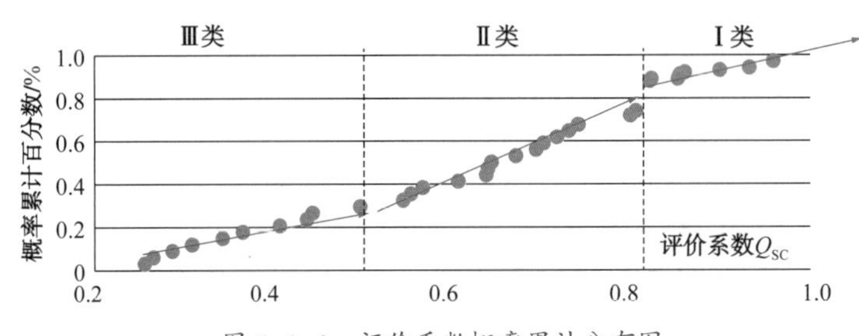

图 5-1-3 评价系数概率累计分布图

表 5-1-2 气井分类标准

类别	综合评价系数	井控储量 / 10^8m^3	地层系数 / ($10^{-3}\mu m^2 \cdot m$)	地层压力 / MPa	单位压降采气量 / (10^8m^3/MPa)	合理配产量 / (10^4m^3/d)
Ⅰ类	>0.8	>15	>5000	>15.0	>0.6	>20
Ⅱ类	0.5~0.8	10~15	2000~5000	13.5~15.0	0.5~0.7	15~20
Ⅲ类	<0.5	<10	<2000	<13.5	<0.5	9~15

根据气井分类标准，将 A ю 气顶气藏气井分为三类（图 5-1-4），其中Ⅰ类井主要分布在气藏背斜构造高部位，气层厚度大，井控储量平均 $15 \times 10^8m^3$，稳产能力好；Ⅱ类井主要位于气藏内部，稳产效果一般，压力损失较高，井控储量平均 $10 \times 10^8m^3$；Ⅲ类井则集中分布在屏障注水界面附近，压力损失大，井控储量小于 $10 \times 10^8m^3$。

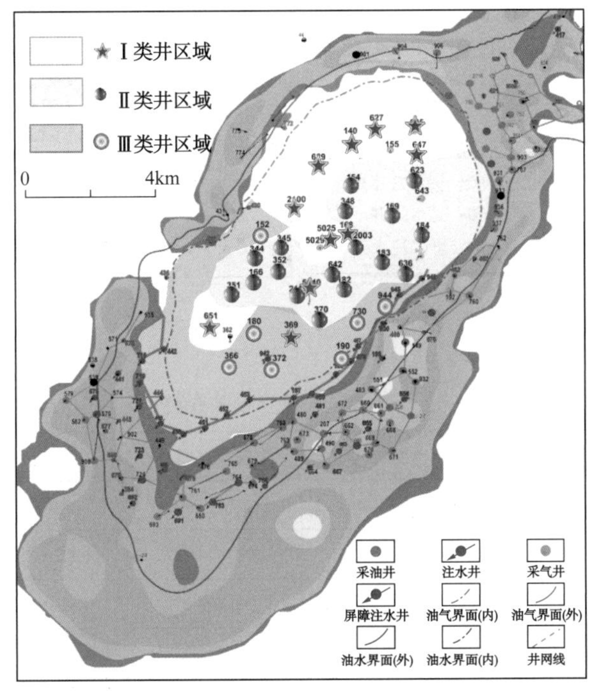

图 5-1-4 气顶气藏分区域调控平面图

2. 差异动态调控技术

根据气井分类，结合不同类型井地质、生产特征及油田用气情况，制定油藏、采气和生产一体化气井差异动态调控技术。对三类井建立配产模型（图 5-1-5），Ⅰ类井稳产能力好，可作为季节调峰井，在冬季提高配产，保障气藏平稳运行；Ⅱ类井较低配产条件下生产稳定，具有一定的稳产能力，通

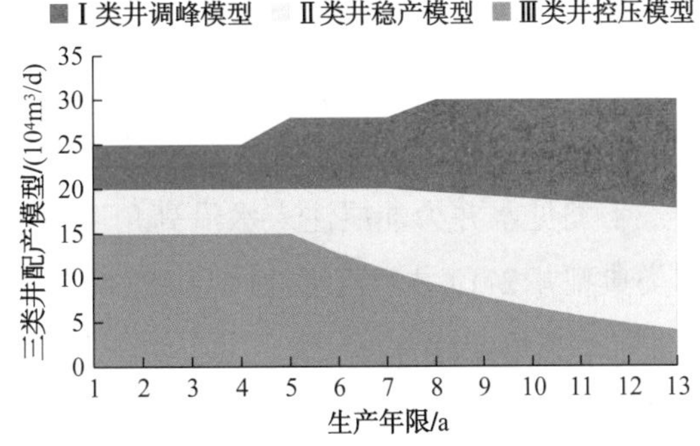

图 5-1-5 气顶气藏三类井配产模型

过控制生产压差，反凝析预防与治理，发挥正常产能；Ⅲ类井多为见水气井（图 5-1-6、图 5-1-7、表 5-1-3），产量、压力下降快，需要控制压差、进行出水预防与治理，延长气井生命周期。根据见水类型，将见水井分为三类，分别建立三种产水来源的判别方法。

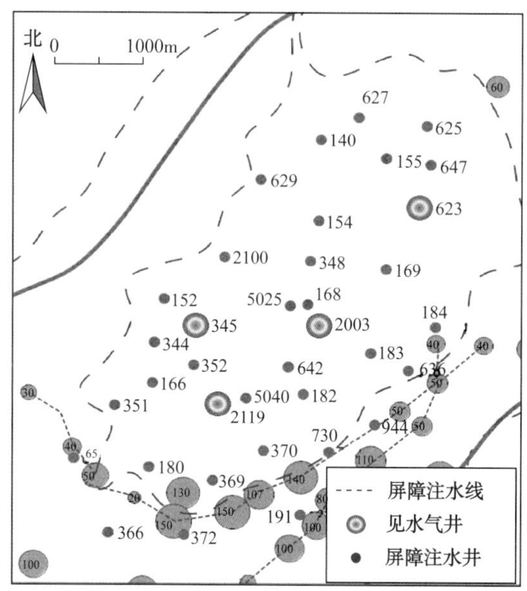

图 5-1-6　Аю 气藏产水井平面分布

图 5-1-7　Гс 气藏产水井平面分布

表 5-1-3　气藏产水井分类

油藏	井号	层位	投产日期	见水日期	见水类型
Аю	623	А+Б	2014/11/3	2016/1/10	Ⅰ类
	2003	А	2014/11/23	2020/2/28	Ⅰ类
	2119	А+Б	2014/9/27	2020/2/28	Ⅰ类
	345	А+Б	2014/11/23	2016/3/5	Ⅲ类
Гс	2233	Г	见水未投产	—	Ⅱ类
	3319	Г	见水未投产	—	Ⅱ类
	2220	Г	2017/10/26	2018/5/12	Ⅱ类
	3332	Г	2017/5/27	2017/7/16	Ⅱ类

Ⅰ类见水井为油层注入水沿高角度缝窜进，含水迅速上升，气量和油量快速下降。Ⅰ类典型井 2119 井产出水性质与 357 井 В 油层产出注入水性质一致（图 5-1-8），分析为 В 油层沿高角度缝沟通导致，生产动态表现为见水后水气比迅速上升（图 5-1-9），对气井生产影响明显。针对这类井，采用单井控水采气结合优化避射厚度，隔层厚度小于 30m 区域，严格控制生产压差。加强同井点动态监测，及时掌握水侵特征，进行动态调控。

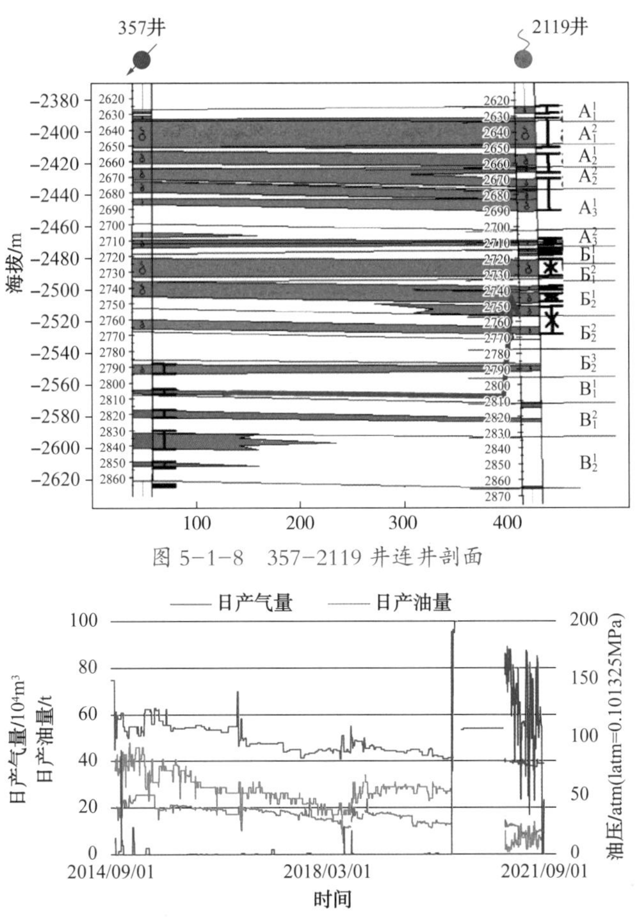

图 5-1-8 357-2119 井连井剖面

图 5-1-9 2119 井生产动态特征

Ⅱ类见水井为屏障注水沿高渗通道逐渐推进，含水率逐渐升高（图 5-1-10）。典型井为 2233 井和 3319 井，这类井距屏障注水井近，全井段见注入水，气量低，生产困难，2233 井长期带水生产（图 5-1-11）。针对Ⅱ类井，采用单井控水采气、优化屏障注水比例控制见水，在裂缝发育区，严格控制气层屏障注水、避射低部位气层、控制生产压差。

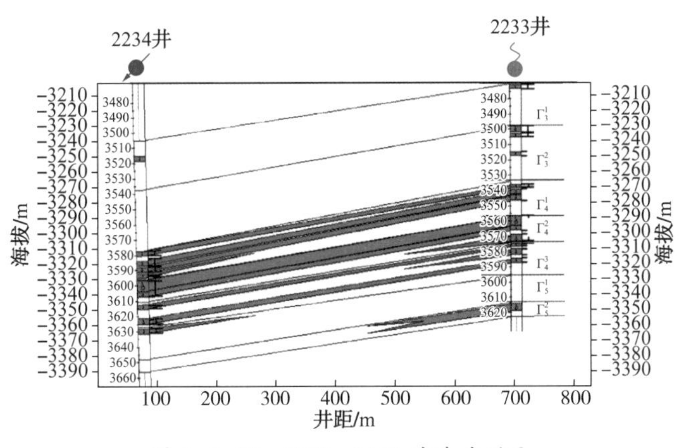

图 5-1-10 2234—2233 井连井剖面

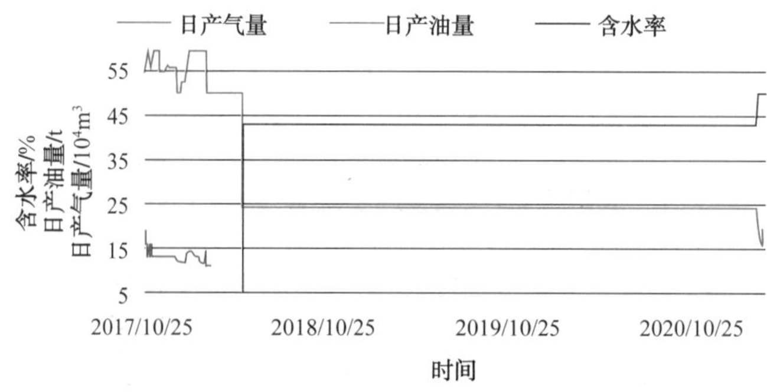

图 5-1-11　Ⅱ类见水井生产动态特征（2233 井）

Ⅲ类井多为层内封存或凝析水，井筒积液后含水率升高，通过放喷作业恢复正常生产（图 5-1-12）。其中典型井 345 井产出水密度 1.058g/cm^3（表 5-1-4），矿化度和 CL- 浓度与该区地层水特征相似，与采气前产出水性质不同，结合生产动态特征，综合判断为层内封存水或凝析水。Ⅲ类井水气比低且平稳，对气井生产基本无影响，通过定期流压梯度监测、放喷井筒积液即可。

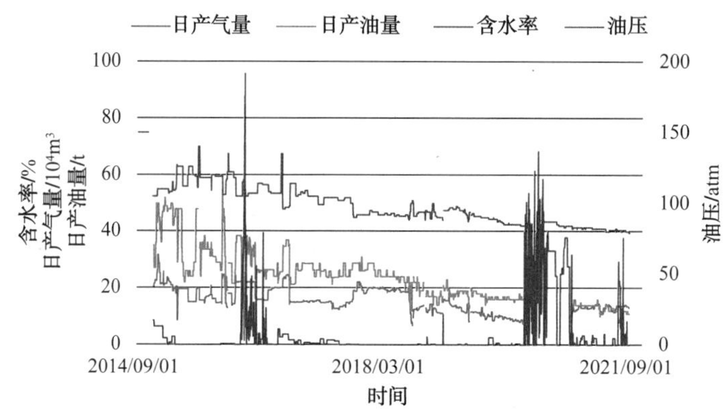

图 5-1-12　345 井生产曲线

表 5-1-4　345 井产出水全分析

离子浓度 /（g/L）	地层水	采气前	采气后
HCO^-_3	0.388	0.930	0.130
CO^-_3	/	/	/
Cl^-	50.000	36.200	60.800
SO_4^{2-}	0.871	1.160	2.120
Ca^{2+}	6.332	3.400	5.000
Mg^{2+}	0.854	0.830	0.970
$Na^{++}K^+$	23.760	18.800	33.160
密度 /（g/cm^3）	1.058	1.037	1.058
总矿化度 /（g/L）	82.100	61.300	102.800

三、气井增产措施

（一）转变生产方式，实现单井合理稳产

为了最大限度发挥气井产能，防止生产制度过大造成气井关井，需要在 2022 年开始改变生产方式，定压生产，可以实现气井无增压设备条件稳定生产。以 140 井为例，若该井不进行动态调控，以定产量方式生产，预计在 2021 年底井口压力将低于集气门限压力，无法稳定（图 5-1-13）。通过转变生产方式，由定产量生产转变为定压力生产，该井可实现增压设备建成前产量平稳过渡（图 5-1-14）。

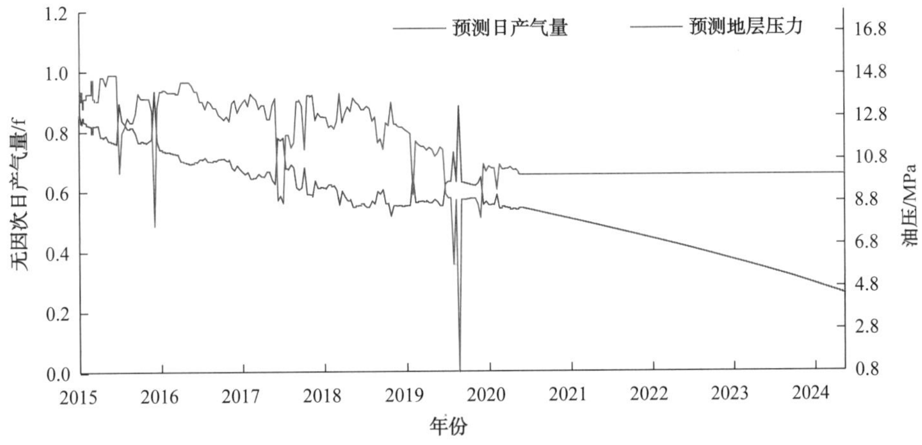

图 5-1-13　140 井无增压设备条件下定产量生产预测曲线

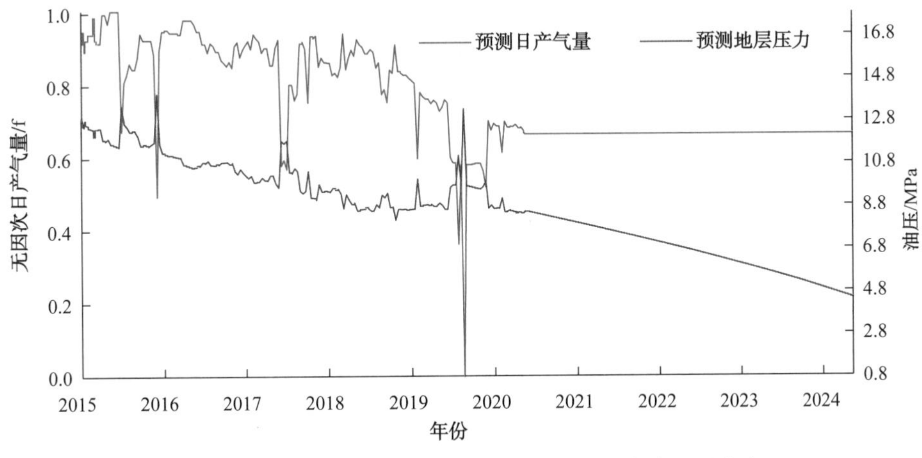

图 5-1-14　140 井无增压设备条件下定压力生产预测曲线

通过对不同开发方式的生产指标进行预测，增压设备投运前定压生产，产量年递减率约 15%（图 5-1-15），增压设备投运后按合理地质配产恢复产能，可实现 2030 年前气井相对平稳运行，预测结果如图 5-1-16、图 5-1-17 所示。

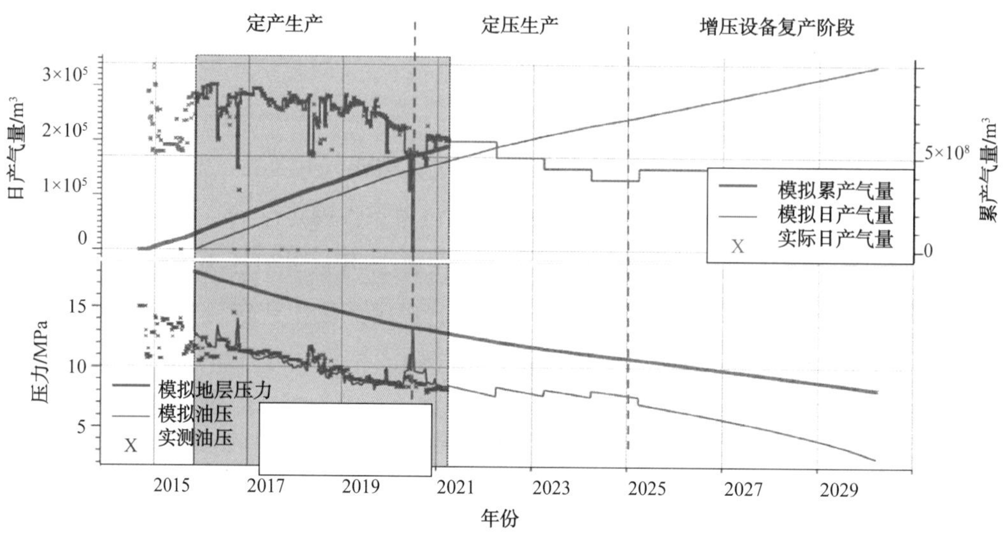

图 5-1-15　产量不稳定法单井产量预测曲线

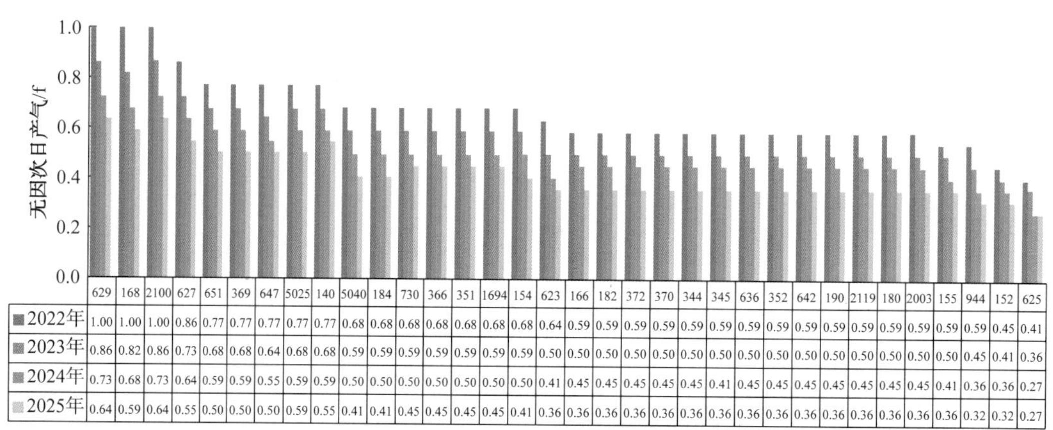

	629	168	2100	627	651	369	647	5025	140	5040	184	730	366	351	1694	154	623	166	182	372	370	344	345	636	352	642	190	2119	180	2003	155	944	152	625
2022年	1.00	1.00	1.00	0.86	0.77	0.77	0.77	0.77	0.77	0.68	0.68	0.68	0.68	0.68	0.68	0.68	0.64	0.59	0.59	0.59	0.59	0.59	0.59	0.59	0.59	0.59	0.59	0.59	0.59	0.59	0.59	0.59	0.45	0.41
2023年	0.86	0.82	0.86	0.73	0.68	0.68	0.64	0.68	0.68	0.59	0.59	0.59	0.59	0.59	0.59	0.59	0.50	0.50	0.50	0.50	0.50	0.50	0.50	0.50	0.50	0.50	0.50	0.50	0.50	0.50	0.50	0.45	0.41	0.36
2024年	0.73	0.68	0.73	0.64	0.59	0.59	0.55	0.59	0.59	0.50	0.50	0.50	0.50	0.50	0.50	0.50	0.41	0.45	0.45	0.45	0.45	0.45	0.41	0.45	0.45	0.45	0.45	0.45	0.45	0.45	0.41	0.36	0.36	0.27
2025年	0.64	0.59	0.64	0.55	0.50	0.50	0.50	0.59	0.55	0.41	0.41	0.45	0.45	0.45	0.45	0.41	0.36	0.36	0.36	0.36	0.36	0.36	0.36	0.36	0.36	0.36	0.36	0.36	0.36	0.36	0.36	0.32	0.32	0.27

图 5-1-16　A ю 气顶气藏无增压设备下单井日产气量预测指标

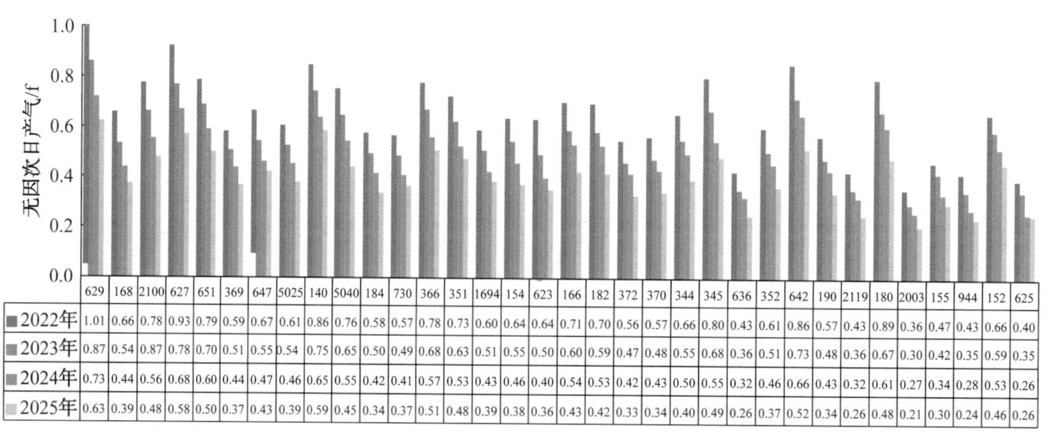

	629	168	2100	627	651	369	647	5025	140	5040	184	730	366	351	1694	154	623	166	182	372	370	344	345	636	352	642	190	2119	180	2003	155	944	152	625
2022年	1.01	0.66	0.78	0.93	0.79	0.59	0.67	0.61	0.86	0.76	0.58	0.57	0.78	0.73	0.60	0.64	0.64	0.71	0.70	0.56	0.57	0.66	0.80	0.43	0.61	0.86	0.57	0.43	0.89	0.36	0.47	0.43	0.66	0.40
2023年	0.87	0.54	0.87	0.78	0.70	0.51	0.55	0.54	0.75	0.65	0.50	0.49	0.68	0.63	0.51	0.55	0.50	0.60	0.59	0.47	0.48	0.55	0.68	0.36	0.51	0.73	0.48	0.36	0.67	0.30	0.42	0.35	0.59	0.35
2024年	0.73	0.44	0.56	0.68	0.60	0.44	0.47	0.46	0.65	0.55	0.42	0.41	0.57	0.53	0.43	0.46	0.40	0.54	0.53	0.42	0.43	0.50	0.55	0.32	0.46	0.66	0.43	0.32	0.61	0.27	0.34	0.28	0.53	0.26
2025年	0.63	0.39	0.48	0.58	0.50	0.37	0.43	0.39	0.59	0.45	0.34	0.37	0.51	0.48	0.39	0.38	0.36	0.43	0.42	0.33	0.34	0.40	0.49	0.26	0.37	0.52	0.34	0.26	0.48	0.21	0.30	0.24	0.46	0.26

图 5-1-17　A ю 气顶气藏无增压设备下单井凝析油产量预测指标

（二）优化屏障注水比例，实现气顶和油环的动态平衡

（1）KT-Ⅰ屏障注水优化。Б 气层边界附近以 Б 层注水，A 层控制注水，防止屏障注水快速推进。A 气层边界附近以 A、Б 层分层注水，保障形成完整的屏障。优化屏障注水比例，屏障注水 / 面积注水比例控制在 6：4；内外区屏障注水比例控制在 3：7（图 5-1-18）。

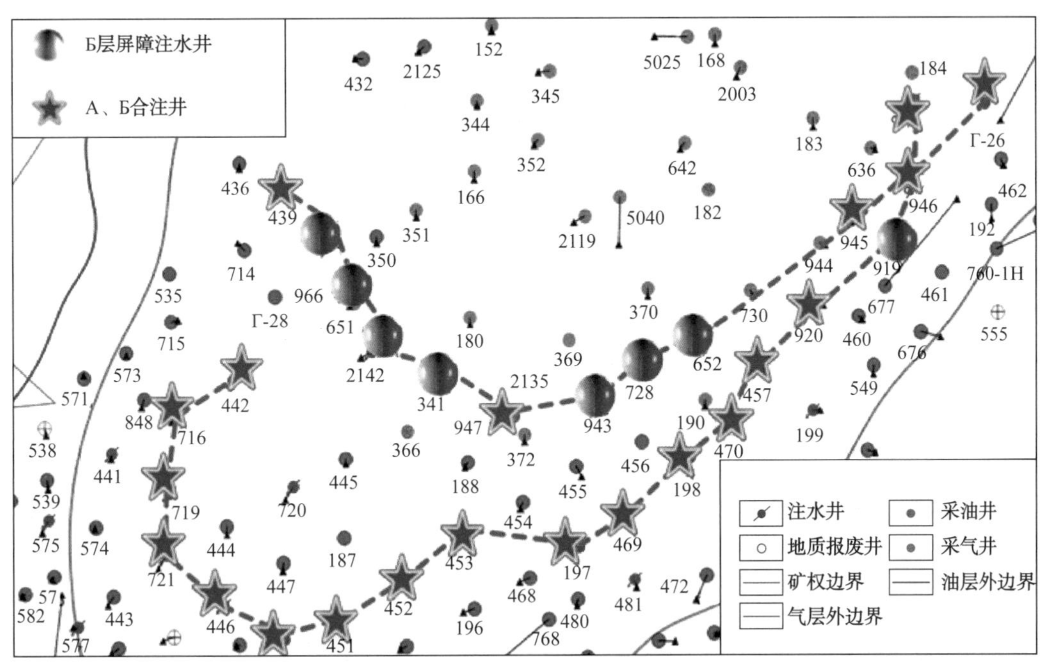

图 5-1-18 A ю 气顶气藏屏障注水位置图

为了控制屏障注水比例，建议对 6 口注水井进行分注作业（表 5-1-5）。

表 5-1-5 A ю 气顶气藏屏障注水井分注建议表

序号	井号	注水方式	注水层位	注入压力 /atm	注水量 /m^3	下步措施
1	446	笼统注水	A＋Б	65	60	分注
2	470	笼统注水	A＋Б	70	100	分注
3	652	笼统注水	Б＋B	0	138	分注
4	940	笼统注水	Б＋B	0	86	分注
5	964	笼统注水	Б＋B			补孔作业
6	439	笼统注水	A＋Б	130	30	分注

（2）Гс 屏障注水优化。Гс 严格控制内区裂缝发育区屏障注水量，以温和注水为主。同时提高屏障注水井分注率，防止屏障注水沿气层突进。优化屏障注水比例，屏障注水 / 面积注水比例控制在 3：5~5：5，内外区屏障注水比例控制在 4：6（图 5-1-19）。

为了控制屏障注水比例，建议对 6 口注水井进行分注作业（表 5-1-6）。

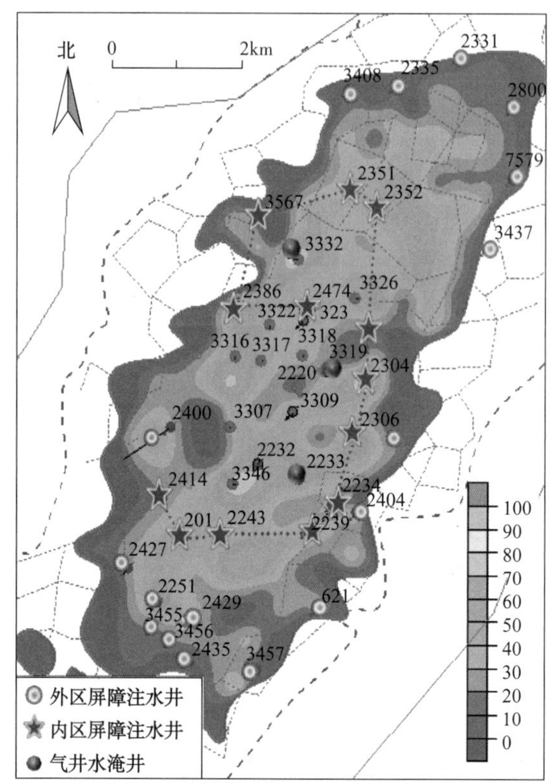

图 5-1-19　Γc 气顶气藏屏障注水位置图

表 5-1-6　Γc 气顶气藏屏障注水井分注建议表

序号	井号	注入压力 /atm	注水量 /m^3	下步措施
1	201	130	50	油气层分注
2	2234		0	油气层分注
3	2239		10	油气层分注
4	2306		20	油气层分注
5	2331	20	30	油气层分注
6	2404	0	80	油气层分注

（三）开展气井措施挖潜，提高气井单井产量

1. 气井稳产制约因素分析

从目前气藏的生产状况看，气藏气井的生产主要受以下因素制约。①气井射开程度低。气井在纵向上未完全打开有效储层，导致储层动用程度不足（图 5–1–20、图 5–1–21）。②反凝析现象降低了气相渗透率。气藏虽属凝析气藏，凝析油含量中等偏高，随着气藏开发的深入，目前气藏压力已远低于体系的露点压力，地层中反凝析现象使得凝析油在井底附近析出和积累（图 5–1–22），降低气相渗透率。③低产气井不能正常生产，导致生产时气井对气藏的控制程度差。

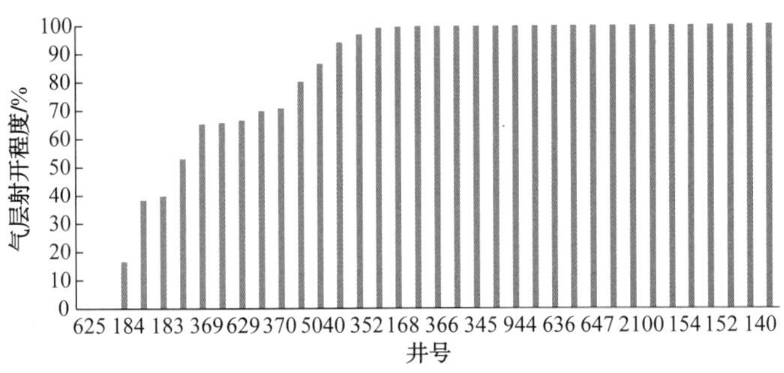

图 5-1-20 A 气层射开程度柱状图

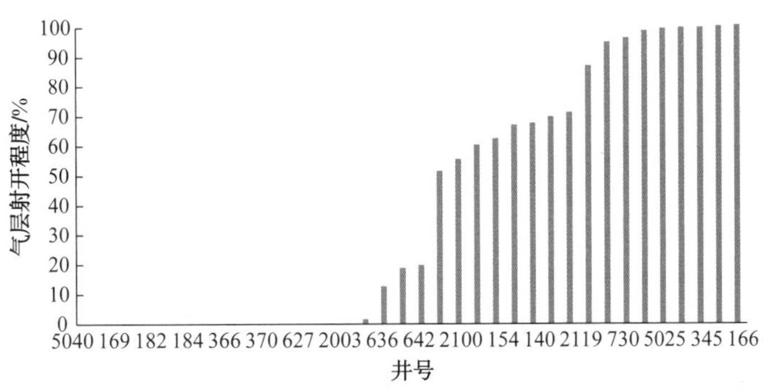

图 5-1-21 Б 气层射开程度柱状图

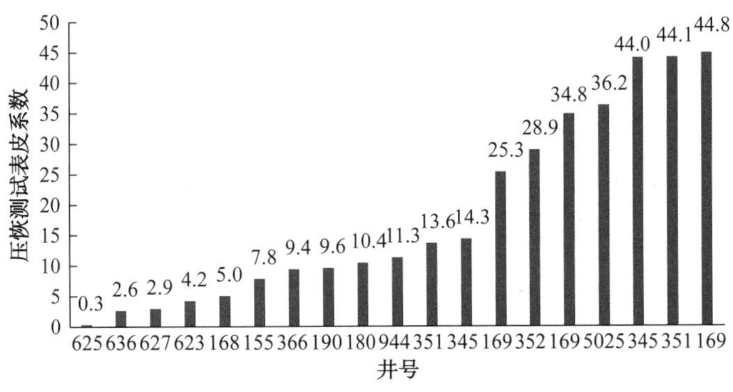

图 5-1-22 气井压恢测试表皮系数

2. 气井挖潜措施

（1）优选 A ю 的 9 口采气井进行补孔作业（表 5-1-7），产量降低后进行产能接替，提高储层纵向动用程度。

表 5-1-7 A ю 气顶采气井补孔潜力井排查表 m

序号	井号	层号	射孔顶深	射孔底深	有效厚度 / 层段
1	152	$Б_1^1-Б_2^2$	2745.6	2784.8	14.4/4 段
2	166	$A_1^1-A_3^2$	2642.8	2715.4	42.4/12 段
3	168	$Б_1^1-Б_2^1$	2663.2	2702.8	18.4/4 段

续表

序号	井号	层号	射孔顶深	射孔底深	有效厚度 / 层段
4	169	А$_3^2$– Б$_2^1$	2627.2	2695.6	48.4/4 段
5	182	А$_3^1$– Б$_2^2$	2680.0	2770.8	54.6/8 段
6	351	Б$_1^1$– Б$_2^3$	2731.2	2799.2	13.2/9 段
7	625	А$_1^1$–А$_3^1$	2544.6	2617.2	53.8/15 段
8	627	А$_3^1$– Б$_2^1$	2623.2	2684.0	26.7/8 段
9	629	А$_3^2$– Б$_2^3$	2628.4	2706.0	45/9 段

（2）定期开展生产动态测试，掌握井筒反凝析污染情况，优选 8 口采气井开展选酸解堵作业（表 5–1–8）。

表 5–1–8　A ю 气顶采气井选择性酸化措施建议表

井号	油压 /MPa	日产液量 /t	日产油量 /t	日产气量 /10^{4}m^3	凝析油含量 / (g/m^3)	表皮系数
190	8.1	10	10.1	14.5	69.2	9.6
944	8.0	7	7.2	13.8	50.7	11.3
155	8.1	10	10.0	17.0	59.0	8.0
168	8.3	11	11.1	22.2	49.5	5.0
623	8.1	11	11.0	16.0	68.9	4.2
627	8.2	17	17.3	22.3	76.3	2.9
636	8.0	8	8.0	16.3	49.1	2.6
5025	7.9	12	12.1	19.7	60.8	36.0

（3）针对 Γc 低渗气藏，优选裂缝相对不发育区的井开展储层改造作业，提高单井产量。3317 井目前产量低，储层纵向动用程度差（图 5–1–23、图 5–1–24），后期气井降产后，建议开展分层酸压作业试验，提高单井产量。3307 井目前产量低，针对储层纵向动用不均的问题，建议开展分层酸化作业。

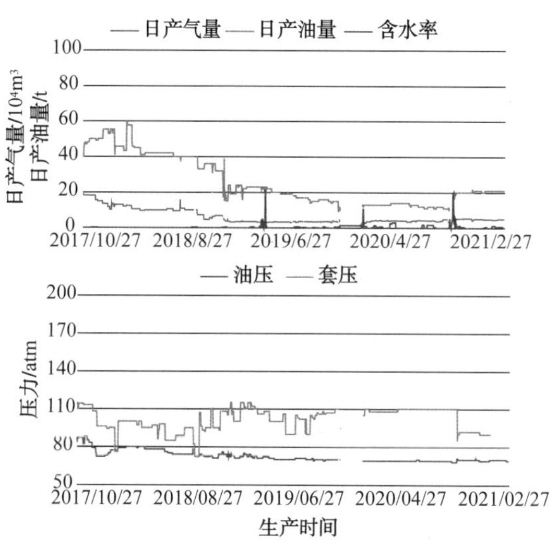

图 5–1–23　3317 井开发曲线

（4）利用老井上返接替开采，完善采气井网，提高气顶气藏平面动用程度。以调整方案为基础，开展上返井点论证，优先选取停关井，不影响原开发井网；同时，扩边和加密相结合，采用井距 500~900m；以“总体部署，分批实施”为原则，优先实施南部上返；对北部气藏产能不落实，优先实施产能测试，降低地面投资风险。产能接替井位部署结果如图 5–1–25、表 5–1–9 和表 5–1–10 所示。

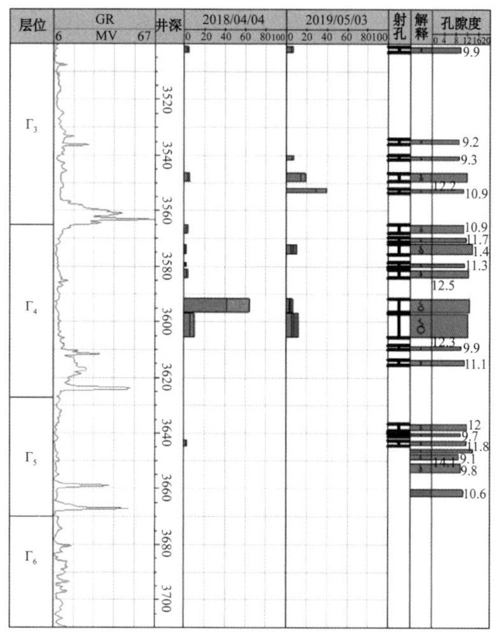

图 5-1-24 3317 井产气剖面图

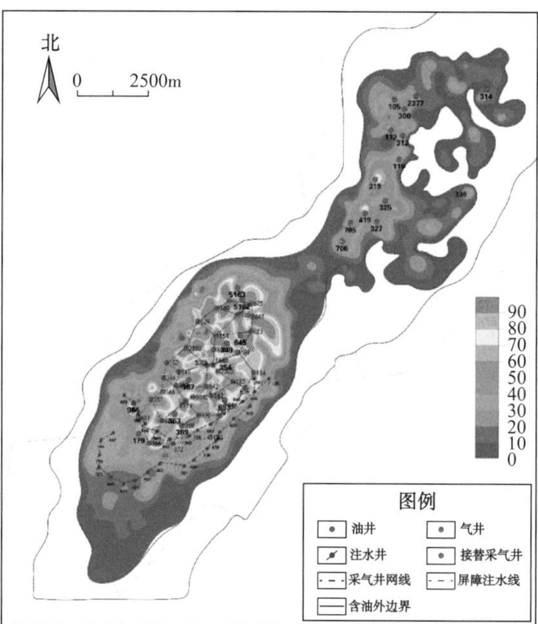

图 5-1-25 KT-Ⅰ气顶气藏产能接替井位部署图

表 5-1-9 KT-Ⅰ南部气顶气藏产能接替井位建议

序号	井号	目前生产情况					采气层				备注
		层位	井别	生产方式	日产油量 /t	含水率 /%	层位	井段 /m	厚度 /m	层数	
1	363	Вю	油井	关井			А + Б	2644.6~2740.8	70.4	5	
2	349	Вю	油井	关井			А + Б	2533.2~2644.0	99.8	2	
3	653	Вю	注水井	关井			А + Б	2619.0~2664.0	36.4	6	
4	167	Вю	注水井	关井			А	2597.2~2659.6	47.6	5	
5	964	Б ю+Вю	注水井	关井			А	2688.0~2738.0	44.0	8	
6	354	Вю	注水井				А + Б	2558.4~2636.4	50.4	6	
7	645	Вю	油井	关井			А	2551.4~2615.4	40.3	5	
8	365	Вю	油井	关井			А	2602.0~2647.2	34.0	3	
9	179	Вю	油井	关井			А	2681.8~2730.4	37.8	6	
10	5162	$Д_H$	油井	气举	11.5	2.31					备用
11	5163	Д ю	油井	气举	9.8	0.70					备用

表 5-1-10 KT-Ⅰ北部气顶气藏产能接替井位建议

井号	目前生产情况					采气层			
	油藏	井别	生产方式	日产油量 /t	含水率 /%	层位	井段 /m	厚度 /m	层数
319	$Б_c$+$В_c$	油井	关井			А + Б	2680.2~2755.2	50.8	5
705	$Б_c$	油井	关井			А + Б	2724.8~2780.8	37.4	2

续表

井号	目前生产情况					采气层			
	油藏	井别	生产方式	日产油量 /t	含水率 /%	层位	井段 /m	厚度 /m	层数
112	$Б_c$	注水井	间开			А+Б	2721.2~2758.8	37.6	1
325	$В_c$	油井	关井			А+Б	2667.6~2720.2	34.6	8
119	$В_c$	注水井	间开			А+Б	2670.0~2746.4	34.8	3
312	$В_c$	油井	关井			А+Б	2699.6~2774.4	31.4	7
314	$В_c$	注水井	关井			Б	2772.4~2812.0	19.2	3
706	$В_c$	油井	自喷	8.3	76.31	А	2642.8~2695.4	29.8	6
336	$В_c$	油井	关井			Б+В	2711.4~2767.2	30.4	6
2377	Гс	油井	气举	8.4	35.41	Б	2716.4~2785.4	25.4	6
327	$В_c$	油井	关井			А+Б	2735.8~2785.6	31.2	8
419	$В_c$	油井	关井			А+Б	2692.0~2761.6	33.0	4
300	$В_c$	油井	关井			А+Б	2694.4~2759.6	30.2	4
105	$Б_c$	油井	关井			А	2734.4~2788.0	29.6	3

（5）加快 $А_c$ 气顶气藏产能测试步伐，落实气藏接替潜力。由于北部气藏未进行试气，气井产能不落实，为尽快落实 $А_c$ 产能，优选 325 井和 300 井进行系统试气，气藏边部 314 井和 336 井进行射孔放喷求取初产（表 5–1–11）。

表 5–1–11　KT–Ⅰ北部气顶气藏产能接替分批实施建议

批次	序号	井号	射孔厚度 /m	平均渗透率 /$10^{-3}\mu m^2$	备注
第一批次	1	300	30.2	1.4	建议试气
	2	314	19.2	1.4	射孔试产
	3	336	30.4	5.0	射孔试产
	4	312	31.4	2.6	
	5	2377	25.4	11.6	
第二批次	6	325	34.6	4.3	建议试气
	7	105	29.6	3.9	
	8	112	37.6	1.8	
	9	119	34.8	3.3	
	10	319	50.8	2.8	
	11	327	29.6	3.3	
	12	705	37.4	4.3	
	13	706	29.8	1.2	
	14	419	33.0	5.9	

（6）充分利用低产停产井，挖潜油气过渡带剩余油、动用边部薄气层。针对 KT-Ⅰ薄气层产能低，目前条件动用难度大的特点，建议该区采气井、采油井停产后进行挖潜，优选 33 口井作为产能接替备用井，33 口井具备薄气层动用潜力，46 口井具备动用油气界面附近油气层的潜力（图 5-1-26、表 5-1-12）。

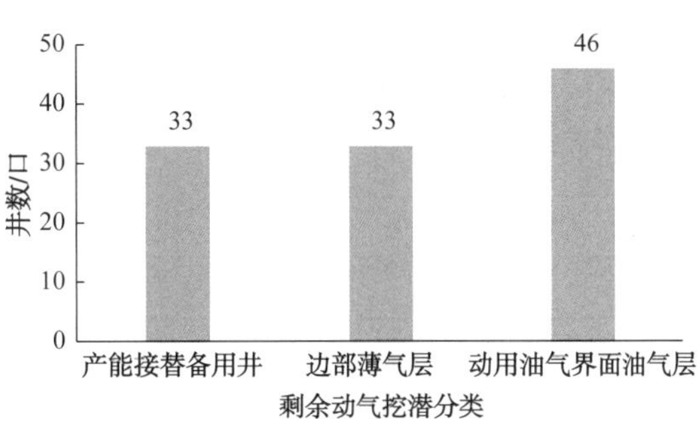

图 5-1-26 KT-Ⅰ油气藏剩余油气挖潜分类图

表 5-1-12 KT-Ⅰ油气藏剩余油气挖潜分类表

分类	井数	井号
产能接替备用井	33	188、367、445、2125、4013、5206、131、164 a 、306、308、309、313、322、330、338、341、376、378、414、415、703、5019、655、343、927、5104、5055、5035、2025、5085、2017、122 a 、5103
边部薄气层	33	724、108、132、151、304、315、329、339、400、402、404、605、738、403、580、549、574、714、902、903、934、2037、3509 к 、5005、784、5071、5033、4059、432、5004、443、935、462
动用油气界面油气层	46	423、447、475、578、718、751、767、110、113、117、129、130、136、146、163、176、305、332、333、340、377、379、380、381、383、384、409、411、506、602、603、613、5067、5151、693、2716、5108、782、3526、2028、5021、2099、444、936、5090、3511

Гс 气顶气藏单井产能较低，剩余油气分布复杂，规模动用难度大，建议选取 9 口井作为后期产能接替井，优选 14 口井挖潜油气过渡带剩余油（图 5-1-27、表 5-1-13、表 5-1-14）。

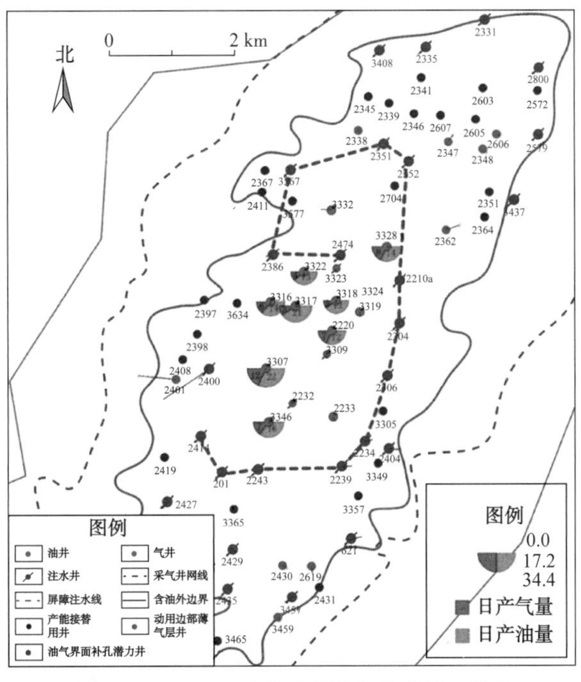

图 5-1-27 Гс 油气藏剩余油气挖潜分类图

表 5-1-13　Γc 气顶产能接替潜力井生产现状表

序号	井号	层位	日产油量 /t	含水率 /%	累计产油量 /t	累计产水量 /t
1	2362	Γc	11.5	17.91	375423	2998
2	2606	Γc	1.7	57.51	15895	6339
3	2338	Γc	7.7	51.92	16783	12107
4	2619	Γc	5.0	85.73	18738	72336
5	2401	Γc	12.5	17.21	144531	8664
6	3459	Γc	11.7	59.73	158964	120881
7	2348	Γc	6.6	65.31	215518	22134
8	2430	Γc	26.9	3.91	371451	15648
9	2347	Γc	1.0	0.00	257165	22104

表 5-1-14　Γc 油气过渡带剩余油挖潜潜力井生产现状

序号	井号	日产油量 /t	含水率 /%	序号	井号	日产油量 /t	含水率 /%
1	3365	0.0	87.91	15	3357	6.2	74.21
2	2704	0.0	0.00	16	2397	6.6	59.41
3	3305	0.0	0.01	17	2364	6.7	64.72
4	2603	1.0	90.01	18	2419	8.9	61.31
5	3465	1.0	90.02	19	2408	9.0	10.02
6	2354	1.0	0.00	20	2411	9.3	66.81
7	2605	1.5	50.02	21	2341	10.2	46.31
8	3349	3.4	83.01	22	2367	10.7	78.63
9	2346	4.0	73.31	23	2398	12.1	49.63
10	2572	4.3	46.22	24	2431	13.8	74.01
11	3634	4.5	10.03	25	2441	17.7	64.71
12	2345	5.0	2.01	26	3577	18.0	0.00
13	2339	5.2	67.51	27	2617	22.2	65.51
14	2607	5.5	21.41	28	2434	28.8	50.30

（7）加强气井出水预防，防止气井过早水淹。产水侵预防，针对隔层厚度小于 30m 区域，严格控制生产压差；针对裂缝发育区域井，严格控制气层屏障注水、避射低部位气层、控制生产压差；加强同井点动态监测，及时掌握水侵特征，进行动态调控。具体措施如下，根据隔层厚度及屏障注水接触关系，重点加强 15 口易出水井动态监测（表 5-1-15）；根据前期出水气井统计，生产压差应控制在 0.8MPa；控制屏障注水比例，防止气井快速水淹。

表 5-1-15 易见水气井统计表

见水风险井分类	井号	生产层位	距下部油层厚度 /m	控水建议	合理配产 / ($10^4m^3/d$)
底部油层注入水窜	625	Б	45.1	单井控水	10
	642	A+ Б	35.0		15
	166	A+ Б	46.0		15
	352	A+ Б	37.5		15
	344	A+ Б	40.0		15
	647	A+ Б	37.5		20
	190	A+ Б	56.0		15
	2100	A+ Б	67.0		22
屏障注入水窜	636	A+ Б	73.0	单井控水 优化注水	15
	730	A+ Б	108.0		18
	651	A	75.8		18
	372	A	76.5		15
	366	A	82.5		15
	944	A	88.5		10
	184	A	200.5		15

（8）调整工作量及指标预测。按照目前 A ю 气顶气藏基础方案、基础方案 + 产能接替、基础方案 + 产能接替 + 措施挖潜三种方案进行指标预测，预测到 2042 年，方案三开发效果最好（图 5-1-28、图 5-1-29、表 5-1-16），推荐方案三，具体如表 5-1-17、表 5-1-18。

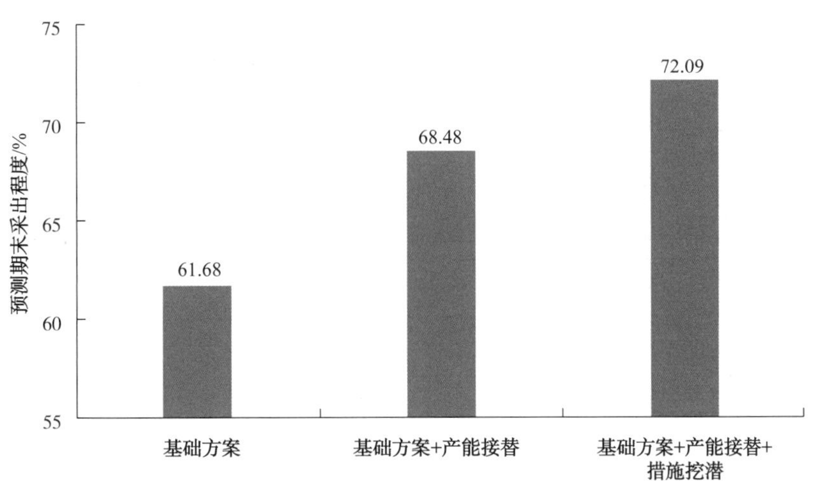

图 5-1-28 A ю 气顶天然气采出程度对比图（预测到 2042 年）

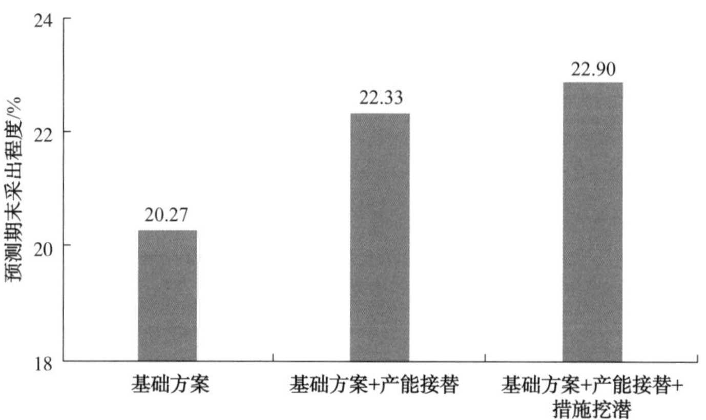

图 5-1-29　A ю 气顶凝析油采出程度对比图（预测到 2042 年）

表 5-1-16　A ю 气顶气藏方案指标累计产量对比（预测到 2042 年）　　/%

方案	凝析油采出程度	气顶气采出程度
方案一：基础方案	20.3	61.7
方案二：基础方案 + 产能接替	22.0	68.5
方案三：基础方案 + 产能接替 + 措施挖潜	22.9	72.1

表 5-1-17　KT- Ⅰ 气顶气藏产能接替井实施工作建议

年份	2021	2022	2023	2024	2025	2026	2027
上返井数 / 口	3	3	4	4	3	3	3
北部 / 口		1	2	2	3	3	3
南部 / 口	3	2	2	2			
井号	349、354、645	363、653、325	167、964、314、336	365、179、419、300	706、705、327	319、119、321	112、105、2377
预计弥补气量 /（$10^4m^3/d$）	45	36	46	44	30	30	30
预计弥补油量 /（t/d）	32	32	46	43	39	38	36

表 5-1-18　KT- Ⅰ 气顶气藏调整工作量表　　口

年份	2022 年	2023 年	2024 年	2025 年	2026 年	2027 年	2028 年	2029 年	2030 年	2031 年	2032 年	2033 年	2034 年	2035 年	2036 年	2037 年	2038 年
选酸井	5	5	4	4	4	4	5	5	4	4			4				
分层酸压井	1	1					1	1			1	1		1	2	1	1
采气井接替井	3	4	4	3	3	3											
排水采气井	2	1	1	2	2	1	2	1									

按照目前 Γc 气顶气藏基础方案、基础方案 + 老井挖潜、基础方案 + 产能接替 + 老井挖潜三种方案进行指标预测，预测到 2042 年，方案三开发效果最好（图 5-1-30、图 5-1-31），推荐方案三，工作量如表 5-1-19 所示。

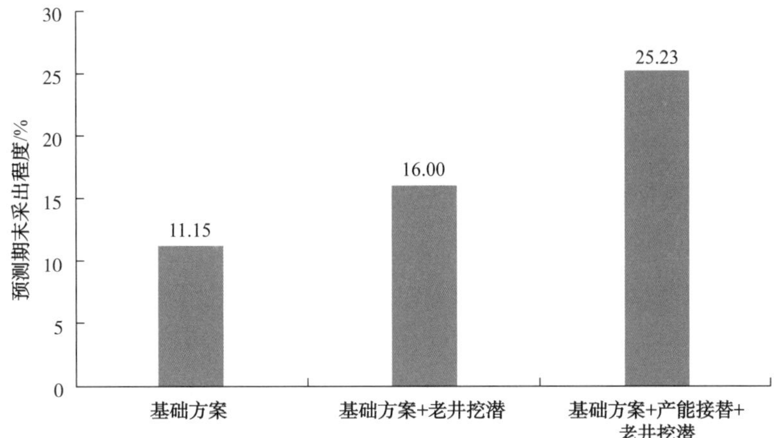

图 5-1-30　Γc 气顶天然气采出程度对比图（预测到 2042 年）

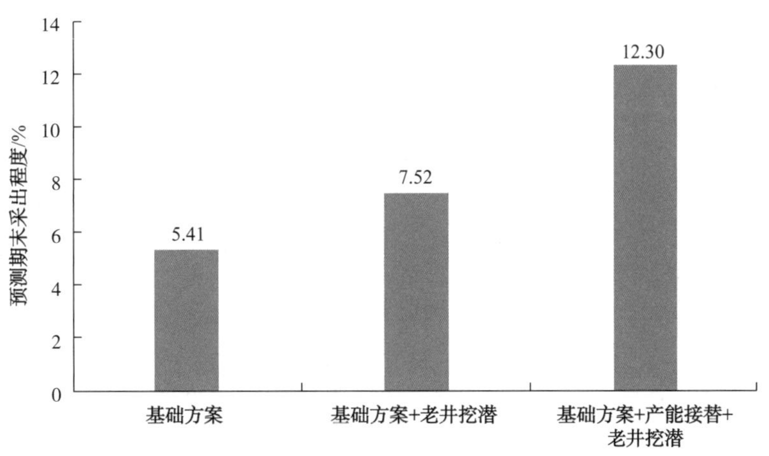

图 5-1-31　Γc 气顶凝析油采出程度对比图（预测到 2042 年）

表 5-1-19　Γc 气顶气藏调整工作量表　　口

年份	2022 年	2023 年	2024 年	2025 年	2026 年	2027 年	2028 年	2029 年	2030 年	2031 年	2032 年	2033 年	2034 年	2035 年	2036 年
选酸井	3	4				2	4							2	3
分层酸压井		1	1		1					1	1	1			
采气井接替井		2	2		2					2	2				
排水采气井	1		1	1		1									

第二节　油井治理对策

一、科学布井

（一）滚动扩边区科学布井技术

1. 滚动扩边区井位优选技术

针对不同油藏开发单元的特点，滚动扩边的地质油藏工程理念始终贯穿于油田开发的全过程。所谓滚动扩边，即①根据新完钻井钻遇油层情况和投产效果，运用滚动开发的技术思路，尝试在原开发方案布井边界进行扩边布井，以扩大动用储量面积；②实时跟踪新井钻井地质动态，及时对钻井的具体井位进行调整，以保证新井不落空。滚动扩边井部署基本原则：①构造上处于油水界面之上；②储层发育；③周边井生产效果好。

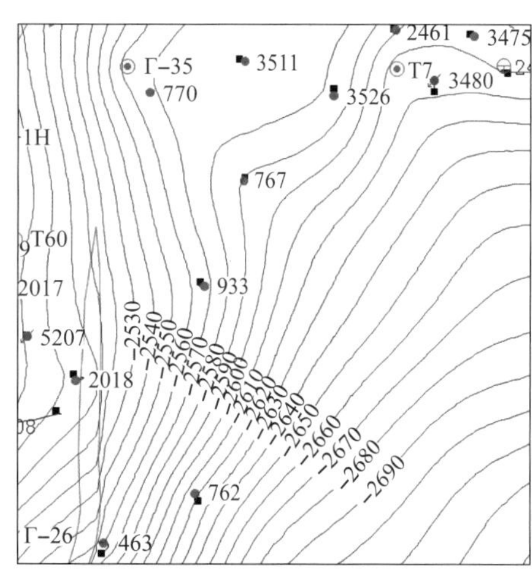

图 5-2-1　A_3 顶界构造图

2. 滚动扩边井部署方法（以 933 井为例）

（1）构造分析。2014 年，在让纳若尔油气田鞍部部署滚动扩边井 933 井，目的层为 A_3 层，区域油水界面 -2630m，油气界面 -2550m。设计井 933 井构造上位于 -2568m，处于油环带（图 5-2-1），构造变化平缓。

（2）储层分析。767 井、463 井 A_3 层油层发育。从地震剖面看，设计井 933 井附近阻抗特征与邻井相似（图 5-2-2），均方根振幅属性值亦与 767 井、463 井相近，均处于中等值区域（图 5-2-3）。

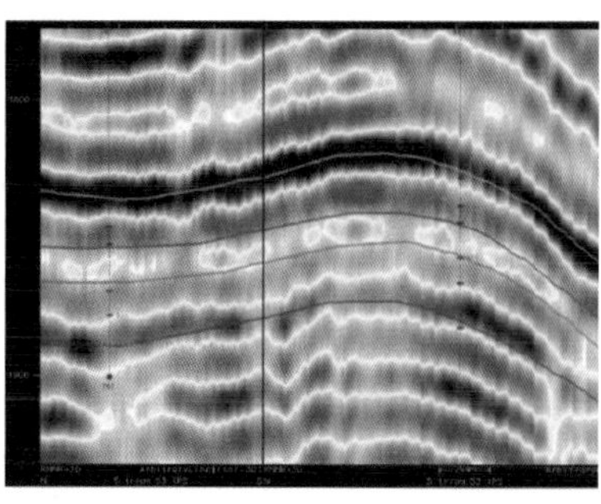

图 5-2-2　过 767-463 井地震剖面

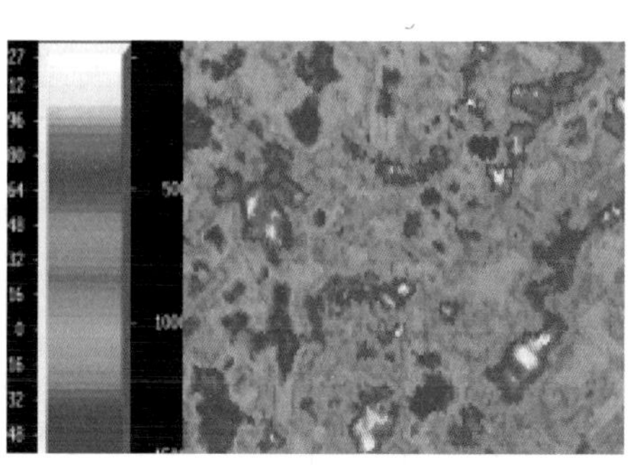

图 5-2-3　A_3 层均方根振幅属性

设计井目的层油层发育较厚且连续（图 5–2–4），邻井油层厚度平均 15.3m，孔隙度 9.7%。2014 年 7 月 9 日完钻的 767 井测井解释储层段岩性为灰岩、白云质灰岩、灰质白云岩；裂缝指示曲线显示，储层段裂缝发育，储集类型为孔隙型和裂缝 – 孔隙型，储层连续分布。

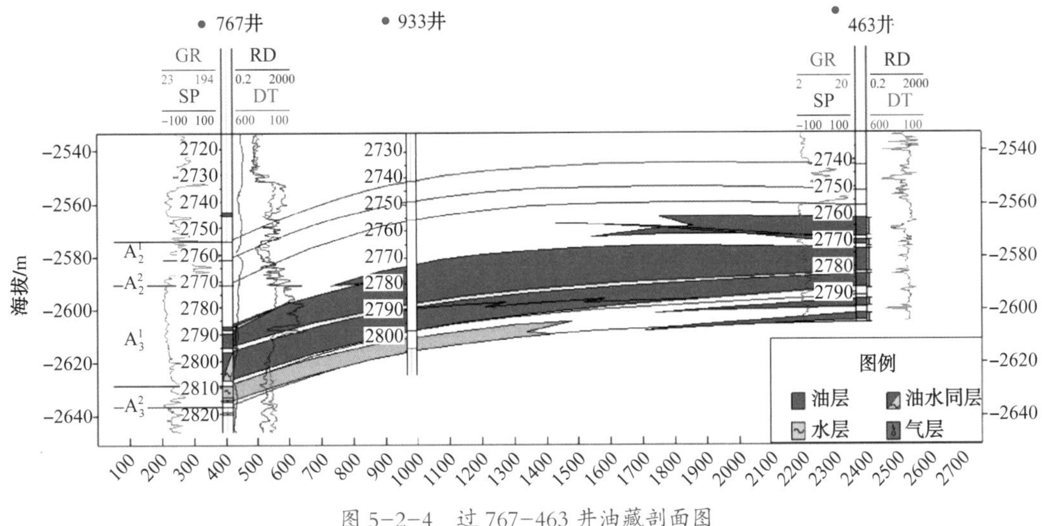

图 5–2–4　过 767–463 井油藏剖面图

（3）产量预测。根据邻井生产情况（表 5–2–1、表 5–2–2），对新井 933 井产量进行预测。主要参照 $А_3$+$Б_1$ 层生产井 463 井生产情况，预测设计井 933 井产油量 30t/d。2014 年 12 月，在让纳若尔油气田鞍部 $А_3$ 层部署的滚动扩边井 933 井，投产初期平均日产油量 34.7t，截至 2017 年 3 月，累计产油量约 1.95×10^4t。

表 5–2–1　邻井生产情况统计

邻井井号	射孔层位	射孔厚度 / m	投产时间	初产		2014 年 12 月			目前平均日产油量 /t
				日产油量 /t	含水率 /%	日产油量 /t	含水率 /%	累计产油量 / $\times 10^4$t	
3511	$А_3$	16	2006 年 6 月	28.2	0.00	24.1	2.11	5.7	17.1
3526	$А_3$	17	2005 年 1 月	55.2	3.51	13.2	4.31	8.5	
463	$А_3$+$Б_1$	38	1988 年 8 月	25.1	3.00	14.1	14.12	29.1	

表 5–2–2　邻井近一年产量统计数据表

邻井井号	近一年时间内（2013 年 7 月—2014 年 6 月）					平均日产油量 /t
	生产天数 /d	累计产油量 /t	累计产水量 /m^3	平均日产油量 /t	含水率 /%	
463	362	6192	1034	17.1	14.31	17.1

3. Аю 油藏滚动扩边布井

由于 933 井获得高产，使得对鞍部 A 层油藏有了进一步的认识，鞍部滚动部署新井 6 口（图 5–2–5），累计产油量 32.9×10^4t。

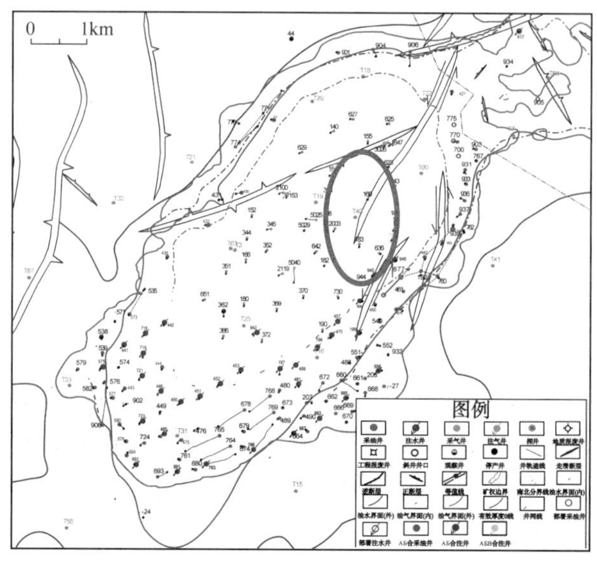

图 5-2-5　Аю 油藏井网图

4. Дс 油藏滚动扩边布井

2001 年，提出了在 2399A 井油水界面附近原测井解释为水层的 Д 层储层段进行试油的建议，通过试油证实其为高产油层。由于该井获得高产，使得对北区 Д 层油藏有了进一步的认识。分析与对比发现，Дс 油藏在原方案基础上可进一步外扩布井。通过不断深化油藏地质再认识，油田地质工作者们大胆地提出了让纳若尔油气田 Дс 油藏地质新认识及扩建产能的建议。截至 2004 年年底，Дс 油藏不仅实施了调整方案确定的一个试验井组，而且将油藏开发井部署范围外扩增加了 10 个井组（图 5-2-6），累计钻新井 58 口，累计生产原油 203×10^4t，建产能 42×10^4t，新增产能 22×10^4t，比方案设计指标高一倍以上。

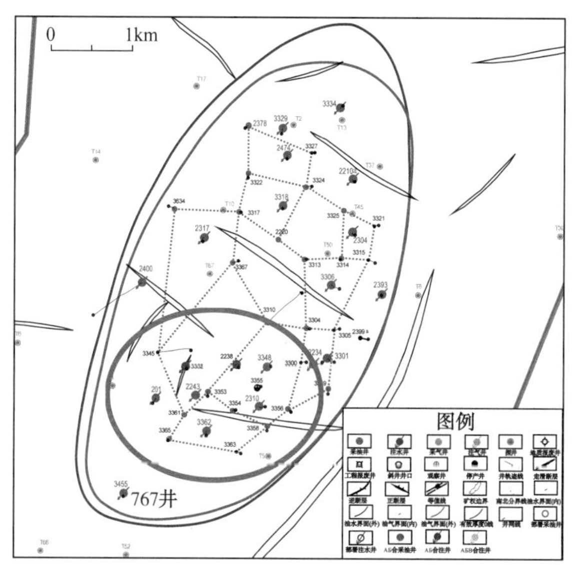

图 5-2-6　Дс 油藏井网图

（二）挖潜剩余油富集区科学布井技术

1. 加密井科学布井原则

加密井布井原则有以下几点：①设计井目的层所处的构造位置须在油水界面之上，且避气和避水厚度大于 15m；②设计井部署区域的油层或地震解释的储层厚度较大；③周边相邻油井生产效果较好；④加密区未水淹或水淹较弱，剩余油富集。

2. 加密井科学布井方法，以 2014 年论证 Γc 油藏 J2 井加密可行性为例

（1）DSJ2 目的层 Γ_1 层油层落实。通过 4 口邻井油藏剖面对比和统计（图 5-2-7），DSJ2 目的层 Γ_1 层油层落实：有效厚度为 21m，孔隙度 11%，油顶距油气界面 95m，油底距油水界面 30m。

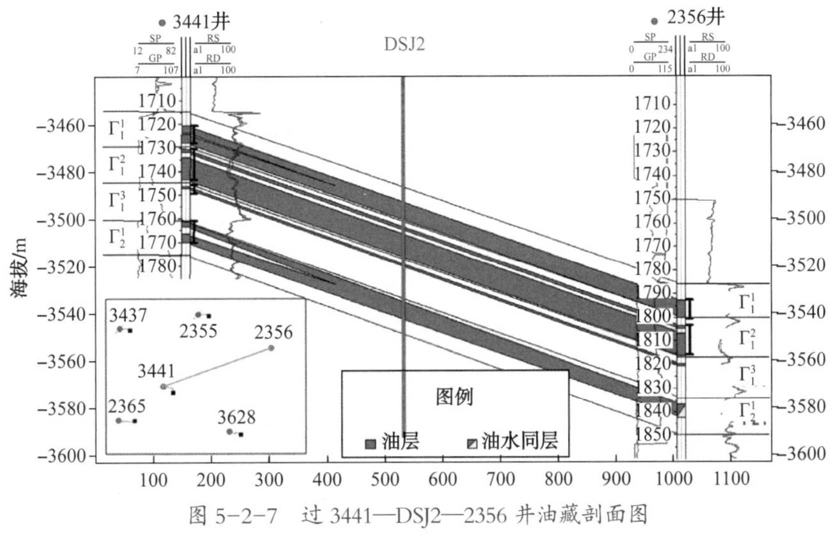

图 5-2-7　过 3441—DSJ2—2356 井油藏剖面图

（2）周围井产量较高。DSJ2 井邻井初期产油量分别为 131.0t/d、66.3t/d、56.3t/d 和 34.0t/d（表 5-2-3），平均 71.9t/d；2013 年 7 月—2014 年 6 月近一年日产油量分别为 89.8t、50.1t、16.6t 和 34.1t，平均 47.7t；DSJ2 井产量不应低于周围老井近一年日产油量，预测 DSJ2 井产量最低为 47.7t/d。

表 5-2-3　DSJ2 邻井生产情况

邻井井号	初期产油量/（t/d）	近一年时间内（2013 年 7 月—2014 年 6 月）					预测新井产量/（t/d）
		生产天数/d	累计产油量/t	累计产水量/m^3	平均日产油量/t	含水率/%	
3441	131.0	365	32780	415	89.8	1.21	47.7
3628	66.3	364	18236	3533	50.1	16.20	
2356	56.3	364	6042	2802	16.6	31.71	
2584	34.0	234	7986	8600	34.1	51.81	
平均	71.9	332	16261	3837	47.7	19.10	

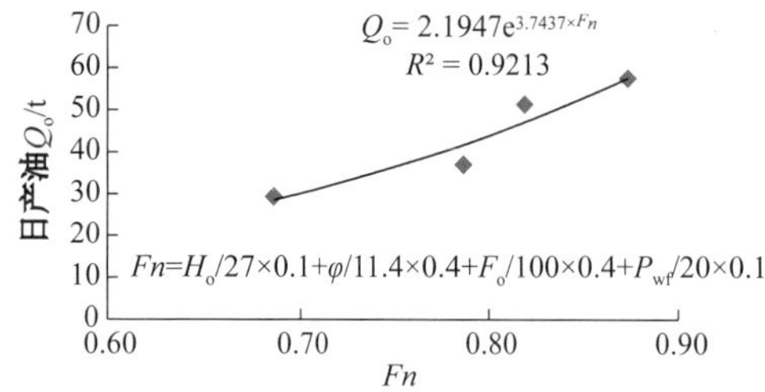

图 5-2-8　Γc 油藏北区 2011 年后新井初期产量与 *Fn* 关系曲线

从 2011 年后投产新井初期产量分析，新井初产与 *Fn* 正相关，*Fn* 与有效厚度、孔隙度、含油率、流压有关（图 5-2-8），根据回归经验公式，预测 DSJ2 新井产量为 58t/d（表 5-2-4）。

表 5-2-4　DSJ2 井初期产量预测表

有效厚度 H_o/m	孔隙度 φ/%	含油率 F_o/%	流压 P_{wf}/MPa	*Fn*	预测初期产油量 /（t/d）
21	11	80.9	17.7	0.88	58.0

（3）以井组为单元、油井为中心确定见水方向和未水淹区。通过以井组为单元、油井为中心的排采曲线，综合考虑产液吸水剖面、水样密度分析等资料判断见水方向和未水淹区，确定 DSJ2 井还未受到注入水及边水的波及（图 5-2-9），DSJ2 井距 3441 井 420m，距 3628 井 400m，距 2584 井 626m，距 2356 井 472m，距 2355 井 482m。

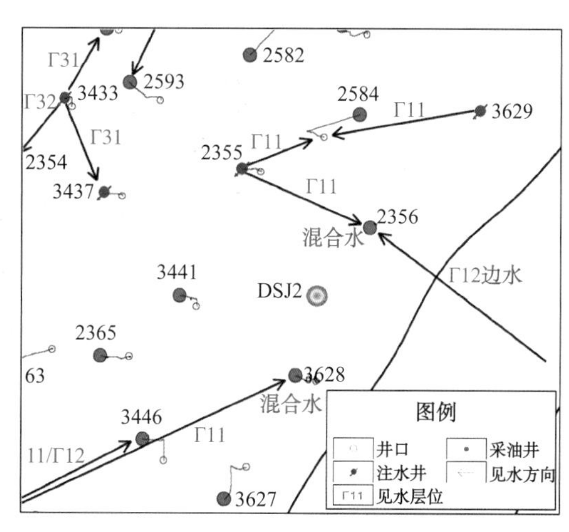

图 5-2-9　DSJ2 井区域见水方向图

（4）数值模拟确定剩余油富集区和剩余地质储量。根据数值模拟结果（图 5-2-10），确定部署区剩余油富集，未水淹，剩余地质储量 18.5×10^4t。

由上述可看出，设计部署井 DSJ2 所处区域油层落实，厚度大，未水淹，邻井生产效果好，预测初产较高，建议可钻。

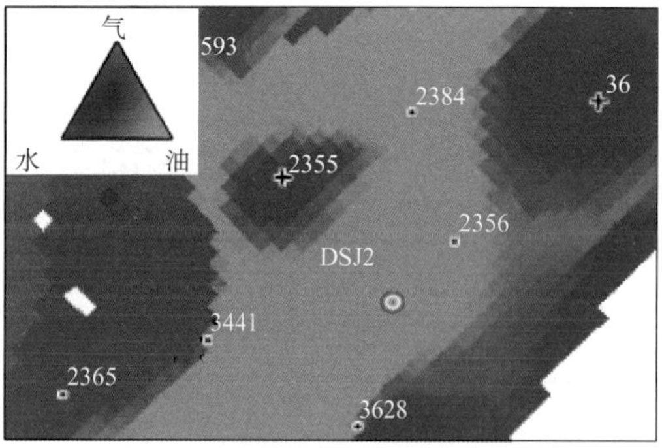

图 5-2-10　DSJ2 井区域 $Γ_1$ 层三相饱和度分布图

（5）实施效果。2015 年 DSJ2 设计井投产，初期产量 60t/d，截至 2017 年 3 月累计产油量 3.3×10^4t，验证了剩余油富集区科学布井的有效性。自 1997 年中方接手让纳若尔油气田后至 2017 年 3 月，采用该方法对每口新井进行科学论证，累计部署新钻井 465 口，累计增油量 2397.1×10^4t，为阿克纠宾公司上产增效提供了技术保障。

二、老井措施

1. 补孔和堵水挖潜剩余油

油井补孔，就是将原油井没有射开的油层通过补射孔，纳入本井开采。补孔可以增加或调整油井的开采厚度、开发层系，使油井获得更高的产量，是投资少且见效益最快的措施，包括两种情况：对未动用油层或含油饱和度高的油层进行补孔；对有污染的井段利用深穿透射孔弹或其他射孔方式进行重复射孔。堵水可控制油层出水量，改善层间和层内矛盾，提高油井产量，分为机械堵水和化学堵水，堵水的同时一般辅以补孔、储层改造、改变举升方式等措施[52]。

中方接管前的老油井射孔井段顶、底距油气、油水界面距离分别为 50m、25m，储量动用程度低。根据数值模拟和现场补孔实际结果，确定让纳若尔油气田合理避气距离 20m、避水距离 15m。从现场实施结果看，该计算结果是可靠的（表 5–2–5）。

表 5–2–5　1999—2000 年 KT–Ⅰ油藏补孔效果对比

井号		455	409	442	902	332
补孔时间（年 . 月）		1999.08	1999.11	2000.01	2000.02	2000.01
避气厚度 /m	补孔前	37.0	45.4	30.4	45.6	48.0
	补孔后	25.0	16.4	26.0	15.6	24.0
补孔前	含水率 /%	0.10	90.01			90.00
	日产油量 /t	10.0	1.0		1.0	1.0
	气油比 /（m^3/t）	120	250			250
补孔后	含水率 /%	0.60	7.00		5.00	1.50
	日产油量 /t	15.0	23.0	12.0	4.0	12.0
	气油比 /（m^3/t）	372	155	271		250
截至 2000 年 5 月 1 日累计增油量 /t		1213	3131	1225	60	1392
评价		有效	有效	有效	有效	有效

1997—2016 年实施补孔措施 341 井次，当年增油量累计 59.15×10^4t，最高年增油 16.42×10^4t（图 5–2–11）；补孔作为 2000—2004 年主要增产措施之一，措施年增油（5~16）$\times10^4$t，占当年措施总量 30% 以上；补孔措施盘活大量低产、停产井，补孔井等效于新井，节约大量钻井费用。2345 井于 2001 年 6 月补孔后产量由 25t/d 上升到 125t/d，149 停产井于 2003 年 12 月重复射孔并进行柱塞气举后产量达到 30t/d，至 2016 年 12 月累计增油量 9×10^4t。

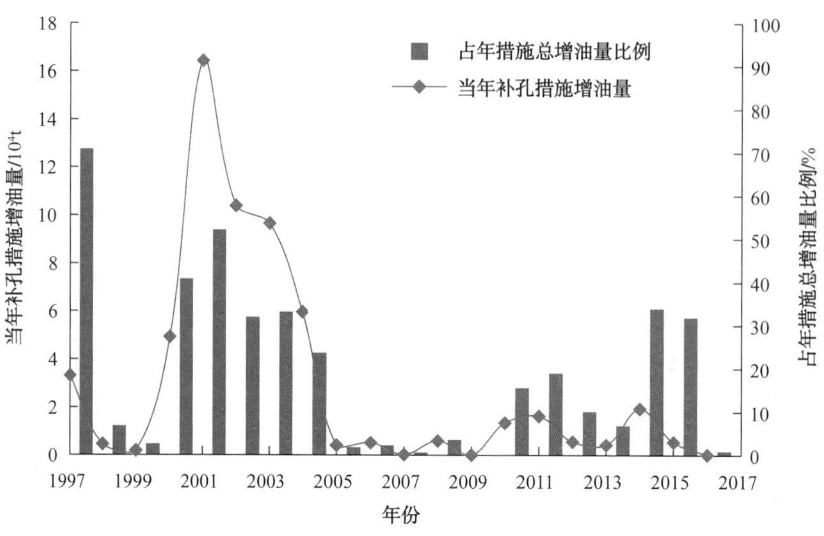

图 5-2-11 让纳若尔油气田补孔措施增油量统计图

2004—2016 年实施堵水措施 115 井次，当年累计增油量 3.7×10^4t（图 5-2-12），最高年增油 1 万吨；机械堵水为主要堵水措施，化学堵水曾取得一定效果。2015 年封堵 2555 井 Γ_2 含水层并选择性酸化 Γ_1 层，当年增油量 1148t，日增油量 4.5t。

图 5-2-12 让纳若尔油气田堵水措施增油量统计图

2. 侧钻水平井挖潜剩余油

老井开窗侧钻水平井技术是经济有效开发剩余储量的工程技术[53]，主要应用于停产井、报废井、低产井，是 CNPC 大力推广的一项增收节支的配套技术。开发后期剩余可采储量多分散在储层内，专门新钻直井既不经济也不是很有效。利用老井侧钻成水平井开采附近剩余油，使停产井、报废井复活，提高油井产量和采收率。

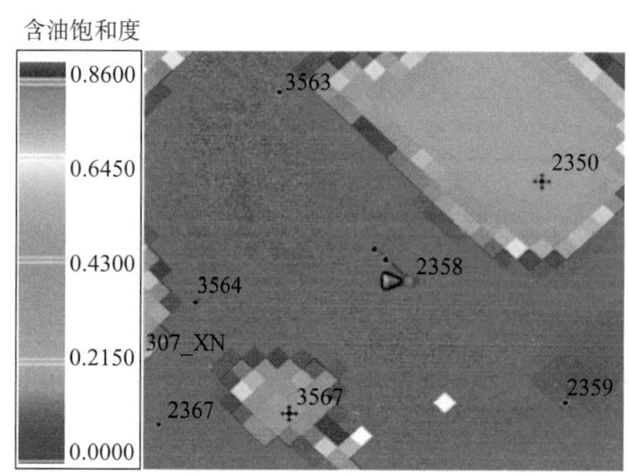

图 5-2-13 2358 井 Γ_{41} 含油饱和度（2011 年）

2004—2016 年在让纳若尔油气田利用停产井进行侧钻 21 口，当年累计增油量 3.22×10^4t；截至 2016 年，14 口侧钻井共产油量 29.8×10^4t，停产井 2358 井于 2011 年侧钻 Γ_{41} 剩余油富集区（图 5-2-13），初期产量 50t/d，累计增油量 3.5×10^4t，停产井 3326 井于 2016 年 8 月侧钻后日增油量 32.8t（图 5-2-14），老井侧钻取得较好效果。

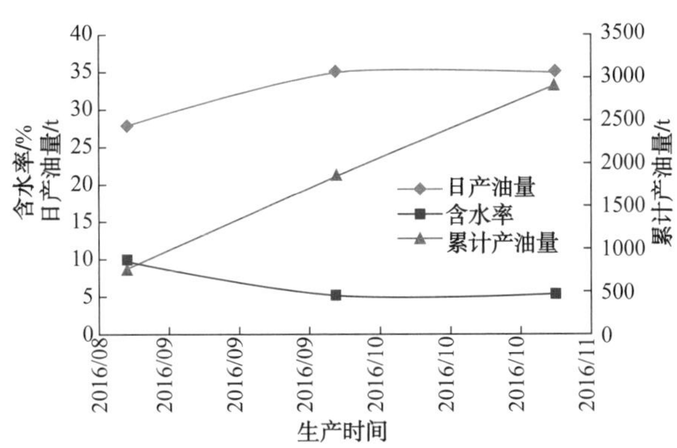

图 5-2-14 3326 井侧钻后开发曲线

3. 探井修复挖潜剩余油

让纳若尔油气田在勘探阶段先后钻过 60 多口预探井、探井。为了落实含油面积和油藏产能，在位于油藏不同部位的探井中都进行了系统的分层试油、试采工作。作为以控制储量为目的所钻的这批探井已完成了其历史使命，至油田正式投入开发以后这批井均处于封存状态，且归政府所有。

为了再利用这些探井，经当地政府批准，2003—2005 年共修复探井 13 口，当年累计增油量 6.47×10^4t（表 5-2-6）；截至 2016 年年底，13 口修复探井累计产油量 72.33×10^4t（图 5-2-15）。在已修复的探井中单井日产量最高的是 Г-38 井，其最高日产油曾达到 140t，累计增油量 18.3×10^4t。探井修复不但为完成当年原油生产任务作出了积极的贡献，同时也为未来油田滚动扩边探索出了一条有效的途径。

表 5-2-6 让纳若尔油气田探井修复措施增油量统计

年度	井数/口	有效井数/口	有效率/%	初期			年增油量/t	占年措施总增油量比例/%
				措施前日产油量/t	措施后日产油量/t	井日增油量/t		
2003	4	3	75.0	0.0	207.0	51.8	27600	9.5
2004	9	9	100.0	0.0	290.0	32.2	34800	13.8
2005	1	1	100.0	0.0	24.0	24.0	2285	1.0
合计	14	13	92.9	0.0	521.0	37.2	64685	8.4

4. 适应油田特点的气举采油技术

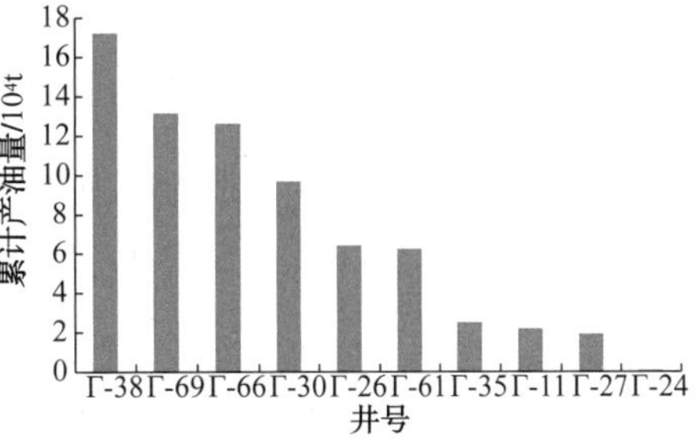

图 5-2-15 探井修复井累计产油量图

在中方接管之前，让纳若尔油气田所有油井全部采用自喷方式生产，油井因含水或地层能量下降停喷后，即处于关井或间开状态。但从油田开发规律来看，油井停喷转入人工举升是一个必然趋势，因此开展油井举升工艺技术研究是迫切需要解决的问题。让纳若尔油气田具有井深、油气比高的特点，根据让纳若尔油气田的油藏特点，中方大胆探索实践，对气举、电潜泵、有杆泵等多种举升方式进行了全方位的技术论证，认为气举是本油田最适合的采油方式。

气举采油是将一定量的高压天然气通过油套环空经气举阀连续不断地注入油管，在油管内与井液充分混合形成混合流体，从而降低井液密度，建立起地层与井筒之间的生产压差，将地层流体举升至地面。气举采油具有举升能力强、井下工具结构简单、无运动部件、井口占地面积小和操作管理简单等特点，被广泛应用于油气田开采领域，是目前常用的人工举升方式之一，包括柱塞气举、间歇气举、连续气举。

气举采油工艺是让纳若尔油气田实现油田单井增产的重要手段，连续气举是主要方式。1999—2016 年在让纳若尔油气田实施各种气举措施 410 井次，平均单井日增油量 14.1t，当年累计增油量 98.40×10^4t（图 5–2–16），最高年增油量 18.65×10^4t，58 井次停产井气举后恢复了生产，平均单井日增油量 32t。截至 2016 年 12 月，压缩机气举井数 394 口，占油田正常生产井的 93.3%，日产油水平占油田的 90.2%。

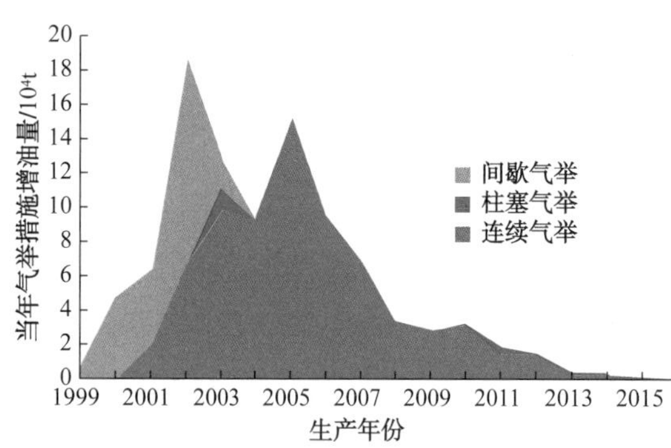

图 5–2–16　让纳若尔油气田气举措施增油量统计图

5. 低渗透碳酸岩盐油藏储层改造技术

中方接手前，让纳若尔油气田除小型酸化措施外，很少有进攻性储层改造措施。中方接手后，为提高油井产量开始对让纳若尔油气田碳酸盐岩进行储层改造，依据产液剖面、渗透率、孔隙度、表皮系数、有效厚度、含水率、日产油量、剩余油饱和度、地层压力和生产压差等储层特征和产层动用情况，选用不同的储层改造措施，包括普通酸化、笼统酸压、分层酸压、选择性酸化、分层酸化、水力压裂等。其中压裂就是应用水力传压原理，从地面泵入携带支撑剂的高压工作液，使油层形成并保持裂缝后提高油井产量。

1998—2016 年在让纳若尔油气田实施各种储层改造措施 988 井次，当年累计增油量 59.77×10^4t（图 5–2–17），最高年增油量 10.86×10^4t；2002 年后分层酸压为储层改造的主要措施，共实施 161 井次，平均单井日增油量 7.9t，当年累

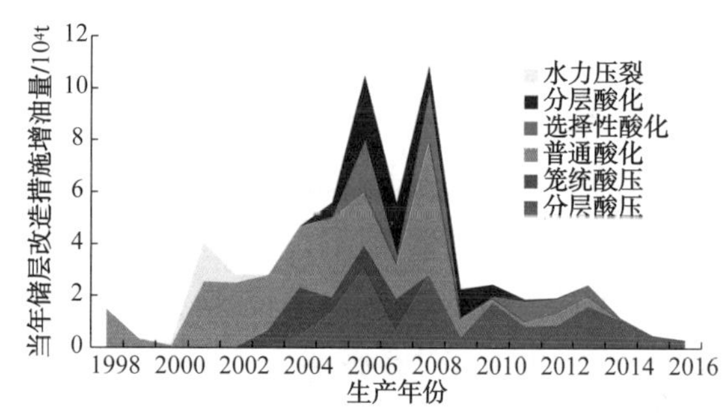

图 5–2–17　让纳若尔油气田储层改造措施增油量统计图

计增油量 15.65×10^4t，最高年增油量 3.01×10^4t。Д ю5027 井于 2007 年 11 月分层酸压后日增油量 73t，Г с 层 2391 井于 2008 年 9 月分层酸压后日增油量 69t，14 口停产井分层酸压后平均单井日增油量 11.8t，分层酸压提高了单井产量。

6. 复合性措施应用于新井投产

鉴于储层改造和气举能够提高让纳若尔油气田的单井产量，从 2007 年开始大部分新井投产前就进行了储层酸压改造，并安装气举管柱，新井一投产就进行气举采油（图 5-2-18）。这样做既增加了新井的产量，又缩短了后期下酸压裂管柱和气举管柱的修井作业周期，大大节省了额外的修井作业费用。

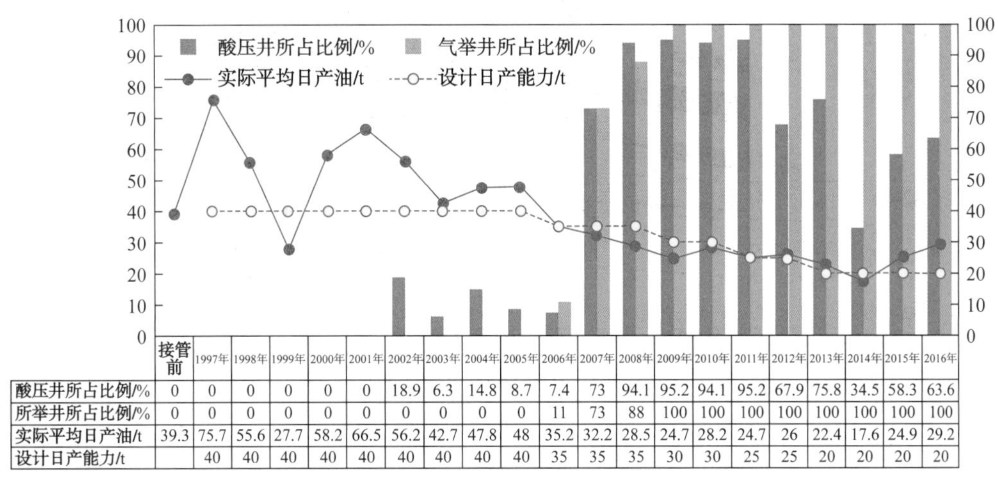

	接管前	1997年	1998年	1999年	2000年	2001年	2002年	2003年	2004年	2005年	2006年	2007年	2008年	2009年	2010年	2011年	2012年	2013年	2014年	2015年	2016年
酸压井所占比例/%	0	0	0	0	0	0	18.9	6.3	14.8	8.7	7.4	73	94.1	95.2	94.1	95.2	67.9	75.8	34.5	58.3	63.6
所举井所占比例/%	0	0	0	0	0	0	0	0	0	0	11	73	88	100	100	100	100	100	100	100	100
实际平均日产油/t	39.3	75.7	55.6	27.7	58.2	66.5	56.2	42.7	47.8	48	35.2	32.2	28.5	24.7	28.2	24.7	26	22.4	17.6	24.9	29.2
设计日产能力/t		40	40	40	40	40	40	40	40	40	35	35	35	30	30	25	25	20	20	20	20

图 5-2-18 让纳若尔油气田历年新井平均日产油变化图

7. 油田管理提高单井产量

加强油田管理可提高单井产量，包括井下设备检修、连续油管排液和消除管间窜。2004—2016 年实施油田管理 216 井次，当年累计增油量 15.09×10^4t（图 5-2-19），最高年增油量 2.4×10^4t。尤其是井下设备检修增油明显，共实施 167 井次，当年累计增油量 12.25×10^4t，最高年增油量 1.96×10^4t，平均单井日增油量 3.8t。

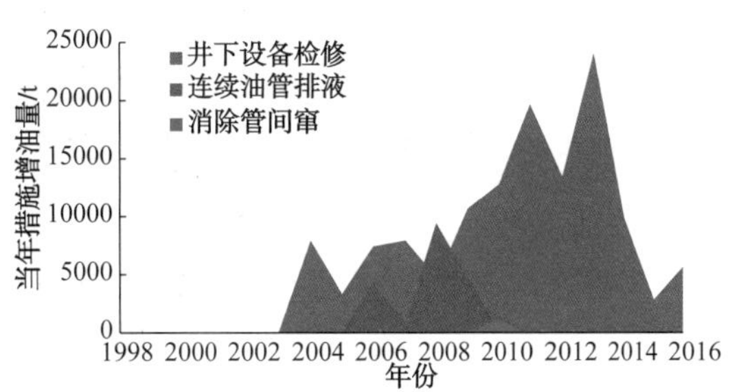

图 5-2-19 让纳若尔油气田管理措施增油量统计图

三、一体化水平井挖潜薄油层难动用剩余油

（一）水平井布井区域数值模型建立

某油田 H8×× 井目的层厚度 4.5m，孔隙度 10.3%，渗透率 $1.8 \times 10^{-3}\mu m^2$（图 5-2-20）。为了保证水平井钻井的成功率，分别从构造、储层、油水关系、压力等角度进行详细分

析。基于研究区块地质模型，建立 H8××井布井区域的油气水三维三相数值模型，利用数值模拟技术对水平段长度和投产方式、压裂规模等进行论证（图 5-2-21）。最后进行经济评价，计算投资回收期、经济极限产量。

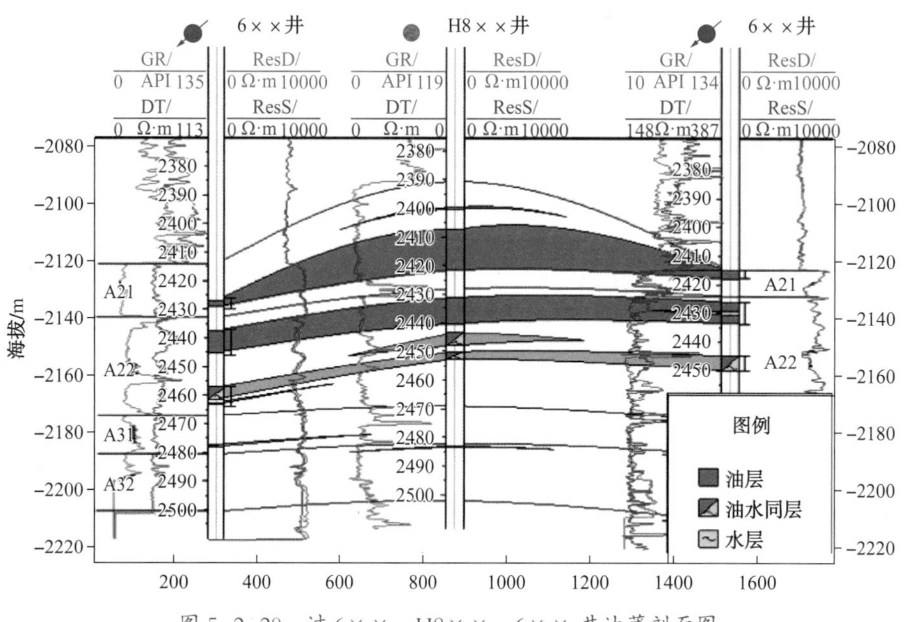

图 5-2-20　过 6××—H8××—6×× 井油藏剖面图

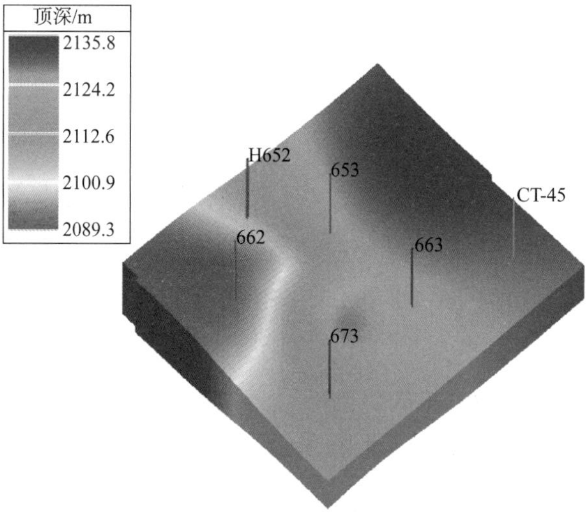

图 5-2-21　H8×× 井区 A2 层顶部构造模型

（二）水平段长度优选

通过数值模拟研究，分别对 600m、800m、1000m、1200m、1400m、1600m 水平段的累计产油量进行预测，当水平井长度超过 1000m 后，累计产油量递增减缓（图 5-2-22），因此确定 H8×× 井水平段合理长度为 1000m。

（三）投产方式优化

（1）压裂规模确定。通过数值模拟研究，分别对比不压裂、酸化、压裂不同的投产方式。对比不同的投产方式的累计产油量，预测压裂后油井累计产油量最高（图 5-2-23），建议 H8×× 井压裂投产。

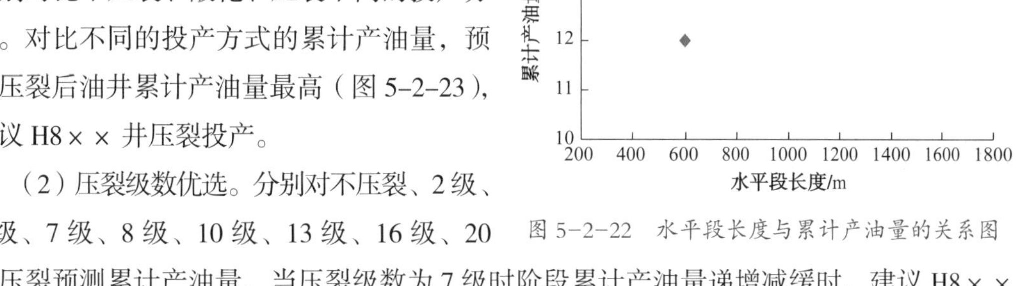

图 5-2-22　水平段长度与累计产油量的关系图

（2）压裂级数优选。分别对不压裂、2 级、5 级、7 级、8 级、10 级、13 级、16 级、20 级压裂预测累计产油量，当压裂级数为 7 级时阶段累计产油量递增减缓时，建议 H8×× 井实施 8 级压裂（图 5-2-24）。

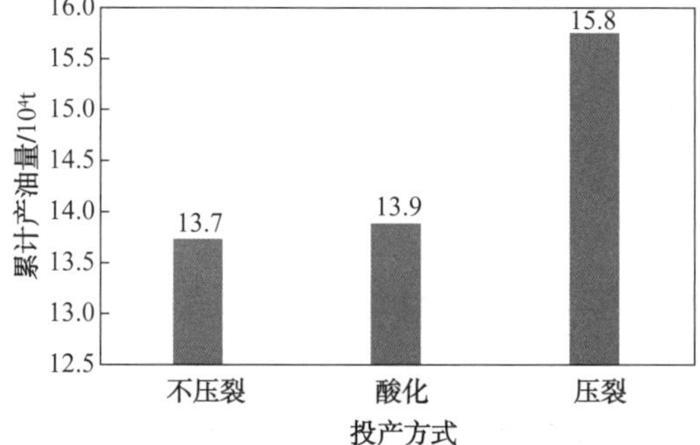

图 5-2-23　不同压裂规模的累计产油量

图 5-2-24　压裂级数与累计产油量的关系曲线

（四）新井产能确定技术

1. 类比方法

（1）同类油田类比。让纳若尔油气田 Д ю 油藏油层薄，与 H8×× 水平井部署区域油层条件相近，具有借鉴意义。根据统计，Д ю 油藏薄层水平井初期产量与直井产量倍数为 3.5 倍（表 5-2-7，图 5-2-25）。

表 5-2-7　让纳若尔油气田 Д ю 油藏薄层水平井与直井产量对比表

水平井井号	投产日期	初期日产油量 /t	月递减率 /%	年递减率 /%	直井同期产油量 /t	Q_H/Q_V
5121	2015.01	27.1	12.0	78.4	26.6	1.0
5137	2013.11	23.3	21.8	94.8	2.4	9.7
5122	2014.12	18.6	16.8	89.0	8.5	2.2
5037	2014.07	25.4	9.9	71.4	15.6	1.6
5115	2013.12	41.1	7.1	58.7	4.9	8.4
5120	2014.10	23.0	18.0	90.7	20.5	1.1
5147	2013.03	24.9	17.3	89.8	2.1	11.9

续表

水平井井号	投产日期	初期日产油量 /t	月递减率 /%	年递减率 /%	直井同期产油量 /t	Q_H/Q_V
4061	2013.03	82.4	33.8	99.3	6.3	13.1
5127	2014.01	36.2	11.2	76.0	10.4	3.5
平均	/	/	/	/	/	3.5

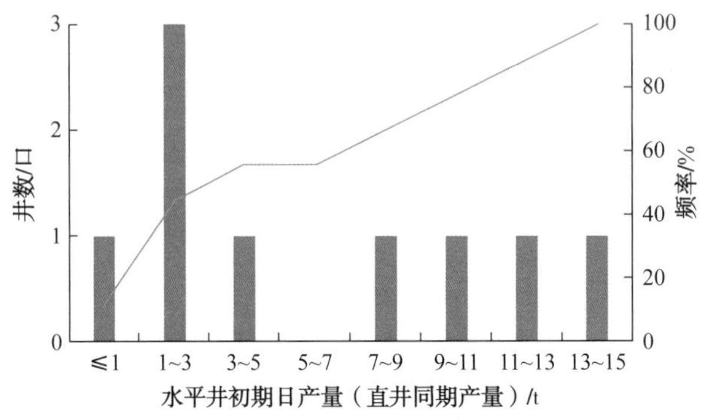

图 5-2-25　水平井与直井产量倍数井数、频率分布

（2）同油田对比。该油田 KT-Ⅰ油藏水平井初期产量是同期周围直井平均产量的 1.82~4.24 倍，平均为 3.03 倍（表 5-2-8，图 5-2-26、图 5-2-27）。

表 5-2-8　油田 KT-Ⅰ油藏水平井与周围直井产量对比数据表

井号	层位	投产时间	水平段长度 / m	初期日产油量 / t	流压 / MPa	直井平均产油量 /（t/d）	Q_H/Q_V
H5××	A31/A32	2010.8	347.1	278.8	20.8	65.7	4.24
H8××	A32	2013.7	400	55.8	11.4	30.6	1.82
平均	/	/	/	167.3	/	48.2	3.03

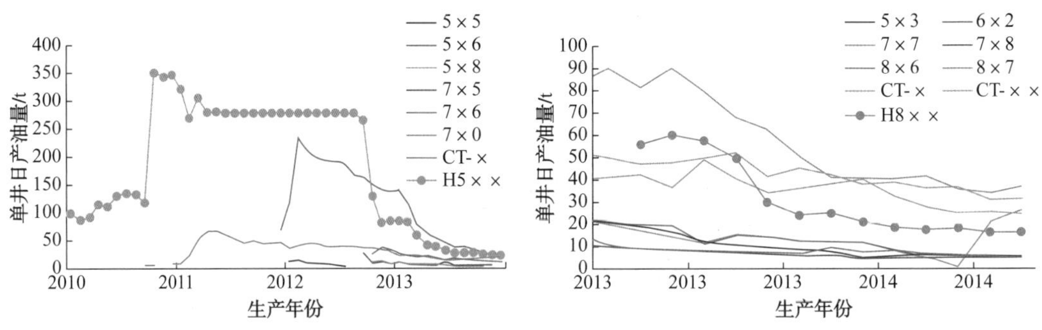

图 5-2-26　H5×× 井与周围邻井日产油对比曲线　图 5-2-27　H8×× 井与周围邻井日产油对比曲线

（3）类比法配产。综合考虑同类油田和同油田的对比情况，水平井初期产量为周围直井的 3~3.5 倍。H8×× 井区初期平均产油量 62.9t/d，目前平均产油量 11.0t/d，不含水，预测该区水平井初期产油量为 33~39t/d（表 5-2-9）。

表 5-2-9 H8×× 井周围直井生产情况（2016 年 12 月）

序号	井号	初期			目前	
		投产日期	产油量 /（t/d）	含水率 /%	产油量 /（t/d）	含水率 /%
1	6××	2012.11	25.8	1.50	转注	
2	6××	2012.11	8.5	0.00	转注	
3	8××	2014.05	61.3	0.00	10.8	0.00
4	C××5	2011.07	36.0	1.00	13.2	0.00
5	C××6	2011.07	183.0	0.00	8.8	0.00
平均			62.9		11.0	

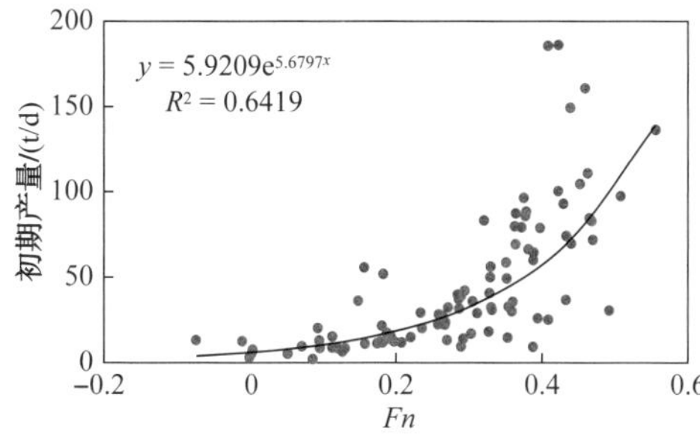

图 5-2-28 KT-Ⅰ油藏新井初产与 *Fn* 关系图

2. 现场统计方法

针对该油田考虑流压、气油比、含水率、有效厚度和孔隙度构建了 *Fn* 函数［式（5-2-1）］，直井初期产量与 *Fn* 正相关，*Fn* 越大，新井初期产油量越高（图 5-2-28），通过经验公式预测 H8×× 井初期产量为 40t/d（表 5-2-10）。

表 5-2-10 H8×× 井周围井参数统计

油层厚度 /m	孔隙度 /%	流压 /MPa	生产气油比 /（m^3/t）	*Fn*	预测直井产量 /（t/d）	预测水平井产量 /（t/d）
4.5	10.3	5.5	2459	0.15	12.3	40.0

KT-Ⅰ油藏 *Fn* 函数关系式：

$$Fn = \frac{0.1 \times H_o}{29} + \frac{0.2 \times \varphi}{17.45} + \frac{0.4 \times P_{wf}}{20.4} + \frac{0.3 \times GOR}{6563} \qquad (5\text{-}2\text{-}1)$$

式中 H_o——油层厚度，m；

φ——孔隙度，%；

P_{wf}——井底流压，MPa；

GOR——气油比，m^3/t。

3. 理论公式方法

利用 Joshi 公式（5-2-2），通过给定的油藏参数，对 H8×× 井初期产量为 49t/d（图 5-2-29，表 5-2-11）。

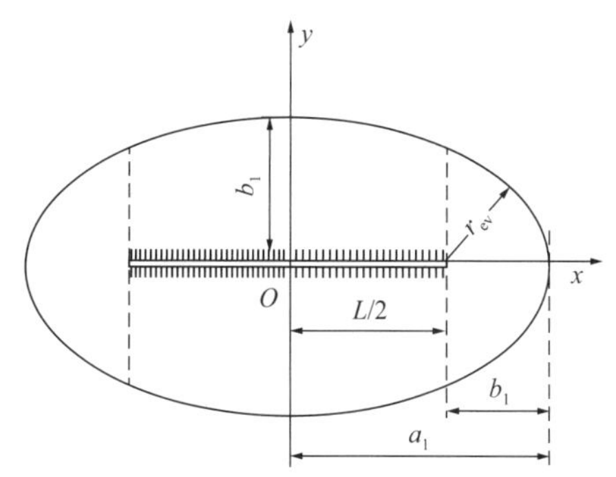

图 5-2-29 水平井的椭圆形驱动面积示意图

表 5-2-11 Joshi 公式计算 H8×× 初期产量

井号	K_h/$10^{-3}\mu m^2$	H/m	ΔP/MPa	L/m	R_w/m	水平井产量 / (t/d)
H8××	1.8	4.5	5	1000	0.0746	49.0

Joshi 公式：

$$q_{oh}=\frac{0.543\Delta PhK_h}{\mu_o B_o \ln\dfrac{a+\sqrt{a^2-\left(L/2\right)^2}}{L/2}+\dfrac{h}{L}\ln\dfrac{h}{2r_w}} \tag{5-2-2}$$

$$a=0.5L\left[0.5+\sqrt{0.25+\left(2r_{eh}/L\right)^4}\right]^{0.5} \tag{5-2-3}$$

式中 K_h——水平方向渗透率（试井），μm^2；

H——油层有效厚度，m；

ΔP——生产压差，MPa；

μ_o——地层原油黏度，mPa · s；

B_o——原油体积系数，m^3/m^3；

a——椭圆形长轴的半长，m；

b——椭圆形短轴的半长，m；

L——水平段长度，m；

r_w——水平井井筒半径，m。

4. 数值模拟方法

通过数值模拟研究，分别对水平井初期产油量给定 60t/d、80t/d、100t/d、120t/d、150t/d 进行预测（图 5-2-30、图 5-2-31），当水平井初期产量大于 80t/d 后，累计产油增幅减少，因此确定水平井合理初产为 80t/d。

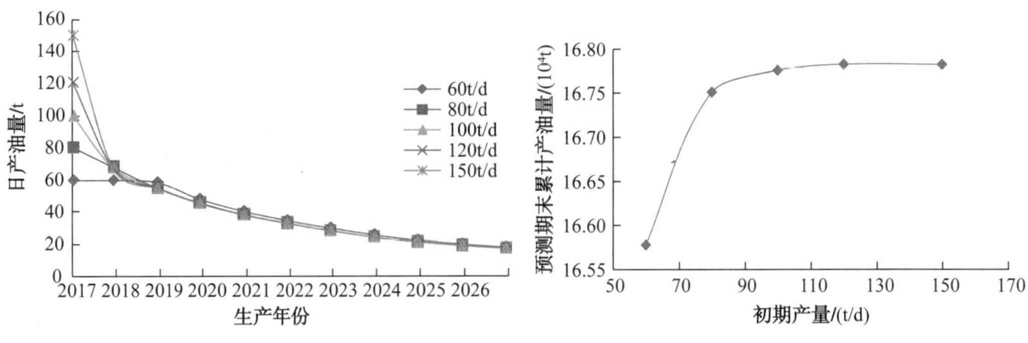

图 5-2-30 不同初产条件下日产油量变化曲线 图 5-2-31 初产与预测期末累计产油量的关系曲线

5. 产量综合预测

综合考虑类比法、现场统计法、经验公式法、数值模拟法，推荐 H8××井初期产油量为 51t/d（表 5-2-12）。

表 5-2-12 H8××井产量预测表

预测方法		初期产油量 /（t/d）	备注
数值模拟法		80	考虑布井区域的地质和开采特征，预测结果具有针对性，主要预测方法
类比法	同类油田	39	统计规律，可以借鉴
	同油田	33	
经验公式法		49	
现场统计法		40	统计规律，可以借鉴
平均		52	

6. 经济极限产量评价技术

H8××井是部署在 KT-Ⅰ油藏的水平井，经济评价的投资总额参考 H81××井的投资总额（表 5-2-13）。

表 5-2-13 H81××井的钻井成本明细

序号	工作内容	单位	合计	2015 年	2016 年
1	钻井	万美元	××6	××3	×4
2	储层追踪服务	万美元	×8		××0
3	甲供材料	万美元	××3	×7	×7
3.1	其中：钻井材料	万美元	××0	×7	×4
3.2	完井材料	万美元	×3		×3
4	固井服务	万美元	×0		×0
5	无坑钻井	万美元	×1		×1
6	测录井及射孔	万美元	×6	×8	×9
7	酸压投产	万美元	×2		×2
8	新工艺完井	万美元	××9		××2
9	其他服务及奖励	万美元	×5	×1	×1
合计		万美元	××6	××9	××7

根据预测的国际油价和阿克纠宾公司油气经济评价的基本参数（表 5-2-14、表 5-2-15），利用单井经济极限初产和单井经济极限累计产油量的计算公式（5-2-4、5-2-5），预测 H8××井经济极限初期产油量为 50t/d，经济极限累计产油量为 4.1×10^4t，投资回收期 2a。

表 5-2-14 预测国际油价

年份	国际油价（美元/桶）
2016	45
2017—2018	50
2019—2020	60
2021—2026	70

表 5-2-15 阿克纠宾公司油气经济评价参数

类别	参数	单位	取值	备注
原油	商品率	%	×.5	
	内外销比例	%	×0：×0	
	出口贴水	美元/桶	×.6	
	内销价格		出口价的 ×2%	
天然气	商品率	%	×0	
	销售价格	美元/千方	×3	增量价格
操作费	固定成本	万美元	××.×8	×%年递增
	油可变成本	美元/吨	××.×8	×%年递增
	气可变成本	美元/千方	×.×6	×%年递增
销售费用		美元/桶	×.×3	油价变动 10 美元/桶，变动 ×%

单井经济极限初产：

$$q_{\min}=\frac{\left(I_{\mathrm{D}}+I_{\mathrm{B}}\right)\left(1+R\right)^{T/2}}{0.0365\times\tau_{\mathrm{o}}\times d_{\mathrm{o}}\times T\times\left(P_{\mathrm{o}}-O\right)} \tag{5-2-4}$$

单井经济极限累产：

$$N_{\min}=\frac{\left(I_{\mathrm{D}}+I_{\mathrm{B}}\right)\left(1+R\right)^{T/2}}{d_{\mathrm{o}}\times\left(P_{\mathrm{o}}-O\right)} \tag{5-2-5}$$

式中 I_{D}——单井钻完井投资，万美元/口；

I_{B}——单井地面投资，万美元/口；

T——开发评价年限，年；

β——油井系数，小数；

τ_{o}——采油时率，小数；

d_{o}——原油商品率，小数；

O——原油销售价格，万美元/吨；

P_{o}——原油成本，万美元/吨。

（五）实施效果

2013 年以来在让纳若尔碳酸盐岩油气田低渗透薄层难动用剩余油区域部署水平井 32 口，平均单井日产油量 25.7t（表 5-2-16），当年累计产油量 10.85×10^4t。H970 是部署在 Bю 油藏西北部的一口 4m 薄油层水平井，600m 水平段，2016 年 1 月 19 日投产效果好，日产油保持在 60t 左右（图 5-2-32），截至 2017 年 2 月，累计产油量 2×10^4t，水平井开发取得成效。

表 5-2-16 薄油层水平井开发指标统计表

年份	井数 / 口	累计生产天数 /d	当年产油量 /t	平均单井日产油量 /t
2013	2	107	2864	26.8
2014	18	2353	45500	19.3
2015	9	1404	42804	30.5
2016	3	359	17300	48.2
总计	32	4223	108468	25.7

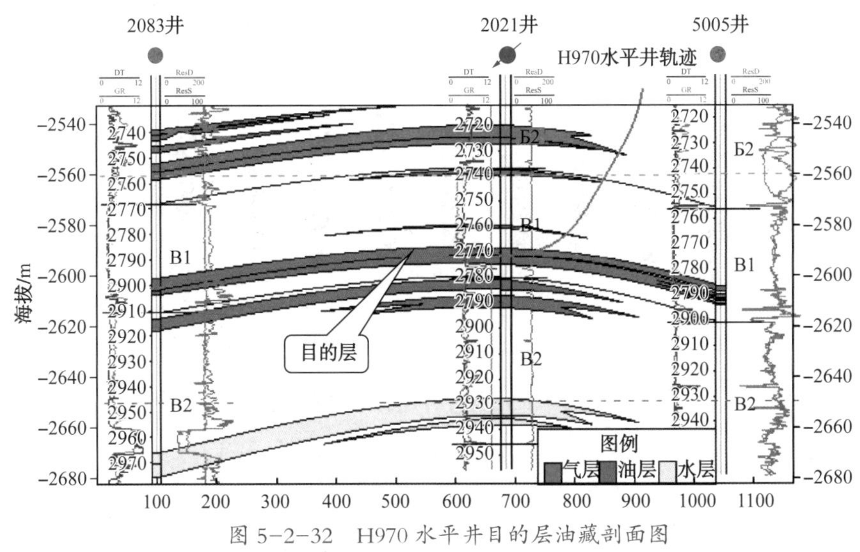

图 5-2-32 H970 水平井目的层油藏剖面图

H8×× 水平井是地质钻井一体化水平井，确定了水平段长 1000m、投资 1000 万美元、初期产量 100t/d“三个一”检验标准。

H8×× 水平井已于 2016 年 8 月成功完井并投产，水平段长度高达 1003m，油层钻遇率 83.9%，投资低于 1000 万美元，初期日产油量 107t（图 5-2-33），成功完成了各项指标，并创造了多项纪录，堪称中国石油海外项目新技术应用的典范。

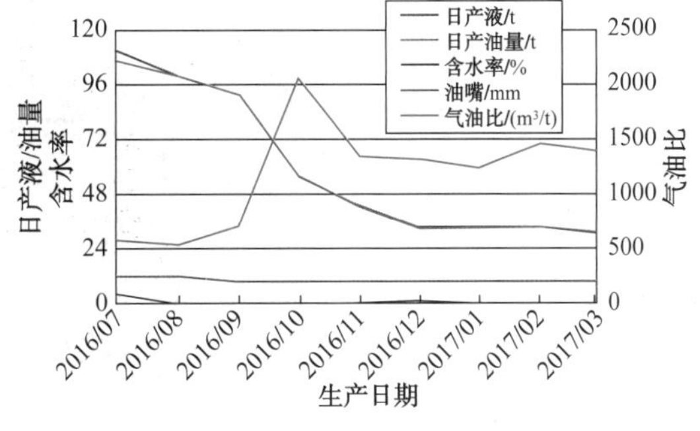

图 5-2-33 H8×× 井开发曲线

第三节　实施效果

一、气井实施效果

2014—2019 年采气速度高于 3.5%，单位压降采气量呈现逐年降低趋势，2020 年以来通过气井合理配产控制采气速度后，压力损失降低，单位压降采气量呈上升趋势（图 5-3-1）。

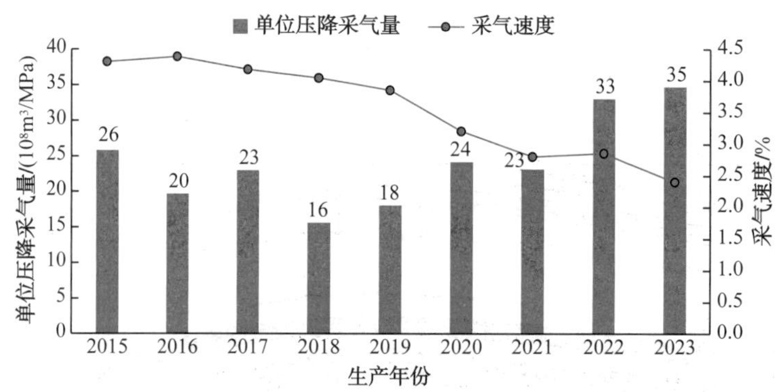

图 5-3-1　Аю 气顶气藏采气速度和单位压降采气量曲线

气顶油环压力系统相对独立（图 5-3-2），优化屏障注水后实现油气系统的有效分隔，持续优化屏障注水，压力恢复速度整体趋于平稳（图 5-3-3）。

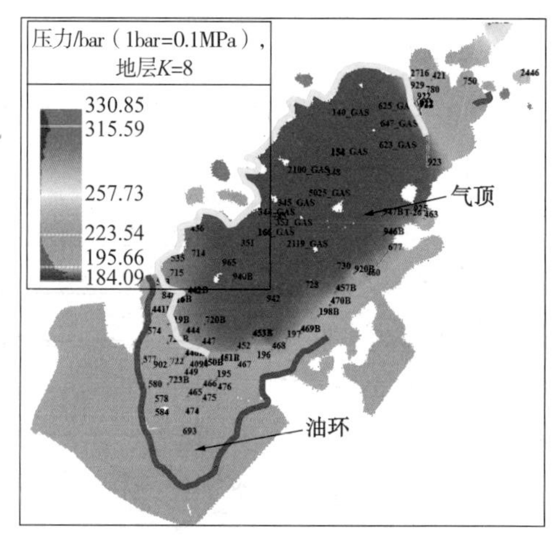

图 5-3-2　KT-Ⅰ油气藏南部气顶油环地层压力平面图

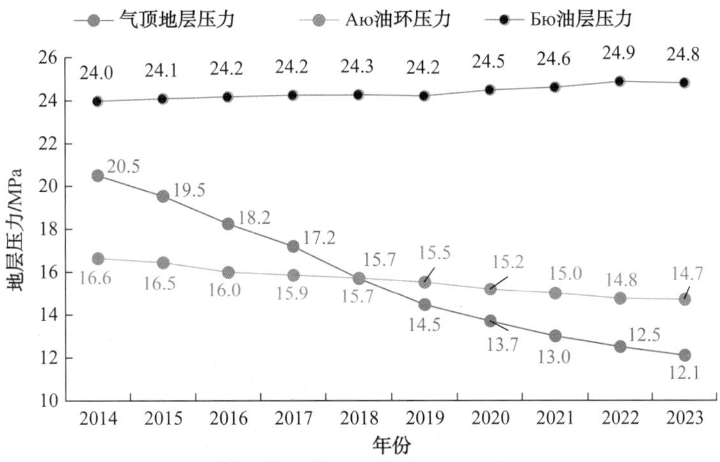

图 5-3-3　KT-Ⅰ油气藏南部气顶油环历年压力曲线

近年来随着气顶油环加密新井、上返采气，储层动用呈现逐年上升的趋势，气藏层动用相对较弱，纵向上储层动用不均，A 层储层动用程度较高，大于 90%（图 5-3-4、图 5-3-5）。

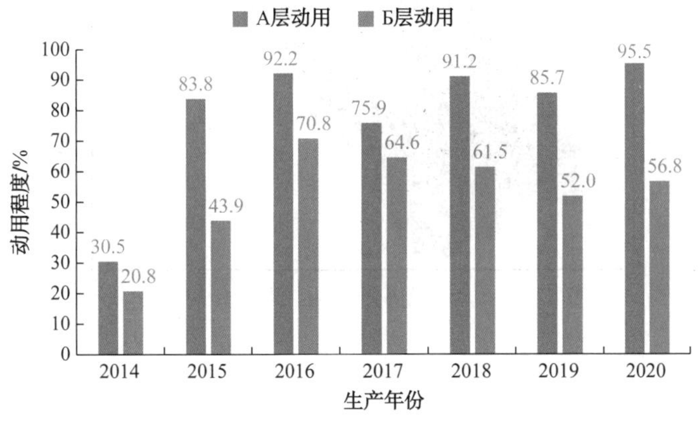

图 5-3-4　气顶气藏储层动用柱状图

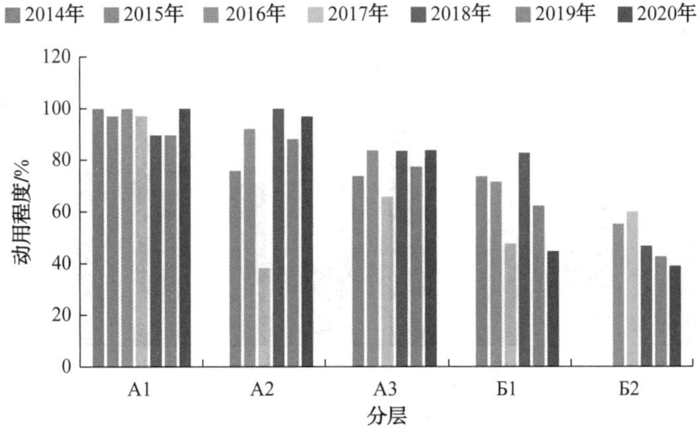

图 5-3-5　气顶气藏储层小层动用柱状图

二、油井实施效果

2019 年以来，通过内部加密、滚动扩边、深挖油田剩余潜力，5 年新钻井 87 口，单井初期平均日产油量 16t，实现油藏内部未水淹剩余油和边部储量有效动用。以 Γc 油藏为例，2019 年以来部署内部加密井 11 口（图 5-3-6），新井初期平均日产油达到 20t，特别是 2021 年部署的 2609 井（图 5-3-7），初期日产油量 43t，含水率 10.4%。

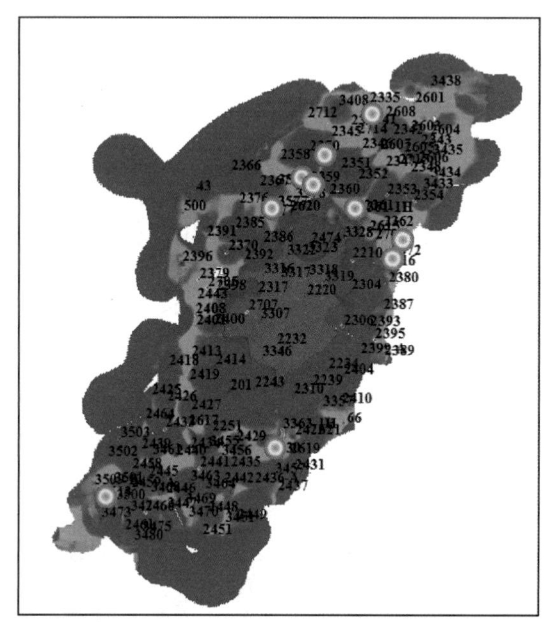

图 5-3-6　Γc 油藏剩余油挖潜井位部署图

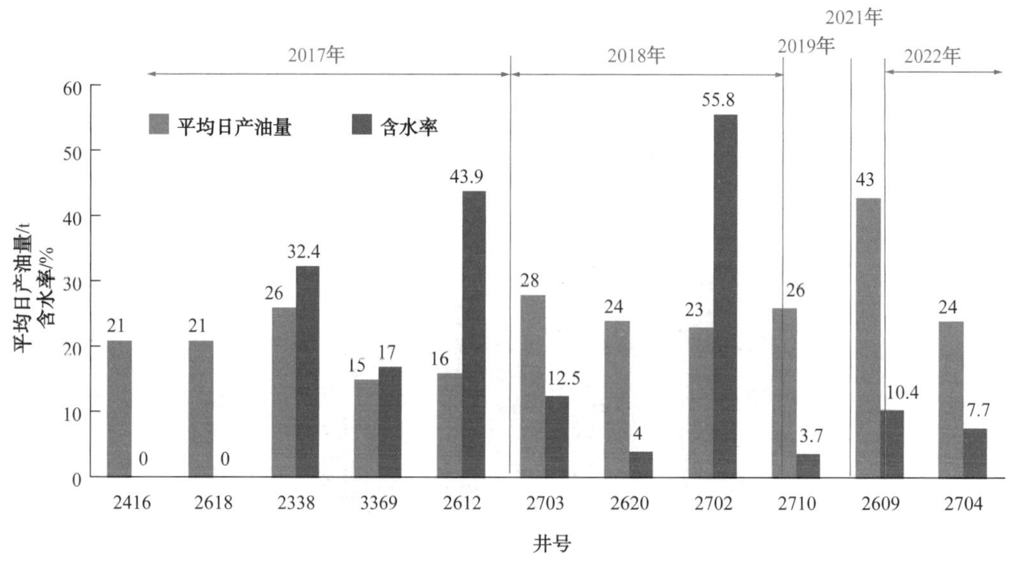

图 5-3-7　让纳若尔油气田 Γc 油藏加密井实施效果

让纳若尔油气田 Дю 油藏 2023 年 3 口滚动扩边井（5194 井、5185 井、5196 井）获得成功（图 5-3-8、图 5-3-9），初期日产油量平均 23t，含水率 9.5%（表 5-3-1），证实 Дю 油藏具扩边潜力，后期可新增扩边井位 15 口。

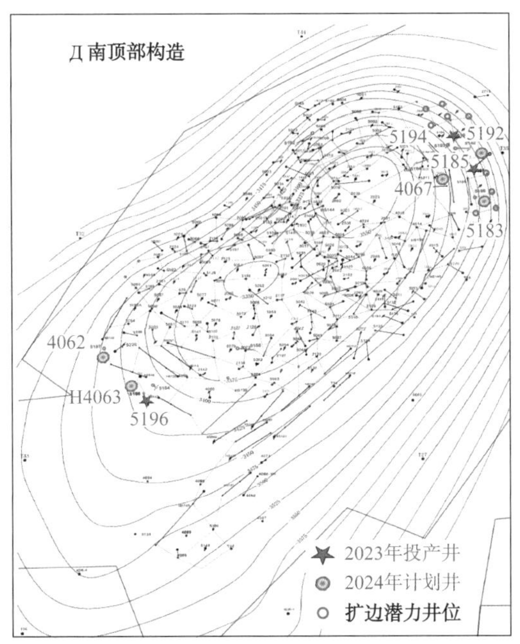

图 5-3-8 让纳若尔油气田 Дю 油藏滚动扩边井位示意图

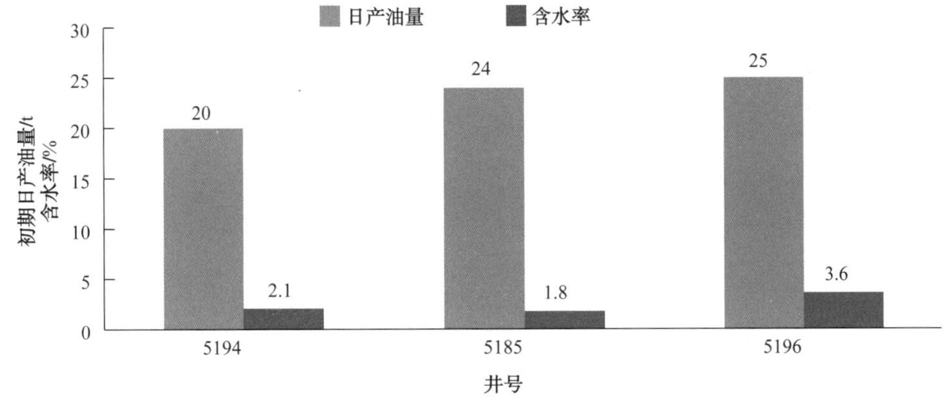

图 5-3-9 让纳若尔油气田 Дю 油藏 2023 年滚动扩边井生产效果

表 5-3-1 让纳若尔油气田 Дю 油藏 2023 年滚动扩边井初产数据

井号	日产液量 /t	日产油量 /t	含水率 /%	油压 /MPa	举升方式
5194	24	20.1	16.70	2.1	气举
5185	27	24.0	11.10	1.8	气举
5196	25	25.1	0.70	3.6	自喷

通过统计 Д 层油藏 2010—2023 年措施增油可以看出（图 5-3-10），油井单井日增油量今年呈现升高的趋势，2021—2023 年单井日增油量均超过 10t，主要原因为侧钻取得好。

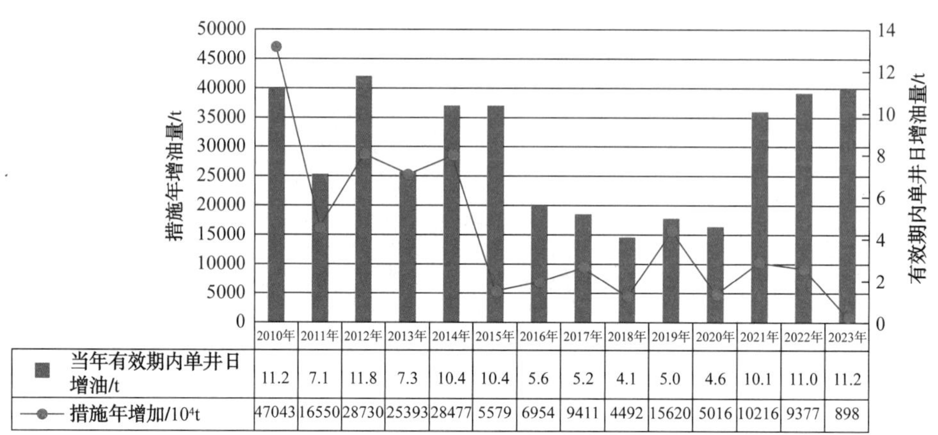

	2010年	2011年	2012年	2013年	2014年	2015年	2016年	2017年	2018年	2019年	2020年	2021年	2022年	2023年
当年有效期内单井日增油/t	11.2	7.1	11.8	7.3	10.4	10.4	5.6	5.2	4.1	5.0	4.6	10.1	11.0	11.2
措施年增加/10^4t	47043	16550	28730	25393	28477	5579	6954	9411	4492	15620	5016	10216	9377	898

图 5-3-10 Д 层油藏 2010—2023 年措施效果汇总图

参 考 文 献

［1］吕斌，李凌，卢家希，等．滨里海盆地东缘 B 油田石炭系 KT-Ⅰ层早成岩期岩溶特征及成岩相类型［J］．天然气地球科学，2024，(06)：1-17.

［2］吕斌，李凌，陈曦．滨里海盆地东缘石炭系 KT-Ⅰ层早成岩期岩溶特征、成岩相类型及分析［C］// 中国矿物岩石地球化学学会岩相古地理专业委员会，等．第十七届全国古地理学及沉积学学术会议摘要集——专题 19 碳酸盐生产过程的定量评价，2023：2.

［3］张胜斌，盛寒，金博，等．扎纳若尔油田南部石炭系碳酸盐岩储集层白云岩化特征［J］．新疆石油地质，2015，36（2）：244-248.

［4］朱光有，李茜．白云岩成因类型与研究方法进展［J］．石油学报，2023，44（7）：1167-1190.

［5］卢家希，谭秀成，金值民，等．碳酸盐岩早期差异成储路径及其对储集性能的影响：以滨里海盆地 N 油田石炭系 KT-Ⅰ与 KT-Ⅱ层系为例［J］．古地理学报，2023，25（1）：226-244.

［6］苏中堂，佘伟，廖慧鸿，等．白云岩储层成因研究进展及发展趋势［J］．天然气地球科学，2022，33（7）：1175-1188.

［7］胡杨，谭凯旋，谢焱石，等．哈萨克斯坦滨里海盆地东部地区油气成藏条件分析［J］．南华大学学报：自然科学版，2014，28（3）：46-50.

［8］胡杨，夏斌，王燕琨，等．滨里海盆地东缘构造演化及油气成藏模式分析［J］．沉积与特提斯地质，2014，34（3）：78-81.

［9］刘小琦．滨里海盆地东缘让纳诺尔地区石炭系碳酸盐岩储集性及控制因素［D］．北京：中国地质大学，2007.

［10］苗钱友，王燕琨，朱筱敏，等．滨里海盆地东缘石炭系层序地层研究［J］．新疆石油地质，2013，34（4）：483-487.

［11］梁爽，吴亚东，王燕琨，等．滨里海盆地东缘盐下油气成藏特征与主控因素［J］．中国石油勘探，2020，25（4）：125-132.

［12］张祖莹．滨里海盆地东缘中下石炭统碳酸盐岩沉积特征及相模式［D］．北京：中国石油大学，2019.

［13］郭凯，范乐元，金树堂，等．滨里海盆地东缘石炭系碳酸盐岩台缘带识别及展布特征［J］．石油地质与工程，2023，37（3）：23-30.

［14］滕怡葳．滨里海盆地东缘石炭系沉积相及储层特征研究［D］．成都：西南石油大学，2018.

［15］伊硕，黄文辉，金振奎，等．滨里海盆地东缘石炭系 KT–Ⅱ层碳酸盐岩微相特征与沉积环境研究——以扎纳若尔地区为例［J］．沉积学报，2017，35（1）：139–150.

［16］方甲中，吴林刚，高岗，等．滨里海盆地碳酸盐岩储集层沉积相与类型——以让纳若尔油田石炭系 KT–Ⅱ含油层系为例［J］．石油勘探与开发，2008，（4）：498–508.

［17］李伟强，穆龙新，赵伦，等．滨里海盆地东缘石炭系碳酸盐岩储集层孔喉结构特征及对孔渗关系的影响［J］．石油勘探与开发，2020，47（5）：958–971.

［18］赵伦，李建新，李孔绸，等．复杂碳酸盐岩储集层裂缝发育特征及形成机制——以哈萨克斯坦让纳若尔油田为例［J］．石油勘探与开发，2010，37（3）：304–309.

［19］何伶．滨里海盆地东缘复杂碳酸盐岩微裂缝储层测井评价技术研究［D］．荆州：长江大学，2015.

［20］赵培强，李长文，沙峰，等．滨里海盆地东缘中区块碳酸盐岩储层渗透率预测研究［J］．石油科学通报，2020，5（1）：39–48.

［21］程媛，张冲，陈雨龙，等．基于压汞资料的碳酸盐岩储层渗透率预测模型——以扎纳若尔油田 KT–Ⅰ和 KT–Ⅱ含油层系灰岩储层为例［J］．油气地质与采收率，2017，24（3）：10–17.

［22］丁学垠，李宝，孙涛，等．滨里海盆地东缘 T 区块碳酸盐岩储层识别及目标优选［C］// 西安石油大学，等.2023 国际石油石化技术会议论文集，中国石油东方地球物理公司研究院等，2023：9.

［23］吴嘉鹏，程晓东，范乐元，等．滨里海盆地东缘中区块东南部石炭系 KT–Ⅱ滩相薄储层综合预测［J］．科学技术与工程，2022，22（35）：15506–15517.

［24］段如泰，范乐元，张胜斌，等．扎纳若尔油田南部地区石炭系 Д 层碳酸盐岩储层综合预测研究［J］．科学技术与工程，2016，16（6）：157–161.

［25］刘雅静．考虑微观力作用的孔隙尺度流动模拟及渗流规律研究［D］．北京：北京科技大学，2023.

［26］赵秀才．数字岩芯及孔隙网络模型重构方法研究［D］．中国石油大学，2010.

［27］张顺康．水驱后剩余油分布微观实验与模拟［D］．东营：中国石油大学，2008.

［28］赵晓亮，廖新维，赵伦．一种凝析气藏相态恢复方法［J］．石油学报，2009，30（1）：104–107.

［29］周德阳，王言，张有印，等．让纳若尔碳酸盐岩凝析油气藏凝析油拟合方法研究［C］// 中国石油学会天然气专业委员会．第 31 届全国天然气学术年会（2019）论文集（02 气藏开发），中国石油新疆油田公司勘探开发研究院，2019：6.

［30］王尧，蒋建勋．注水开发油田稳油控水技术研究［J］．中国石油和化工标准与质量，

2013，（7）：164–167.
［31］喻高明，杨小升，等．一种新的剩余油定量研究方法［J］．石油天然气学报，2012，32（6）：122–125.
［32］贾永康，喻高明，等．优势剩余油分布研究方法综述［J］．中国化工贸易，2013，（10）：26–27.
［33］喻莲，赵伦，陈礼，等．带凝析气顶油藏气顶油环协同开发技术政策研究［J］．新疆石油天然气，2012，8（1）：66–69，75，2.
［34］吴磊磊，张捷方，宋佳忆，等．低渗透油藏中高含水率阶段调整对策［J］．石油化工应用，2022，41（12）：48–52，57.
［35］郑强，戴雄军，张有印，等．中高含水期边底水砂岩油藏开采政策研究［J］．新疆石油天然气，2013，9（3），35–37.
［36］任杰．碳酸盐岩裂缝性储层常规测井评价方法［J］．岩性油气藏，2020，32（6）：129–137.
［37］刘合，裴晓含，罗凯，等．中国油气田开发分层注水工艺技术现状与发展趋势［J］．石油勘探与开发，2013（12）：734–735.
［38］夏庆．萨中开发区特高含水期细分注水方法及配套工艺技术研究［D］．大庆：大庆石油学院，2008.
［39］卜鹏虎．应用周期注水方式改善油田开发效果［J］．中国化工贸易，2014，（1）：4.
［40］赵辉，康志江，张允，等．表征井间地层参数及油水动态的连通性计算方法［J］．石油学报，2014，35（5）：922–927.
［41］郑强，张武，杨新平，等．高含水高采出程度阶段砂岩油藏提液开采研究［J］．新疆石油天然气，2013，9（2），24–27.
［42］王冰，王焕．流线模拟技术在油藏数值模拟中的应用［J］．内蒙古石油化工．2012，（7）．
［43］罗二辉，胡永乐．流线数值模拟中的流线追踪技术［J］．油气井测试，2013，22（3）：10–13.
［44］周宏华．带凝析气顶油藏气顶油环协同开发技术政策的探寻［J］．中国石油和化工标准与质量，2018，38（3）：162–163.
［45］黄天虎，段永刚．气井产能预测综述［J］．石油地质与工程，2007，（2）：43–47.
［46］赵焕欣．凝析油气藏稳定测试计算及产能预测方法［J］．石油勘探与开发，1989，（5）：41–50.
［47］赵辉，张兴凯，王春友，等．基于连通性方法的油藏分层精细注水优化［J］．长江大学学报（自然科学版），2018，15（23）：42–51.

[48] 刘佳，程林松，范子菲，等. 气顶油环协同开发下油气界面运移规律研究 [J]. 西南石油大学学报：自然科学版，2015，37（5）：99-105.

[49] 王鹏. 裂缝孔隙型弱挥发性碳酸盐岩油藏水驱动用规律研究 [D]. 北京：中国石油大学，2022.

[50] 黄发海. 低渗透气田气井分类评价与配产研究 [J]. 长江大学学报：自然科学版，2014，11（31）：139-141+9.

[51] 马婧，程时清. 高速非达西气井渗流模型及压力曲线特征 [J]. 石油钻探技术，2009，37（4）：28-31.

[52] 苏国军. 油田气举工艺的研究及应用 [J]. 中国石油和化工标准与质量，2023，43（4）：164-166.

[53] 赵韬. 探析小井眼开窗侧钻水平井钻井技术 [J]. 化工管理，2016，卷（11）：201.